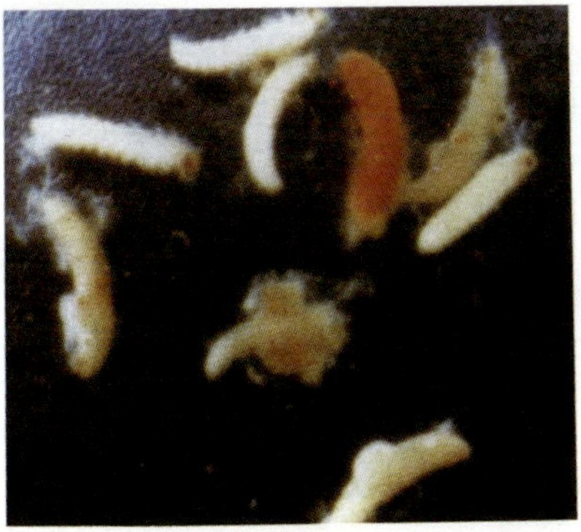

斯氏线虫侵染李实蜂幼虫

栗瘿蜂为害状

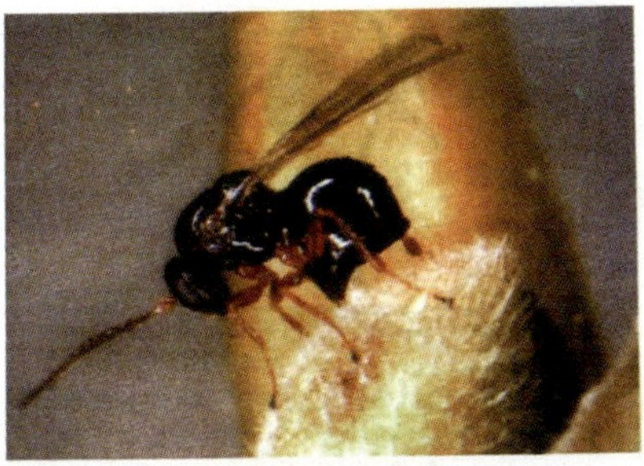

栗瘿蜂成虫产卵

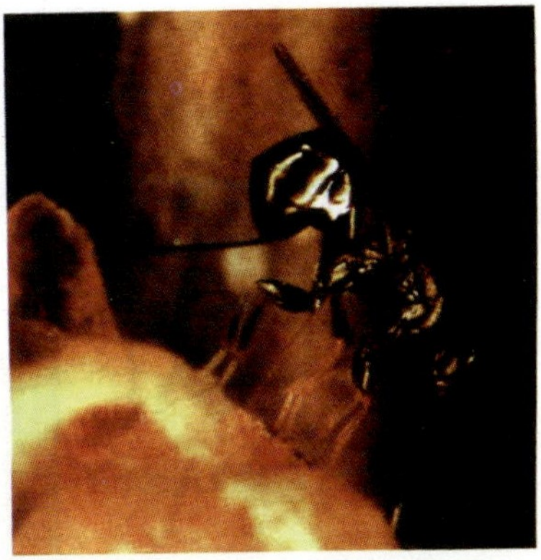

栗瘿蜂的寄生蜂中华长尾小蜂在产卵

星天牛成虫

星天牛幼虫及花绒坚甲寄生幼虫和茧

荔枝蝽卵块（块）、若虫（中）、成虫（右）

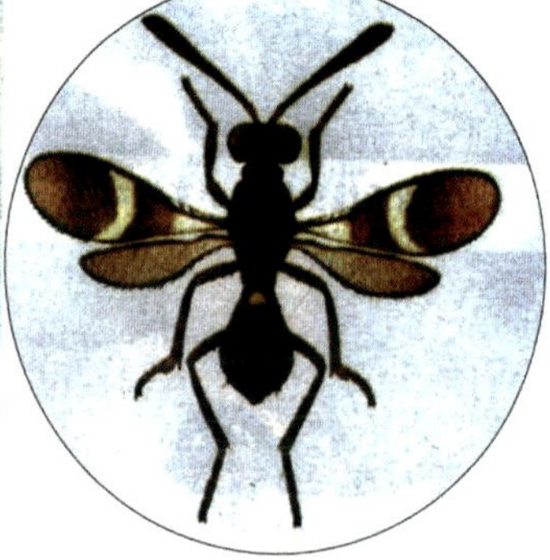

荔枝蝽寄生蜂——荔枝蝽卵平腹小蜂

荔枝蝽寄生蜂——荔枝蝽卵跳小蜂

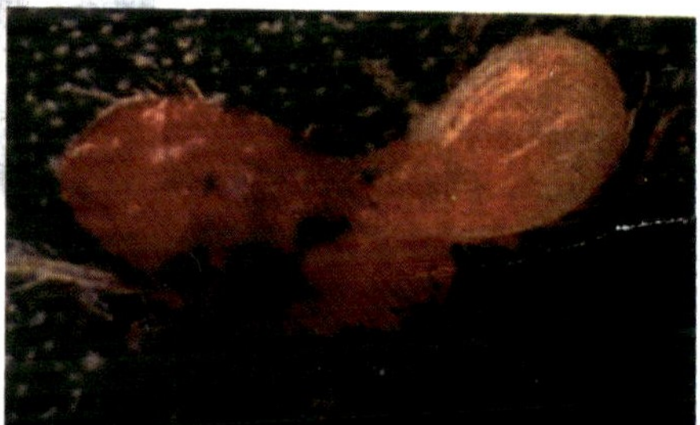

纯绥螨捕食柑橘红叶螨

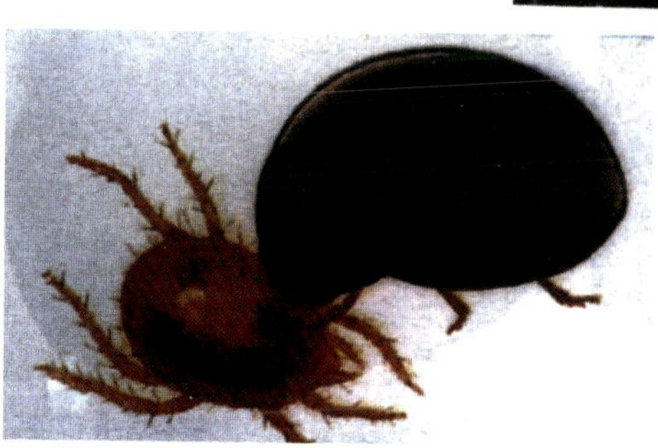

食螨瓢虫捕食柑橘红叶螨

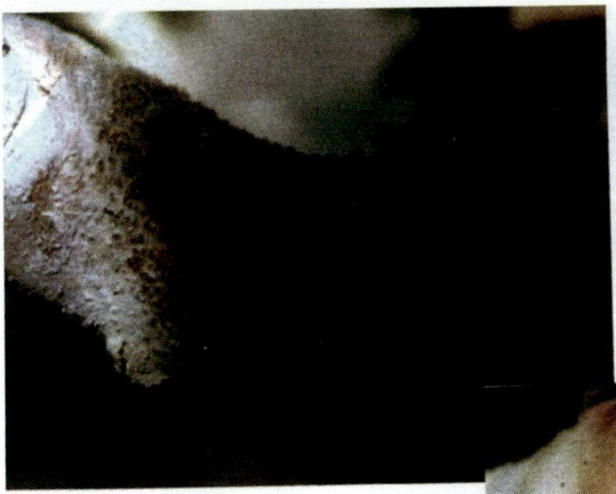

苹果树腐烂病

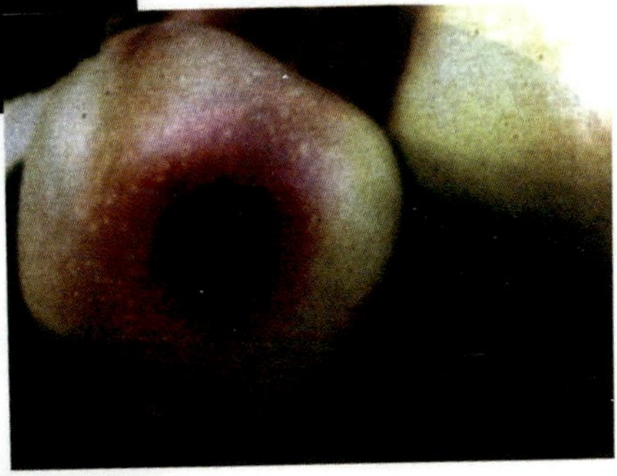

苹果炭疽病

苹果轮纹病病果

苹果轮纹病树枝干

梨锈病锈子器

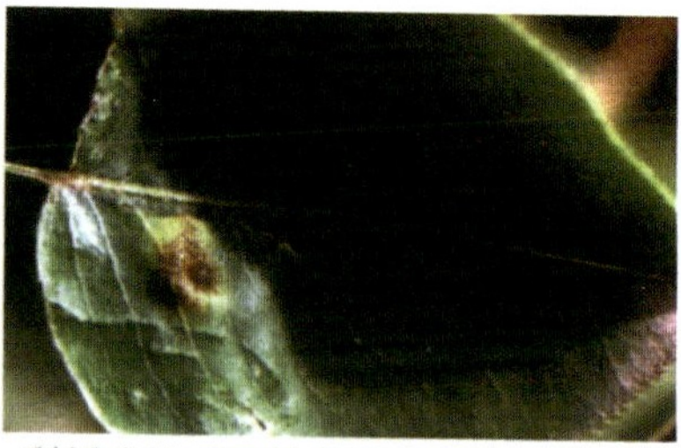

梨锈病性子器被梨锈病重寄生菌寄生

梨锈病锈子器被梨锈病重寄生菌寄生

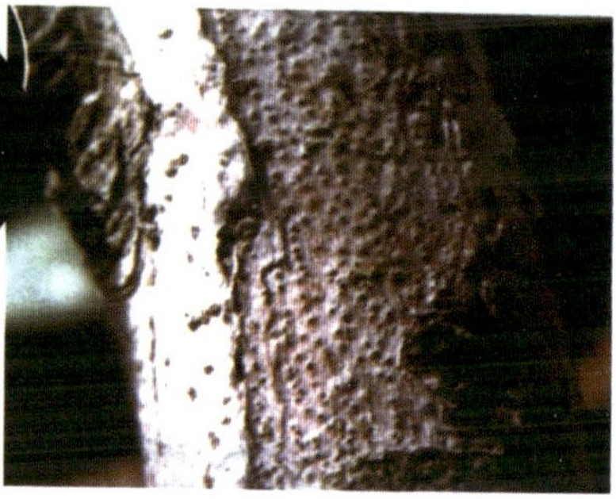

梨树腐烂病

桃根癌病

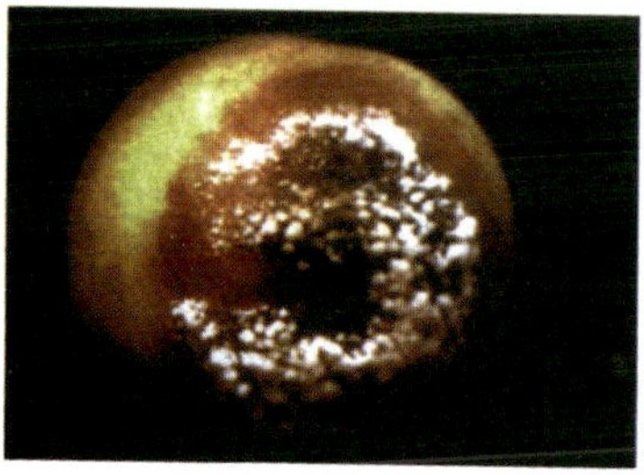

桃褐腐病

枣疯病

果树病虫害生物防治

主编
孙益知

编著者
孙益知　孙光丽
张管曲　孙光东

金盾出版社

内 容 提 要

本书阐述了果树病虫害生物防治的重要意义和基本方法。对54种果树害虫的形态特征、18种病害的症状以及它们的发生规律和生物防治技术作了详述，对10余种害虫天敌的人工繁殖技术作了介绍，对病原微生物的繁殖利用、杀菌杀虫抗生素农药和昆虫生物化学农药的使用技术逐一作了说明。本书内容丰富全面，技术先进实用，适合广大果农、植保技术人员以及农业大专院校师生阅读。

图书在版编目(CIP)数据

果树病虫害生物防治/孙益知主编．—北京：金盾出版社，2004.9(2019.8重印)

ISBN 978-7-5082-3189-1

Ⅰ.①果…　Ⅱ.①孙…　Ⅲ.①果树—病虫害—生物防治　Ⅳ.①S436.6

中国版本图书馆CIP数据核字(2004)第082119号

金盾出版社出版、总发行

北京市太平路5号(地铁万寿路站往南)

邮政编码：100036　电话：68214039　83219215

传真：68276683　网址：www.jdcbs.cn

北京军迪印刷有限责任公司印刷、装订

各地新华书店经销

开本：787×1092 1/32　印张：9.75　彩页：8　字数：211千字

2019年8月第1版第8次印刷

印数：44 001～47 000册　定价：29.00元

前　言

改革开放以来，我国的果树生产发展很快，取得很大成就，果树栽植面积和产量均跃居世界各国首位；果品丰富了城乡人民生活，增加了果农经济收入。但是，我国的果树单位面积产量还不高，人均果品占有量也不多，果品出口率比较低，果品质量亟待提高。

果树病虫危害是影响果树产量和果品质量的一个重要因素。据有关部门调查，因果树病虫害导致产量损失达25%左右，每年经济损失数十亿元。加强果树病虫害防治，是提高果树产量和保证果品质量的一项重要措施。

过去，果树病虫害防治偏重化学农药防治，虽然暂时控制了一些病虫害，却出现了不少问题：一是长期使用化学农药，病原体产生了抗药性；二是化学农药杀伤了天敌，诱发次要病虫大发生；三是化学农药污染果品，污染生态环境，后患严重。

要控制果树病虫危害，必须加强果树病虫害生物防治。其优点是：对人、畜安全，对生态环境污染小；利用活体生物防治病虫害，效果持久；防治成本低，比较经济。改革开放以来，我国生物防治有了很大发展，对果树主要病虫害已研究出一套较完整的生物防治技术，生物农药产量有了一定规模，基本可以保证供应。当前，重要任务是向广大果农推广普及生物防治技术，使生物防治尽快变成果农的自觉行动。

我们根据自己多年对果树病虫害生物防治的研究成果，并广泛收集国内外有关研究资料，编写了《果树病虫害生物防

治》，对54种果树害虫的形态特征和18种病害的症状以及它们的发生规律、生物防治技术进行了阐述。还附有50余幅彩色图片，帮助识别天敌。

由于编写仓促，疏漏之处，希望读者指正。

孙 益 知

2004年5月于西北农林科技大学

目　录

第一章　果树病虫害生物防治概述

第一节　果树病虫害生物防治的意义

一、果树病虫害防治的重要性

改革开放以来，我国的果树生产发展很快，取得很大成就。2002 年，我国果树栽植面积 909.8 万公顷，年总产量6 952 万吨，居世界各国首位。果树是农村种植业中仅次于粮食、蔬菜种植面积和产量的第三大产业，是农民增加经济收入的重要产业。各种果品丰富了城乡人民的生活。但是，我国果树单位面积产量还比较低，果品质量还有待提高，果品出口率偏低。

果树病虫危害是影响果树产量和果品质量的重要因素。据农业部全国农业技术推广中心统计，每年因果树病虫害产量损失达 25%以上，经济损失数十亿元。

过去，果树病虫害防治侧重于化学农药防治，出现不少问题：一是防治对象复发。使用化学杀虫剂后，害虫数量短期急剧下降，由于害虫产生抗药性，同时杀伤了害虫天敌，过了不久害虫又突然回升，数量比以前更多、更难防治。二是次要害虫暴发。在喷药防治主要害虫时，杀伤了次要害虫天敌，引起潜叶蛾、叶螨、蚧虫、叶蝉、蚜虫等大发生。三是农药污染严重。果品农药残留量超标，影响果品出口及内销。因此，必须改变过分依赖化学农药防治的局面，加强生物防治。1992 年

世界环境和发展大会的决议提出："到 2000 年，要求全球范围内控制化学农药的销售和使用，生物农药的产量达到 60%。"

二、果树病虫害生物防治的意义

生物防治是一门研究利用天敌控制农业植物病害、虫害和农田杂草的理论和实践的学科，或称之为对寄生物、捕食者、病原微生物和侵袭杂草的植食性品种的管理科学。近几十年来，由于病虫害防治新技术的不断发展，如昆虫不育性（辐射不育、化学不育、遗传不育等）、基因转移、昆虫性外激素、昆虫内激素、噬菌体、相生植物等，有些人主张将这些利用生物及生物产物防治病虫、杂草的理论和技术也归于生物防治范畴之内。生物防治的显著优点是比较安全、持久和经济。果树病虫害生物防治尤为重要。澳洲瓢虫控制柑橘吹绵蚧是世界上生物防治成功的范例。

（一）果园生态系比较稳定

果园从定植建园到果树衰老更新，一般要经历十几年到几十年，与大田作物、蔬菜地生态系相比，果园有一个相对比较稳定的生态环境。一般在幼树阶段多为食叶害虫和叶部病害。进入结果期后，果实、枝干病虫害逐渐上升，成为主要防治对象。果树衰老期，一些危害衰弱木的病虫害日渐上升，直到把果树毁掉。果园生态环境稳定，给病虫天敌提供了良好生存条件，开展生物防治容易成功，世界统计生物防治成功率，森林病虫列第一位，果树病虫列第二位，大田病虫列第三位，蔬菜病虫排在第四位。

（二）果树病虫种类多、危害重

中国果树病虫志（1994）记载，我国 47 种果树的害虫有 2 400余种，病害 1 600 多种。天敌比害虫种类多。如柑橘害虫

865种，天敌有1 051种。在害虫中危害严重的只占害虫的1%～2%，其他次要害虫多被自然天敌控制住了。一旦使用农药不当即引起次要害虫大发生。柑橘病虫害防治费用占柑橘生产总成本的9.1%，苹果占7.1%，水稻占5.6%，蔬菜占5.5%。

（三）果树生产商品性要求高

果品自古以来一直是商品价值高的农产品，果品直接面向顾客被挑选，商品性很强，病虫危害对果品产量和质量影响很大。现代人们不仅注重果品外观，还要求没有农药污染的绿色果品。生产有农药污染的果品有被淘汰的趋势。因此，必须大力推行生物防治技术，提高果品的商品价值。果树生产商品价值高，收益大，推广生物防治回报率高，一般投资1元可回报10～20元。大力普及生物防治技术，才能推动果树生产健康发展。

三、果树病虫害生物防治概况

我国是世界上发现和应用害虫天敌最早的国家，早在3 000年前《诗经》中就有"螟蛉有子，蜾蠃负之"，记述胡蜂捕捉蛾类幼虫的现象。公元340年左右，《南方草木状》一书中记载广东农民用红树蚁（又称黄猄蚁）防治柑橘长吻蝽等。在2 400年前，我国蚕农已发现家蚕僵病，其后又有类似微粒子病的记载，太湖地区农民历来利用死蚕、死茧浸液防治桑螟。明朝李时珍在《本草纲目》中描写了蜘蛛捕虫。

1929～1955年，我国先后从国外引进澳洲瓢虫防治柑橘、海桐、木麻黄吹绵蚧取得成功。湖北、湖南、四川等省从浙江省引入大红瓢虫防治吹绵蚧取得良好效果。1955年从苏联引入孟氏隐唇瓢虫防治柑橘粉蚧、日光蜂防治苹果绵蚜取得

良好效果。1970年以来先后引入斯氏线虫、异小杆线虫防治桃蛀果蛾、梨象甲、天牛取得较好效果。1981年从美国引入西方走螨防治山楂叶螨、李始叶螨，在甘肃省、陕北干旱地区效果好。20世纪70年代以来，人工繁殖钝绥螨防治柑橘和苹果叶螨已大面积推广。人工繁殖赤眼蜂已实现机械化规模生产，用其防治多种卷叶、食心虫取得良好效果。

20世纪80年代初，全国开展了害虫天敌调查，对果树重要病虫生物防治进行了较深入研究。目前，我国已登记注册的植物药源农药品种26个，产品73种，生产厂家108个；微生物农药品种18种，产品53个，生产厂家102个。我国农用抗生素农药20种，产品170个，生产厂家253个，年产量67万吨。1990年我国生物农药销售额只占农药销售额的0.44%，2000年已占到20%。我国的苏云金杆菌(B.t)、白僵菌、阿维菌素、多抗霉素、井冈霉素已实现规模化生产，为生物防治提供大量药物。

世界生物防治的发展史大致经历了4个时期。第一时期为利用原始天敌防治时代，自有史以来到19世纪末。如中国利用黄猄蚁防治柑橘害虫，1873年美国将葡萄根瘤蚜的粉螨送往法国防治传入的葡萄根瘤蚜。第二个时期为引进天敌的全盛时代，自19世纪末至1945年。1888年美国农业部从澳大利亚引进澳洲瓢虫129只，几年后就控制了吹绵蚧对柑橘的危害，天敌引进工作引起各国的重视，据Debach 1964年统计，45个国家，1890～1950年引进天敌昆虫获得完全成功或大体上成功的共79次，部分成功的61次。第三个时期为合成农药六六六、DDT(滴滴涕)和有机磷杀虫剂全盛时代，自1945年至1960年。化学杀虫剂价格便宜，使用方便，药效迅速，生物防治处于低潮。1953年发现了苏云金杆菌，其蛋白质

伴孢晶体对鳞翅目幼虫毒效大，1958年出现商品制剂。还开展了不育防治研究。第四个时期为综合防治中的天敌防治。1962年美国女海洋生物学家卡逊(R. Carson)的名著《寂静的春天》，揭露了化学农药对环境污染的严重后果，引起人们重新重视生物防治，对微生物天敌利用的研究和微生物农药商品化快速发展，果树病虫害生物防治也紧跟时代发展起来。

第二节　果树病虫害生物防治基本方法

一、天敌昆虫的利用

天敌昆虫根据其作用方式分为捕食性昆虫和寄生性昆虫两大类。

捕食性昆虫：包括17个目，200多个科，数万种。如常见的瓢虫、草蛉、胡蜂、食蚜蝇、花蝽、塔蓟马、螳螂等。捕食天敌昆虫一般比被捕食昆虫个体大，成虫、幼虫需捕食较多昆虫个体和多种昆虫。其繁殖能力有一定限度，在害虫密度低时有效。但害虫密度过低，因食物缺乏会引起自身种群下降，因此受害虫种群密度影响较大。

寄生性昆虫：寄生性昆虫有5个目，100多科，数万种，如寄生蜂、寄生蝇等。在1头寄主上可育成1头或多头个体。幼虫为肉食性，成虫为非肉食性。成虫产卵于寄主卵、幼虫、蛹体内外，幼虫食料丰富，寄主死亡慢。寄生昆虫一般成虫个体较寄主小。寄主密度较高时，寄生抑制作用才显著。

(一)保护利用本地天敌昆虫

1. 本地天敌昆虫作用的估价　在一个普通的果园内的害虫有40～50种，其中危害严重的只有几种，它们的平均密

度经常在经济阈值以上，是防治的主要害虫。还有一些常发性害虫，平均密度一般在经济阈值以下。还有偶发性害虫，一般情况下危害不严重，但一旦杀伤其天敌，常突然暴发。天敌昆虫和害虫形成复杂的食物链和食物网，彼此制约依存。

要保护利用本地天敌昆虫，要调查害虫天敌昆虫种类，它们的寄主范围、繁殖能力、发现寄主的能力、移动分散力、与寄主发生期的同时性、对天气条件适合性、有无重寄生和被捕食天敌。还要对天敌昆虫控制作用进一步研究，在田间观察调查寄生率或捕食量，或在室内外进行控制作用测定。用生命表方法是研究种群数量变动机制的重要方法，记录其卵期、幼虫各龄期、蛹期各阶段存活数、死亡数、对死亡原因分析。

2. 协调化学防治和生物防治矛盾 化学农药目前仍然是果园防治病虫害的重要手段，尤其在病虫害大发生时，常有立竿见影的效果。对主要虫害防治，要选择对天敌杀伤力小的生物农药，不用或少用广谱杀虫剂。同时选择对天敌影响小、防治效果好的时间喷药。改变普遍施药方法，进行隔行喷药、按品种喷药、地面施药，以保护天敌。苹果园桃蛀果蛾是重要的防治害虫，20 世纪 60～70 年代，树冠喷 1605 和 DDT，80 年代喷敌杀死，控制了桃蛀果蛾，但杀伤了果园里捕食螨、寄生蜂、瓢虫、草蛉等，诱发了叶螨、卷叶蛾、蚜虫、蚧虫大发生。如改用越冬幼虫出土期地面喷白僵菌或斯氏线虫，成虫产卵期树冠喷苏云金杆菌乳剂，灭幼脲杀虫剂等，既防治了桃蛀果蛾，又兼治了多种害虫，还保护了多种天敌，不会诱发其他害虫大发生。

3. 果园间作绿肥作物改善天敌生态环境 果园间种绿肥作物，减少了土壤水分蒸发，增加了土壤有机质，对果树生长有利。对病虫害天敌来说，改善了生态环境，丰富了食料，促

进了瓢虫、草蛉、食蚜蝇、小花蝽、多种寄生蜂、捕食螨的种群数量，扩大了生物食物链、食物网。柑橘园间作藿香蓟，可给钝绥螨提供大量花粉食物，促进钝绥螨增殖，而钝绥螨是控制柑橘叶螨重要天敌。苹果园间种白花草木犀，拟长毛钝绥螨数量大增，有利于控制苹果叶螨。

(二)人工大量繁殖释放天敌

在果园自然天敌数量较少而不足以控制病虫种群数量，且可能引起大发生，其他防治法不适用时，可以人工繁殖某种天敌供移植释放之用。

要繁殖的天敌必须具备的条件：首先，其能适应当地的环境条件，对要控制的某种病虫有很高的控制能力；其次，人工繁殖方法可行，生物防治成本低于或等于其他防治方法。

人工大量繁殖天敌，首先必须解决人工饲料或中间寄主问题，解决的途径是：①人工配合饲料繁殖天敌昆虫和病原微生物。人工饲料成分容易得到，价格便宜，便于规模生产。②利用某些植物的花粉、叶、果类繁殖天敌。③天敌昆虫的中间转换寄主必须具备下列条件：应是天敌喜欢捕食或寄生的；天敌通过寄主能顺利完成生长发育和繁殖；寄主所含营养物质较为丰富；寄主容易获得，花费投资少；寄主繁殖量大，世代多；容易饲养管理；繁殖的天敌能保持较高的生活力，寄生或捕食力强。

(三)外地天敌输入

近100多年，世界各国引进害虫天敌成功或部分成功的达225种以上。美国引进天敌昆虫390种，成功率24.4%，加拿大引进天敌成功率21.2%，斐济引进天敌成功率50%。总结世界各国引进害虫天敌经验：寄生天敌优于捕食天敌，单食性天敌优于多食性天敌，引进多种天敌防治一种害虫胜于

引进一种天敌，只引进卵蜂一般效率不够高。引进树木（果树）害虫天敌较易成功，固定害虫（蚧虫）天敌引种较易成功。应从生态条件相当的地区引进天敌。如果引进天敌3年内或寄主经3个世代还达不到彻底控制，以后也就达不到完全防治的目的。

1. 天敌的选择 为了提高有效天敌引进成功率，必须先从与本国生态条件相近的国家或地区着手。有效天敌常来源于害虫原产地。害虫发生数量较少的地区，应收集较多的天敌类群，对专食性天敌要优先引进。对天敌生物学特性的要求为繁殖力强，繁殖速度快，生活周期短，雌性比高，适应力强，传播快，寻找寄主力强，生活习性与害虫相吻合。

2. 天敌的搜集方法 采集已被天敌寄生的害虫，包括卵、幼虫、蛹和成虫。将活虫连同寄主植物放入养虫盒里。将人工饲养的或田间未经寄生的寄主材料，暴露于田间以诱集天敌。应搜集活的天敌，包括专食性、寡食性、多食性天敌。同时注意不要传入本国、本地未有的害虫和病害，特别是严禁检疫病虫害传入。

3. 天敌的运输 以运输寄主的卵、蛹及休眠越冬幼虫茧为宜。途中注意保持适宜温度、湿度和通气。

运输活动期天敌，在现代航空条件下也可进行。把活的寄主和其天敌装在养虫笼内，注意温度、湿度、通气和食物保证。

4. 天敌的释放 选择晴朗温暖的天气释放。释放以天敌成虫为宜，便于传播。选择害虫危害严重的果园进行，最好定株、定点，先统计害虫数，定期检查统计捕食（寄生）情况。散放量要大些，以便雌雄交尾。引进多种天敌时，既要有多种天敌释放点，又要有单一天敌释放点，以便进行控制效果综合分析。

二、病原微生物的利用

引起害虫病害致病微生物包括病毒、细菌、真菌、线虫和原生动物、立克次体等类。

(一)病原细菌

1. 昆虫病原细菌 其细菌种类多,它在昆虫的病原微生物区系中占大多数,单细胞,分裂繁殖。可分为专性寄生菌和兼性寄生菌,可营腐生生活,也可寄生昆虫体内。包括芽孢杆菌科、假单胞杆菌科等6个科10余种。最重要的是芽孢杆菌的苏云金杆菌(*Bacillus thuringiensis*),有34个变种,形成芽孢和伴孢晶体,属兼性寄生菌。其对鳞翅目、膜翅目、双翅目等570余种害虫有强致病性,可防治果树卷叶虫、食心虫等。全世界许多国家已工业化生产。

金龟子芽孢杆菌(*Bacillus popilliae*):活菌大小为0.5微米×5.2微米,梨形或纺锤形,不产生晶体,专性寄生日本金龟子幼虫,对50余种蛴螬有致病性。

梭状芽孢杆菌(*Clostridium malacosomae*):革兰氏染色阴性菌,芽孢为梭状,专性寄生天幕毛虫,不产生伴孢晶体。天幕毛虫感病后体型缩小,又称"短缩病"。

利用无致病的放射土壤杆菌(*Agrobacterium radiobacter*) K_{84}防治桃根癌病(*A. tumefaciens*),已在许多国家推广。利用荧光假单胞杆菌(*Pseudomonas fluorescens*)能产生嗜铁素和抗生素防治多种根部病害。

2. 杀菌防虫链霉菌 其基丝一般无横隔,直径0.5～0.8微米,气丝生长丰茂,孢子丝呈长链状,孢子丝单生,直形波状或螺旋形,为链霉菌属(*Streptomyces*)。该属放线菌已产生各种抗生素2 769种,其中农用防虫杀螨的有阿维菌素、浏阳霉

素、橘霉素、杀蚜素、华光霉素等，防治果树病害的有春雷霉素、多抗霉素、抗霉素120、井冈霉素、中生菌素、武夷菌素（详见第八章）。

（二）病原真菌

1. 昆虫病原真菌　侵染昆虫的病原真菌包括12个目，100属，800余种。有可能成为微生物杀虫剂的主要是藻菌纲和半知菌类的一部分种类。

（1）白僵菌（*Beauveria*）　侵染昆虫后，虫体僵硬，体表长有白色菌丝层。侵染昆虫700多种。防治蛴螬、天牛幼虫等。已规模化工业生产（见第八章）。

（2）绿僵菌（*Metarhizium*）　侵染昆虫体表，绒毛状，最初白色，分生孢子绿色，虫体感病后橄榄色。寄生蛴螬、天牛、桃蛀果蛾。

（3）多毛菌（*Hirutella*）　昆虫感病后生出白色长毛，是柑橘锈螨最重要天敌。

（4）轮枝霉菌（*Verticillium*）　能寄生蚜虫、粉虱、蚧虫、螨类。蜡蚧轮枝霉菌（*V. lecanii*）以引起介壳虫、蚜虫流行病而闻名。

2. 重寄生真菌　重寄生真菌在植物病害生物防治中有重要作用，例如哈茨木霉 *Trichoderma harzanum* 是齐整小核菌、立枯病、腐霉病、厌霉病等重寄生菌。向土壤施入哈茨木霉可以有效防治果树白绢病。

（三）昆虫病毒

病毒是比细菌还小的非细胞生物体，由蛋白质和一种核酸构成，通过核酸复制进行繁殖。对寄主有严格选择性，通过昆虫、鸟和风雨传播，在寄主体可存活多年，能长期抑制害虫。病毒杀虫剂生产主要依靠大量繁殖寄主昆虫，对其接种病毒

获得感病虫尸而获得病毒，捣碎稀释进行喷施防虫。

世界上已记载昆虫病毒 1 000 余种，我国已发现昆虫病毒 170 余种，其中果树害虫病毒 20 余种。昆虫病毒有 20 个不同类群，分属 13 个科，其中重要的有 2 类。

1. 核型多角体病毒(NPV)　病毒粒子大小为 20～70 微米×250～400 微米，呈杆状，核心含双股 DNA(脱氧核糖核酸)，包涵体四角形、五角形、六角形或不规则形，0.5～1.5 微米。寄主多为鳞翅目昆虫的幼虫。病虫尸悬挂枝叶上，虫体内含物液化。侵染寄主脂肪体、气管、真皮、血细胞等。如舞毒蛾核型多角病毒，用 8.2×10^5 PIB(多角体)/毫升防治 2～3 龄幼虫，防治效果达 85%～90%。

2. 颗粒体病毒(GV)　颗粒体卵形、椭圆形，大小为 0.3～0.5 微米×0.1～0.2 微米，一个颗粒体包埋 1～2 个病毒粒子。粒子杆状，大小为 400 纳米×50 纳米。多寄生于鳞翅目幼虫，感病幼虫虫体软化，内含物液化，血淋巴乳状，侵染脂肪体、真皮及其他组织。病虫常爬至叶缘，侧悬而死。如苹小卷叶蛾病毒病和枣刺蛾病毒病。

(四)昆虫病原线虫

昆虫病原线虫属圆虫门，线虫纲，体长 0.2～0.8 毫米，体细长不分节，体表包围一层坚实的角质膜，没有附肢。线虫发育经卵、幼虫、成虫期。寄生昆虫的线虫有 3 000 余种。

昆虫寄生线虫是昆虫重要天敌，其中斯氏线虫对果树害虫防治有重要意义。近几十年来，我国先后从美国、澳大利亚、德国和新西兰引进 6 种(系)昆虫病原线虫，其中苹小卷蛾线虫(*Steinernema caropocapsae*)防治桃蛀果蛾出土幼虫效果显著，芫菁夜蛾线虫(*S. feltiae* Beijing)防治核桃举肢越冬幼虫取得 80%防治效果。我国还在山东省泰安市发现异小杆线虫

(*Heterorhabditis bacteriophora*)对桃蛀果蛾出土幼虫有一定防治效果，还可防治多种天牛。斯氏线虫为半寄生线虫，可以利用人工配制饲料进行大量生产(见第八章)。

三、其他动物的利用

(一)果园蜘蛛保护利用

果园蜘蛛种类多。张格成(1984)报道四川省柑橘园蜘蛛有13科48种。孙益知等调查落叶果树蜘蛛42种。颜享梅等(1987)报道长沙地区柑橘园蜘蛛19科72种，柑橘园中发现蜘蛛、植绥螨、草蛉、瓢虫、方头甲、捕食纹蓟马、食蚜蝇、食虫虻、步行甲、胡蜂、螳螂等11类捕食性天敌，所占百分比分别为73.7%、10.2%、7.2%、3.4%、1.4%、1.2%、0.78%、0.67%、0.48%、0.33%、0.2%。蜘蛛所占比例最高(最小月份占51%，最多月份占78.3%)。9月下旬平均每株柑橘有197.5头，11月下旬平均每株154.2头。金蛛科主要捕食卷叶蛾；蟏蛸科主要捕食雄蚧、蚊、蝇；肖蛸科、蟹蛛科、猫蛛科主要捕食蛾类；狼蛛科、管巢蛛科捕食蛾类、粉虱；微蛛科、球蛛科捕食叶螨、蚜虫、粉虱等。果树喷洒敌敌畏、敌百虫等有机磷杀虫剂，会大量杀伤蜘蛛，使其数量骤降。应尽量不用或少用广谱杀虫剂，以保护蜘蛛种群数量。

孙益知等观察，三突花蛛日捕食桃叶蝉4.8头，桃粉蚜16.8头。黑色蝇虎捕食小绿叶蝉12.3头。短胸长蟹蛛捕食桃粉蚜25.5头。丁纹狼蛛捕食桃蛀果蛾地面活动幼虫3～5头。

(二)果园养鸡

果园里散养一部分鸡，在果园地面寻找桃蛀果蛾等脱果、出土幼虫取食，有一定作用。果品快成熟时不宜散放，防止啄食果实。陕西省合阳县一农民在0.3公顷老苹果园养鸡40

只，比不养鸡果园桃蛀果蛾减少90%。

（三）啄木鸟的保护利用

大斑啄木鸟体色上黑下白，翅黑色具白斑，尾下呈红色，雄鸟后头有红斑。

啄木鸟分布于我国大部分省、自治区，栖息林地果园，在腐朽木或心腐木作巢。每年7～8月份自造新巢产卵，5月中下旬为产卵期，每窝产卵4～5枚，孵化期10天左右，育雏期在6月上旬。双亲鸟喂雏鸟50多次，每一雏鸟每次食1头幼虫，一天喂食25头幼虫，育雏鸟30余天，需喂食700多只天牛、吉丁虫、蛾子幼虫，是天牛、吉丁虫重要天敌。人工挂鸟巢招引啄木鸟可以控制天牛危害。

四、昆虫激素的利用

昆虫激素是昆虫活细胞分泌的对某些靶细胞有特殊激活作用的一群微量有机物质，它调节和控制着昆虫的生长发育和生殖行为。

保幼激素是由咽侧体分泌的内激素，控制昆虫生长、发育、变态、滞育。现在我国已生产出10余种保幼激素农药，如灭幼脲、除虫脲、氟虫脲等。这些保幼激素活性强，不易引起抗性，对哺乳类动物毒性极小，这些化学物质残留时间短，经分解就成为完全无害的化合物。要掌握在幼虫发育期喷药，作用较慢，多限于鳞翅目幼虫。

昆虫性信息素多是由雌虫腹末处分泌腺体分泌并向外释放的激素，是引诱同种雄虫反应的化学物质（或多种化学物质混合物）。我国已研制出梨小食心虫、桃蛀果蛾、桃蛀螟、苹果蠹蛾、枣粘虫、金纹细蛾、桃潜叶蛾、葡萄透翅蛾、舞毒蛾等性信息素。可用来测报成虫发生期、发生数量，指导防治时机。大

量设置性信息诱芯，可作为生物防治措施大量诱杀害虫。把性信息诱芯和灯光（趋光性害虫）、糖醋液（有趋化性害虫）配合使用，诱虫量成倍增长，还能诱到大量雌虫。

徐劭(1998)对果园多种害虫性信息素混用作了研究。梨小食心虫和桃潜叶蛾两种性信息素混用有增效作用。桃蛀果蛾和梨小食心虫、和金纹细蛾性信息素混用没有明显影响。梨小食心虫与金纹细蛾性信息素有互相干扰作用，金纹细蛾与苹小卷叶蛾性信息素也有相互干扰现象。

诱芯是一种含有定量性信息素并能以恒定速率释放的剂型载体。目前用于测报的剂型载体有硅橡皮塞、聚乙烯塑管、夹层塑片和空心纤维等。

诱捕器是将性信息素诱来的昆虫捕捉装置。捕捉原理有两条：一是将诱来的昆虫诱到水碗、水盆、水瓶内溺死，二是将诱来的昆虫用胶粘住，这类诱捕器有三角形板、双层圆盘、双层船形容器等。用于测报时，每天统计每个诱捕器诱到的虫数，并注意向水盆等容器中加水。诱捕器挂置高度，应根据害虫飞翔高度而定，果园内一般挂在离地面1.5～2米高的树枝上。诱捕器设置密度因设置目的而定。用于测报，在果园内选择代表地块挂几个到十几个诱捕器即可；用于捕杀害虫，每株或几株就要安装一个诱捕器。

第二章　苹果病虫害生物防治

第一节　苹果害虫生物防治

一、桃蛀果蛾

Carposina niponensis Walsingham

又名桃小食心虫。属鳞翅目，蛀果蛾科。

(一)形态特征

成虫　体长5～8毫米，翅展13～18毫米。体灰白色至淡灰褐色。前翅近前缘中部有一蓝黑色三角形大斑，翅面有7簇黄褐色或蓝黑色斜立鳞毛。雌蛾下唇须长。

卵　长约0.5毫米，椭圆形，卵壳表面有椭圆形刻纹，端部1/4处生有2～3圈"丫"状刺毛。深红色。

幼虫　老龄幼虫体长13～16毫米，体背桃红色。前胸气门前毛2根，腹足趾钩排单序环，无臀栉。

茧蛹　蛹体长8～9毫米，黄白色至黄褐色，外被丝茧。越冬幼虫结圆形冬茧，化蛹时结纺锤形夏茧。

(二)发生规律

桃蛀果蛾在我国分布很广，北自黑龙江省、内蒙古自治区，南到云南、福建省，西到甘肃、四川省，广大落叶果树区都有分布危害。寄主有苹果、梨、桃、杏、山楂和枣等13种果树，其中以苹果和枣受害最重，放任果园虫果率一般在30%左右，受害严重的虫果率高达90%以上，是苹果、枣等最重要害

虫。

该虫发生世代因地而异，甘肃、宁夏一年发生1代，辽宁、河北、山东、山西、陕西一年发生1～2代，河南、江苏一年发生2～3代。以老龄幼虫入土结圆茧越冬，入土深度3～6厘米，果树根颈周围1米范围内冬茧占60%左右，山地梯田壁、堆果场、果库角落也有越冬茧。

翌年5月中下旬气温达到17℃，土壤(5厘米深处)温度19℃，遇中到大雨土壤含水量达到100%左右时，越冬幼虫咬破冬茧爬出地面，爬行半天寻隐蔽处结纺锤形夏茧化蛹，预蛹和蛹期17～20天。

成虫羽化多在晚上7～9时，寿命3～10天，雌雄比约为1∶1。成虫有弱趋光性，夜晚0～3时，适宜温度19℃～24℃，相对湿度80%～90%，活动交尾。雄虫可交尾1～3次，雌虫多交尾1次，少有交尾2次的，交尾率57%～97%。每头雌虫产卵45～200粒。在不同苹果品种间产卵有选择性，果实萼洼深、茸毛多的品种产卵多，如金冠、元帅，90%的卵产在萼洼处。在枣树上，多在枣吊和叶背面产卵。卵期7～10天。

幼虫孵化多在早晨4时前后，刚孵化出的幼虫爬行半小时多从萼洼处蛀入果实。蛀果1～3天后，入果孔溢出果胶滴，干后留下白色蜡质物。幼虫入果后在果内纵横蛀食，留有大量虫粪。前期果受害成猴头畸形果，后期果受害多不变形，果面有脱果孔，果内有虫粪，严重降低果品质量。幼虫在果内蛀食20～25天后，老龄体变桃红色脱果结茧。7月下旬前脱果幼虫多在地面结长茧化蛹，发生第二代，脱果迟的则入土结圆茧越冬。

在同一地区不同寄主上的桃蛀果蛾发生期不同，形成寄主生物型。在陕西省乾县观察，杏树上桃蛀果蛾一年发生1

代，越冬代成虫羽化期自5月中旬至7月上旬，幼虫蛀果自5月下旬至7月份。在苹果上成虫羽化期5月下旬开始，比在杏树上推迟10余天，幼虫蛀果自6月中旬至9月中旬，发生1～2代。在枣和酸枣上，桃蛀果蛾发生期又较苹果上的推迟10～20天，一年发生1～2代。

（三）生物防治措施

1. 性信息素诱捕法 桃蛀果蛾性信息素由顺-7-二十烯-11-酮（占90%～95%）和顺-7-十九烯-11-酮（占10%～5%）构成，人工合成的性信息素吸附于橡皮塞和塑料管内做诱芯，每一诱芯含500毫克性信息素。诱雄蛾距离最远为100～150米，诱芯有效期81天，田间使用一般60天更换1次。诱芯和水碗（盆）构成诱捕器。水碗口直径15厘米左右，装满0.1%洗衣粉水，诱芯挂在水面之上1厘米处。诱捕器挂在苹果树冠2米高处。自5月底至9月中旬挂到田间，每天上午8时左右逐碗检查诱蛾数，取出蛾子及杂物，补充碗里蒸发掉的水分。

利用性信息素测报桃蛀果蛾发生数量方法是：选择苹果园有代表性地段，每300～500米挂1诱捕器，或每0.5～1公顷设1诱芯。当诱到第一头雄蛾时，结合近期降水测报，此时桃蛀果蛾越冬幼虫开始大量出土，要进行地面防治。当每天每1诱芯平均诱蛾在1头以上，诱蛾数达到高峰后10～12天，即为卵孵化蛀果期，田间调查卵果率在1%以上时，树上及时喷药防治幼虫蛀果。

利用性信息素诱杀防治桃蛀果蛾方法是：各地进行了大量试验表明，在上年虫果率低于5%的果园，每667米^2（1亩，下同）挂4～5个诱捕器，卵果率1%以下树上不喷药，卵果率在1%以上须喷药。上年虫果率在10%以上，每667米^{2}挂诱捕器5～10个，卵果率常在1%～3%，树上须喷2～3次药才

能控制危害。

2. 树上喷施病原细菌及苯甲酰脲类杀虫剂 近几年各地大面积应用表明，在桃蛀果蛾卵孵化蛀果前及时喷布苏云金杆菌乳剂 500～1 000 倍液，或苏云金杆菌可湿性粉剂 250～500 倍液，或青虫菌 6 号 600～800 倍液，或 10%浏阳霉素2 000～2 500 倍液，或 1.8%阿维菌素乳剂 2 000～3 000 倍液。只要防治及时，喷洒均匀周到，都有 93%～98%的防治效果。可以代替有机磷及菊酯类杀虫剂，保护了害虫天敌。

用苯甲酰脲类防治桃蛀果蛾，一定要把握住卵孵化幼虫蛀果前的关键时机。用 25%灭幼脲 3 号 500～1 000 倍液，或 3%杀铃脲乳油 1 000～1 500 倍液，防治效果在 95%以上。

3. 树盘地面喷布白僵菌、绿僵菌和昆虫病原线虫 为了掌握桃蛀果蛾越冬幼虫出土期，指导地面施药（菌、线虫）时机，常采用树盘盖瓦片法和罩笼法（人工埋茧法）。树盘盖瓦片法是选择上年受害严重的果树 3～5 株，于 5 月上中旬拔除树盘杂草，打碎土块平整地面，每树盘地放破碎瓦片 15～20 块，每天上午 8 时前后检查统计出土幼虫数和结长茧数，并除掉幼虫和夏茧，观察幼虫出土初期、盛期或末期，一般降一次中雨或大雨后幼虫出土达到高峰期。罩笼法是在上年 8～9 月份搜集桃蛀果蛾虫果 1 000 余个，分放筛子内，筛下放洗脸盆收集脱果幼虫，每天将脱果幼虫放于树盘 1 米^2 地面上，罩上尼龙纱网，防止其跑掉，累计放幼虫 500～1 000 头，待幼虫全部入土后撤掉纱网，第二年 5 月上旬再罩上，每天观察统计出土幼虫数，观察幼虫出土高峰期，指导地面施药时机。越冬幼虫自然死亡率为 53%～70%，实际出土率只有 30%～47%，每年各地死亡率常有很大变化。

利用白僵菌防治出土幼虫：白僵菌对桃蛀果蛾幼虫、成

虫和蛹均有很高的侵染力，其中以幼虫最易感染，菌液1亿活孢子/毫升喷洒幼虫8天全部感染，表现行动迟缓，呕吐下泻，体变软且色淡，长满白色菌丝和孢子，逐渐失水僵硬死亡。气温在18℃～30℃均可侵染，30℃时4天开始死亡，第七天全部死亡；24℃时第七天开始发病，第十五天才全部死亡。土壤含水量为2.5%时，幼虫死亡率为56.7%，虫尸僵硬不长菌丝；当土壤含水量达到7.5%～10%时，幼虫感病率达到83.3%～93.3%，虫尸长出白色菌丝和黄色分生孢子。陶训(1995)大面积使用此技术，在桃蛀果蛾越冬幼虫出土始盛期和盛期各喷施1次，每次每667米^{2}地面喷布菌粉2千克。喷菌粉后树盘地面覆盖20厘米厚秸秆，保持土壤含水量，提高防治效果。山东省临沂市已在7县(市)用于苹果、山楂防治6 000多公顷，防治区虫果率降到1%以下。

利用绿僵菌防治出土幼虫：樊美珍(1996)研究，绿僵菌只侵染桃蛀果蛾越冬出土幼虫和脱果幼虫，幼虫受侵染后行动迟缓，取食下降，体肿胀，生绿色菌丝和分生孢子，70～122天后僵死。小区试验，分别每公顷用15.22千克、25.3千克、37.5千克分生孢子粉剂，含孢量为2×10^9/克，6月中旬越冬幼虫出土期喷施，当年幼虫感染死亡率为97.2%～99.6%，虫果率分别为5.7%、3.7%和2.7%，对照区虫果率为36%。第二年埋入冬茧，幼虫死亡率仍在90.2%～96.3%，虫果率在2.2%～6.1%之间，对照区虫果率为20.1%。大面积每公顷施入分生孢子制剂(含孢子量0.5×10^9/克)22.5千克，6个果园虫果率为1%，10个果园虫果率为1%～3%，9个果园为3%～5%，对照果园虫果率在30%左右；辛硫磷处理的果园，虫果率为12.1%。中晚熟品种虫果率下降最多。该项技术已在陕西省富县、黄陵县和大荔县推广670公顷。

利用昆虫病原线虫防治出土幼虫：山东省果树研究所和广东省昆虫研究所合作，1992～1994 年从澳大利亚引入 *Steinernema carpocapsae* Agrioto24 品系，在桃蛀果蛾越冬幼虫出土初盛期（6 月中下旬），树盘地面喷施线虫液，每 667 米^2 施线虫 1 亿条的，卵果率为 0～0.6%，采收时虫果率为 0.1%～0.7%；每 667 米^2 施线虫 0.25 亿～0.5 亿条的，卵果率为 0.3%～2.5%，虫果率为 0.1%～1.6%。每 667 米^2 施 40%甲基异柳磷 0.6 千克的，卵果率为 0.5%～2%，虫果率为 0.3%～4.3%。试验表明，昆虫病原线虫可以代替化学农药防治桃蛀果蛾。该线虫无毒，对人、畜安全，不污染果品，人工易大量繁殖。施用时，要求土壤温度为 21℃～28℃，含水量 10%～16%，以砂质壤土、有灌溉条件为宜。山东省已在寿光市、泰安市推广 1 133 公顷。

4. 保护利用自然天敌 桃蛀果蛾的自然天敌有 10 多种，其中蜘蛛 2 种（丁纹狼蛛平均每天捕食 3～5 头幼虫），步甲 6 种（铜绿婪步甲每天捕食 2～6 头幼虫），还有小花蝽、重粉蛉蚂蚁等捕食天敌。寄生天敌有 4 种，总寄生率达到 50%左右。

(1)桃蛀果蛾甲腹茧蜂（*Chelonus chinensis* Zhang） 雌蜂体长 3.6～4.0 毫米，体黑色，触角 16 节，柄节黄褐色，足淡黄褐色，翅透明，翅痣及前缘脉暗褐色，腹部背面有一梯形淡黄色斑（雄虫黄斑稍宽）。茧椭圆形，白色，长 5～6 毫米，在桃蛀果蛾长茧内，比正常茧小。该蜂一年发生 1～2 代，产卵于桃蛀果蛾卵内，当寄主卵孵化幼虫后，蜂卵亦孵化幼虫在寄主体内取食，不久即滞育，待寄主幼虫老龄作长茧化蛹时，蜂幼虫迅速发育，至寄主作长茧后，将寄主食尽，在寄主长茧内结茧化蛹。每头雌蜂产卵 60～140 余粒。寄生率 5%～20%。常喷

化学杀虫剂果园，寄生率降低。在虫果率低于5%的果园，保护利用甲腹茧蜂可控制桃蛀果蛾的危害。山西省还发现另一种甲腹茧蜂。

(2)中国齿腿姬蜂(*Pristomerus chinensis* Ashmead)　雌蜂体长6~7毫米，体黑色，触角赤褐色，翅基片黄色，足赤褐色，但后足基节、胫节末端、跗节和爪黑色。后足腿节下面近端部1/3处生一大齿和几个小齿为其主要特征。一年发生4代，以蛹在茧中越冬。寄主多，有桃蛀果蛾、梨小食心虫、大豆食心虫、棉红铃虫、豆荚螟等。4~9月份发生成虫，产卵于寄主低龄幼虫体内，该蜂老龄幼虫爬出寄主幼虫体外结茧化蛹。在枣树果实桃蛀果蛾幼虫上寄生率高达44.2%，是桃蛀果蛾主要寄生蜂。经常喷施化学农药果园，寄生率下降到5%左右。

二、苹果蠹蛾

Laspeyrsia pomonella L.

又名苹果小卷蛾。属鳞翅目，小卷叶蛾科。

(一)形态特征

成虫　体长8毫米，翅展19~20毫米，全体灰褐色而带紫色光泽。前翅臀角处有深褐色大圆斑，内有3条青铜色条纹，翅基部浅褐色，翅中部色浅，有数条褐色斜行的波状纹。

卵　略呈椭圆形，极扁平，长径1.1~1.2毫米。刚产的卵白色透明，渐变黄色并显出红圈，近孵化时红圈消失。

幼虫　初孵化白色，老龄幼虫体背浅红色，体长14~18毫米。前胸气门毛3根，无臀栉。腹足趾钩单序缺环，趾钩19~23根。

蛹　体长7~10毫米，腹部第二至七节背面有2排刺，第八至十腹节背面仅有1排刺，尾部钩状毛10根。

（二）发生规律

该虫分布在世界许多国家，我国只分布在新疆和甘肃省酒泉市。主要蛀食苹果、沙果、梨，尚可蛀食桃、杏，偶有危害榅桲。防治不及时苹果和梨虫果率常达50%，受害严重园虫果率达80%以上，严重影响苹果和梨的果品质量。苹果蠹蛾列为重要检疫害虫。

新疆南部的库尔勒一年发生3代，北部的石河子、伊宁一年发生2～3代。在甘肃酒泉一年发生1～2代。以老龄幼虫在树皮裂缝、堆果场土壤、果库墙角及果筐等处作茧越冬。其在伊宁地区发生规律如下：

当春季气温超过9℃以后，越冬幼虫从4月上旬至6月下旬陆续化蛹，蛹期22～31天。第一代蛹期自6月下旬至8月下旬，预蛹期9天，蛹期13天左右；第二代蛹期自8月上旬至9月中旬，预蛹期11天，蛹期16天左右。

越冬成虫羽化期自5月上旬至6月下旬，高峰期5月下旬；第一代成虫羽化期为7月上旬至8月下旬，羽化高峰在7月下旬；第二代成虫羽化期为9月上旬至下旬。成虫白天在叶背等处隐藏，夜晚活动，日落前后开始交尾，到午夜停止。每头雌虫产卵40粒左右，最多可产140余粒。卵散产于果实和叶片的正、反面，主要产于苹果、沙果树上，其中以在中、晚熟品种树上产卵多；其次是梨树，以在酥梨树上产卵最多，慈梨、巴梨和香梨次之，鸭梨上产卵很少。卵粒在果树上的分布，以树冠上层果实及叶片着卵最多，树冠中层次之，下层较少。第一代卵期5～13天，第二代卵期5～10天。

刚孵化出的幼虫在叶片和果实上四处爬行，寻找适当蛀入部位。对质地较软的沙果多从果面蛀入，对较硬的苹果、梨多从萼洼处蛀入，对杏多从梗洼处蛀入。蛀入果实后，先在果

皮下咬成一小室，在此第一次蜕皮，随即向种室蛀食，在种室旁第二次蜕皮，再向种室内蛀食种仁，第三次蜕皮。此后幼虫开始脱果，转蛀附近的另一果，甚至转蛀第三个果。幼虫偏食种仁，蛀孔外可见其排出的褐色虫粪，以丝相连缀成串，挂在虫果下。蛀食香梨时排出黑色虫粪。蛀食杏果时排泄褐色虫粪，但多留在杏果内。一个果实可有10～20头幼虫蛀食，多为1～2龄幼虫，3龄以上较少，近老龄幼虫一果最多2头。一般幼虫在苹果果内蛀食30天左右，蛀食斯特洛维品种只需21天左右，蛀食夏立蒙品种果实的则需32天左右。第一代脱果幼虫自6月下旬一部分开始滞育，第二代脱果幼虫自8月中旬起大部滞育越冬，少数幼虫化蛹发生第三代。在北疆苹果树冬季埋土，越冬茧在树干根颈土壤处，在南疆越冬茧主要在树干皮缝处。

（三）生物防治措施

1. 性信息素的利用 苹果蠹蛾性信息素为反-8,10-十二碳二烯-1-醇，每个诱芯含性信息素100毫克，提前30天浸制，密封放4℃冰箱备用。诱捕器有杯式和瓶（碗）式，加0.1%洗衣粉水，诱芯距水面1厘米，诱捕器放置高度为1.5～4.0米。一年换诱芯4次，2～3天添加水1次，同时捞出水面昆虫和杂物，30天清洗一次诱捕器。用于测报时，每667米^{2}果园放置诱捕器1个，每天记录诱捕到的苹果蠹蛾雄虫数，观察诱蛾高峰。越冬代成虫羽化高峰后第四天为幼虫初孵出期，第一、二代成虫羽化高峰后第二天为幼虫初孵出期。塑料粘胶诱捕器比瓶水式诱虫效果好，不用加水，节省人工。

把诱捕器作为防治措施，每667米^{2}需挂诱捕器4～6个，上年虫果率高的（10%以上）应挂6个，上年虫果率为5%的可挂2～4个。单一使用性信息素诱杀，虫果率为4.6%，单一

喷杀虫剂，全年喷药（菊酯类杀虫剂）6 次，虫果率为 13.0%，性信息素诱捕和喷菊酯类杀虫剂相结合，虫果率只有 0.8%。

2. 赤眼蜂的利用 苹果蠹蛾的卵常被 3 种赤眼蜂寄生。

（1）广眼蜂（*Trichogramma evanescens* Westw.） 雄蜂全体暗黄色，头、前胸及腹部黑棕色，触角毛甚长，末端尖锐；前翅臀角上的缘毛长相当翅宽的 1/6。分布于欧洲和我国东北、新疆和陕西等地。可寄生于卷叶蛾科、夜蛾科、螟蛾科等害虫卵中。一年发生 10 余代，3 月底至 4 月中旬越冬蛹陆续羽化，四处飞迁寻找可寄生卵寄生繁殖，7～9 月份进入发生盛期，10 月末开始越冬。7 月下旬苹果蠹蛾的第二代卵被自然寄生率可高达 50%，一粒卵寄生 1～4 头赤眼蜂，多数为 2 头。

（2）松毛虫赤眼蜂（*T. dendrolimi* Mats.） 雄蜂体黄色，腹部黑褐色，触角毛长，相当于鞭节最宽处的 2.5 倍。在我国各地森林、果园及农田都有分布。对卷叶蛾科、枯叶蛾科、夜蛾科等害虫的卵均有寄生，新疆八一农学院引入该蜂，人工繁殖放蜂，有显著防治效果。

（3）黄赤眼蜂（*T. pallida* Meyer） 雌蜂全身柠檬黄色，雄蜂淡土黄色。在苹果蠹蛾、天幕毛虫卵中越冬，在乌克兰基辅一生发生 6～7 代，4 月底 5 月初出现，飞迁 10～20 米。一年放蜂 2 次，在第一代苹果蠹蛾产卵初期和盛期，每公顷放蜂 20 000头，隔 2～3 行树，每株树上放 1 000 头，把蜂放到炮弹形纸筒里，筒口向上。第二代苹果蠹蛾卵被寄生率达到60%～70%。

此外，注意保护利用寄生于苹果蠹蛾幼虫和蛹的当地寄生蜂。现已查明，此类寄生蜂有 7 科 30 属 43 种，我国已记录 5 种，其中红足微茧蜂（*Microdus rdfipes*）寄生率为 6.3%～12.5%。

三、苹小卷叶蛾

Adoxophyes orana Fischer von Roslerstamm

又名棉褐带卷蛾、苹小黄卷蛾、远东苹果小卷蛾、茶小卷叶蛾。属鳞翅目,卷叶蛾科。

(一)形态特征

成虫 体长6~9毫米,翅展15~22毫米,全体黄褐色,休止时呈钟形。雄蛾前缘有缘褶,翅面有3条褐色斜带,近翅基带上窄下宽,在后缘1/3处呈弧形,中带由前缘中部斜向后缘分叉伸向臀角,呈"h"形,端带自前缘近1/4处斜向外缘中部,上宽下窄。后翅淡褐色。

卵 扁平椭圆,大小为0.75毫米×0.61毫米,淡黄色,卵面有六角形或菱形刻纹。常数10粒鱼鳞状排列,卵块椭圆形。

幼虫 1龄幼虫头部黑色,余均淡褐色;老龄幼虫体长13~15毫米,体黄绿色至翠绿色。头后缘有棕褐色斑。腹足趾钩二序全环式,臀栉6~8根。幼虫蜕4次皮5龄。

蛹 体长9~10毫米,黄褐色。腹部第二至七节背面各有2列刺突,后面一列小而密。臀棘8根。

(二)发生规律

苹小卷叶蛾广泛分布于我国各地,寄主很广,可危害苹果、梨、山楂、桃、李、杏、梅、樱桃、枇杷、柑橘、柿、石榴、棉花、茶、榆、杨、刺槐、丁香等30余种植物。幼虫缀叶食害叶片、芽、花,将数叶连缀一起啃食成筛网孔,影响光合作用。幼虫还可啃食果皮,使果实表面形成不规则的坑洼,引起腐烂,严重影响果品质量。

该虫在甘肃、宁夏一年发生2代,在华北和辽宁省一年发

生3～4代，在河南、陕西关中地区一年发生4代，在长江以南地区一年发生5代。以2～3龄幼虫结白色薄茧越冬，越冬场所有枝干裂皮缝、剪锯口、粘贴在枝上的枯叶、卷叶等处。翌年春季3月底至4月上旬气温达到7℃～10℃时开始出蛰。金冠苹果开花盛期为幼虫出蛰盛期。出蛰幼虫多在芽旁结薄丝网潜藏其中，取食幼芽和花蕾，展叶后即卷叶为害。在陕西省杨凌观察，越冬代(上年第四代)幼虫4月下旬至5月上旬化蛹，蛹期11.5天，5月上中旬成虫羽化，成虫寿命7天。当年第一代卵产于5月中旬，卵期11天，5月下旬至6月中旬为幼虫期，幼虫期28.8天；6月下旬化蛹，蛹期3.3天；6月下旬至7月上旬第一代成虫羽化，寿命5.3天。第二代卵产于7月中旬，卵期5.5天；7月中下旬为幼虫为害期，幼虫期18天；8月上旬化蛹，蛹期5天；8月上中旬成虫羽化，寿命4.7天。第三代卵产于8月中旬，卵期7.5天；8月下旬至9月中旬为幼虫为害期，幼虫期34.4天；9月下旬化蛹，蛹期8.6天；10月上旬成虫羽化，成虫寿命4.4天。第四代卵产于10月上旬，卵期12天；幼虫10月中旬为害不久即冬眠，翌年4月上旬为害，幼虫期210天。苹小卷叶蛾适于旬平均温度18℃～26℃，相对湿度80%以上。在适温范围内，温湿系数≥3时，卵孵化率达90%以上，温湿系数<2干燥时，卵极少孵化甚至不孵化。

成虫多在上午9～11时羽化。白天常静伏树冠内膛遮荫处，傍晚和黎明活动交尾、产卵。雄蛾1周内可飞迁200米，雌蛾只扩散20米。成虫对黑光灯、糖醋液有很强的趋性。雌蛾多在苹果叶片正面和果面光滑处产卵，叶背产卵少，在桃叶背产卵多。每头雌蛾可产卵块1～3个，最少产卵21粒，最多产卵207粒。干旱少雨气候，产卵量减少。

幼虫刚孵化后吐丝下垂分散，先在叶背主侧脉两侧吐丝结网，啃食叶背表皮叶肉呈多孔筛状，2 龄后幼虫连缀数片嫩叶取食，营养不良时即向嫩叶转移为害。幼虫活泼，受惊即吐丝下垂，落地逃逸，受触动时，幼虫前后迅速扭动。幼虫老龄时常另卷叶在其中化蛹。成虫羽化时将蛹壳一半带出丝网外。8～9 月份，第二、三代幼虫多潜伏在叶片与果连接处或两果紧贴处，啃食果皮或蛀食浅层果肉，受害果呈现许多伤疤或孔洞，受害严重的虫伤果达 50%以上，果品质量损害严重。

（三）生物防治措施

1. 性信息素的利用　苹小卷叶蛾性信息素由顺-9-十四烯乙酸酯(A)和顺-11-十四烯醇乙酸酯(B)构成，A∶B 以 9∶1 的比例混配，诱蛾活性最好，可用于成虫发生期测报。每公顷果园挂水碗式诱捕器 5～10 个，诱捕器间隔 100 米。每天捞出诱捕到的蛾子并踏死，记录诱捕蛾子数。定期换、加水，1 个月换 1 次诱芯。当蛾子数剧增时为成虫羽化高峰，5～10 天后即为卵孵化高峰，可据此指导防治工作。

利用性信息素诱捕器捕杀雄蛾，每公顷果园挂诱捕器 80 个，诱捕器间距 5 米，可大量杀伤雄蛾，防治效果与喷 4 次杀虫剂效果相近。

2. 白僵菌的利用　1970 年，安徽农学院利用苹果小卷叶蛾幼虫自然感染白僵菌，经分离培养白僵菌粉，每 667 米^2 喷 0.5 千克(100 亿孢子/克)菌粉，自 1973 年至 1983 年连续累计防治 675.3 公顷，大面积平均加权防治效果达 80%左右。该菌对 1 龄幼虫处理 14 天全部死亡，4 龄幼虫僵死率只有 21.4%。因此，要抓住 1～2 龄幼虫期和湿润的气候(低湿干旱防治效果差)。田间自然感病率 5%左右。

3. 颗粒体病毒的利用　1981 年武汉大学等对苹小卷叶

蛾颗粒体病毒(APGV)进行了防治研究,试验表明,在苹小卷叶蛾卵孵化期和2～3龄幼虫期,每667米^{2}喷2.44～4.44克APGV罹病尸体粗提制品,可以达到80%～93%防治效果。第一代苹小卷叶蛾幼虫感染后,病毒继续扩散蔓延,对第二、三代苹小卷叶蛾幼虫还有37%～50%的防治效果(参考第八章)。

4. 释放赤眼蜂 拟澳赤眼蜂,在苹小卷叶蛾第一、二代产卵期,每次每667米^{2}放蜂1.8万～2万头,隔5天放蜂1次,每代放蜂3～4次。应选择晴天放蜂。卵卡上用塑料纸制成护卵器,以免卵卡被日晒雨淋。第一代卵寄生率90%,第二代卵寄生率97%,虫果率在3%左右。

5. 保护利用自然天敌 苹小卷叶蛾自然天敌有50余种,成虫期有斜纹猫蛛、迷宫漏斗蛛、斑管巢蛛、跳蛛、麻雀等;卵期有拟溴赤眼蜂、松毛虫赤眼蜂、玉米螟赤眼蜂,9月份自然寄生率高达80%左右。马谷芳、孙益知等(1982)研究,幼虫和蛹期有寄生蜂、寄生蝇40多种,寄生率53%～75%,还有蜘蛛、胡蜂、步甲和鸟类等天敌。其中网皱革腹茧蜂和黄长距茧蜂为主要寄生蜂。

(1)网皱革腹茧蜂(*Ascogaster recticulatus* Watanabe) 体长2.7～4.0毫米,头横形具网皱,颜面有一中脊直连中单眼。触角短于体长。体黑色。腹部基部有时具大小不定的淡黄色斑。腹部不分节,呈盾甲形,末端钝圆,密布网状皱脊。产卵器短,不露出腹末端。翅透明,翅痣及翅脉褐色至黑色,中盘室2个。茧圆筒形,白色,长6～7毫米,直径1.4～2毫米,一端较平,另一端以丝缠绕卷叶蛾幼虫残体头壳。该蜂广泛分布于我国大部分省份,一年发生3代,以1龄幼虫潜伏在苹小卷叶蛾幼虫体内越冬。翌年5月中下旬成虫羽化,第一代成虫发

生于6月中下旬,第二代发生于7月下旬至8月上旬,第三代发生于8月下旬至9月中旬。在陕西省杨凌,第一代寄生率为41.0%,第二代为54.5%,第三代为23.4%。该蜂为卵-幼虫寄生蜂,产卵于寄生卵内(被寄生卵仍正常孵化),被寄生幼虫初期无明显症状,至末龄时,寄生蜂幼虫迅速发育,食尽寄主组织仅留体壳,然后另结白茧。此蜂还可寄生于桃蛀果蛾、黄斑长翅卷叶蛾、云杉黄卷叶蛾等(图2-1)。

(2)黄长距茧蜂(*Macrocentrus abdominalis* Fabricius) 雌蜂体长4.5～5.5毫米,头、胸、足及腹部腹面黄色至黄褐色,复眼黑色,触角48节,比体长。中胸盾片及小盾片光滑隆起,盾纵沟深,并胸腹节有网纹,腹部第一至三节背板有纵行细刻线。产卵管比体长,黄褐色。雄蜂体长3.8～4.2毫米。茧深褐色,椭圆形,大小为4.5～5毫米×1.4～1.6毫米,常30～40个茧包于灰褐色丝网中。该蜂一年发生3～4代,以蛹越冬,翌年5月份发生越冬代成虫,产卵于寄生幼虫体内,在寄生幼虫老龄前脱离寄主,作一个大丝网,有10～40头寄生蜂作茧化蛹。6月中下旬发生第一代成虫,7月中旬至8月下旬又发生成虫。寄主有苹小卷叶蛾、苹果卷叶蛾、苹褐卷叶蛾等。寄生率12.8%～7.2%。是苹小卷叶蛾重要天敌。只要苹果园不喷广谱杀虫剂,保护自然天敌,即可控制苹小卷叶蛾危害,虫伤果率在3%左右(图2-2)。

四、美国白蛾

Hyphantria cunea Drury

又名秋幕毛虫、秋幕蛾,属鳞翅目,灯蛾科。

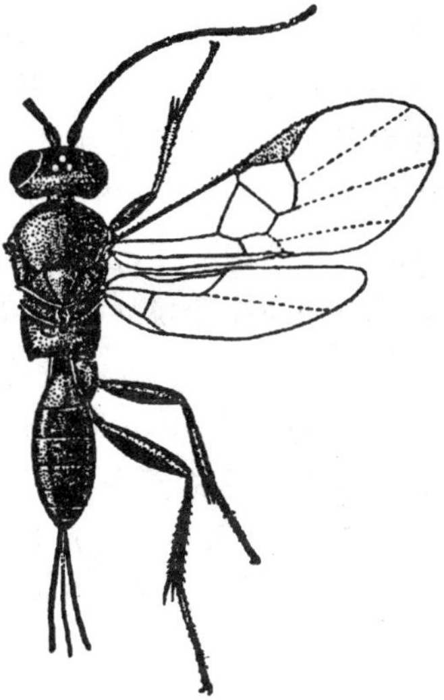

图 2-1　网皱革腹茧蜂

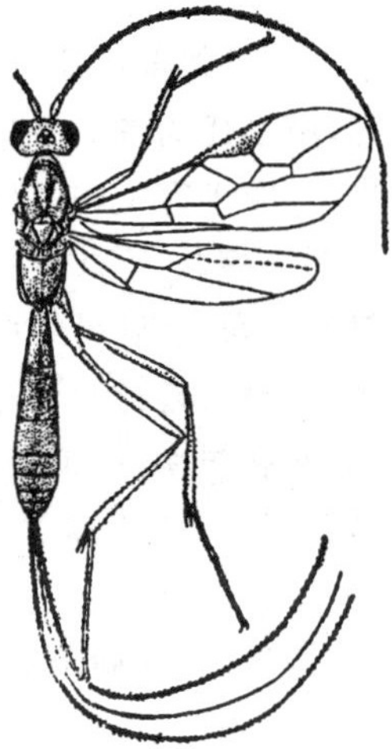

图 2-2　黄长距茧蜂

（一）形态特征

成虫　白色中型蛾子。雄蛾体长 9～12 毫米，翅展 23～34 毫米。头白色，复眼黑褐色。触角双栉齿状，黑色。越冬代成虫翅面密布黑褐色斑点，第一代雄成虫翅面斑点稀少。雌蛾翅展 33～44 毫米，前翅纯白色，少数个体有斑点，后翅通常为纯白色或近边缘处有小黑点。前足基节、腿节为橘黄色，胫节和跗节大部为黑色。中后足腿节白色或黄色，胫节和跗节上长有黑斑。后足胫节有一端距。

卵　圆球形，直径 0.4～0.5 毫米，初产为浅黄绿色，有光泽，后变为灰绿色至灰褐色，卵面密布规则的刻纹。

幼虫　老龄幼虫体长 28～35 毫米，头黑色有光泽，胸、腹部为黄绿色至灰黑色，背部两侧线间有一条灰褐色至灰黑色宽纵带，背中线、气门上线、气门下线为黄色，体侧面和腹面灰

黄色，背部毛疣黑色，体侧毛疣多为橙黄色，毛疣上着生白色长毛丛，混杂有少量黑毛。气门椭圆形，白色，具黑边。胸足黑色，腹足外侧黑色，腹足趾钩异型单序中带排列。黑头型分布于美国、加拿大和欧洲、亚洲。还有红头型幼虫，头橘红色，额区、额侧区呈褐色或暗褐色，分布美国东南部。幼虫7个龄期。

蛹 体长8～15毫米，暗红褐色，中央有纵向隆脊，臀刺8～17根，刺的端部中间凹陷。

（二）发生规律

美国白蛾原产美国、加拿大和墨西哥，1940年首传入欧洲匈牙利，后又逐渐传到罗马尼亚、乌克兰、波兰、法国。1945年传入日本，1958年传入朝鲜半岛，1979年首先传入了我国辽宁，后又传入山东荣城、烟台、威海，1984年传入陕西武功（现已控制），河北的秦皇岛、北戴河以及天津、上海等地。美国白蛾食性杂，食量大，适应性强，繁殖量大，传播途径广，是世界性重要检疫害虫。

美国白蛾寄主植物有230余种，我国初步查明寄主植物有100多种。最喜食的植物有桑、白蜡、槭、苹果、梨、榅桲、李、樱桃、核桃、柳、小叶榆，泡桐、杨、悬铃木。在以上植物上，幼虫网幕占99%；幼虫不常为害的植物有刺槐、杏、桃，仅有个别幼虫网幕出现。

美国白蛾在我国辽宁省、河北省秦皇岛市、陕西省武功县一年发生2～3代，在天津市一年发生3代。均以蛹茧在枯枝落叶、表土层、墙缝等处越冬。在陕西武功地区，成虫发生期，越冬代为4月初至5月底，第一代为6月中旬至8月上旬。幼虫为害期：第一代4月份至7月上旬，盛期为5月中旬至6月中旬；第二代为6月下旬至9月中旬，盛期在7月中旬至8月中旬；第三代为9月上旬至10月初，多因气温下降4～5龄时

幼虫死亡。卵期第一代 9～19 天，第二代 6～11 天，第三代 12 天。第一代幼虫期平均 35 天，第二代平均 42 天。短光照低温是引起幼虫滞育越冬的主要诱因。当光照在 15 小时幼虫不滞育。光照 14 小时全部滞育。在 20℃和 25℃时，临界光周期分别为 14 小时 13 分和 14 小时 10 分。

成虫羽化多在下午 5 时至夜间 11 时。雄蛾有趋光性，飞迁力一次可达 10～30 米，雌蛾交尾前可飞 10 余米，交尾后基本不飞翔。雌蛾产卵对寄主有一定选择性，在辽宁省以白蜡、桑、苹果、梨、樱桃等树上产卵为多，在陕西省以泡桐、杨、二球悬铃木(法国梧桐)、桑、核桃等树上产卵为多。交尾多在凌晨 5 时，交尾可延续 10 多个小时，大多交尾 1 次，每头雌蛾只产 1 个卵块，历时 2～3 天，每一卵块有卵 800～1 100 粒。越冬代产卵多在树冠下部，夏季第一、二代产卵多产在树冠中上部外围叶片背面。雌雄比为 1∶1。

幼虫孵化多在下午 6 时至次日凌晨 6 时。幼虫孵出后吐丝结网，群居网内取食叶片。随着幼虫生长发育，网幕不断扩大，一般长达 1.5 米，有时分散成几个小的网幕。5 龄幼虫不再吐丝结网，分散取食为害。幼虫有很强的耐饥力，在温度为 16.9℃条件下，1～2 龄幼虫可耐饥 4 天，3 龄幼虫为 8 天，4～5 龄幼虫为 9 天，6～7 龄幼虫为 11～15 天，是其远距离传播的重要条件。

(三)生物防治措施

1. 性信息素的利用 美国白蛾性信息素主要分布在雌蛾腹部 8～9 节间膜上，有 5 种组分：(Z9,Z12)-18 碳二烯醛；(Z9,Z12,Z15)-18 碳三烯醛；(Z3,Z6)-9S,10R-环氧-21 碳双烯；(Z3,Z6)-9S,10S-环氧-21 碳三烯；(Z3,Z6)-9S,10R-环氧-20 碳三烯，其中中间 3 种为主要成分，配比为 10∶1∶1。诱

捕器有非粘胶Unitrap型诱捕器和三角形粘胶诱捕器2种。将敌敌畏原液棉球放于诱捕器下,使诱捕到的美国白蛾中毒死亡。3天更换1次敌敌畏液棉球,并记录诱蛾数。根据诱蛾数量变化指导树上防治幼虫的时机,还可监测美国白蛾扩散蔓延区域,进行有效检疫。在虫口密度较低时,利用性信息素可诱杀成虫,有84.7%防治效果。

2. 天敌昆虫的利用 美国白蛾的天敌有180余种,其中昆虫类天敌130多种。我国已发现10多种重要寄生昆虫天敌,其中白蛾周氏啮小蜂(*Chouioia cunea* Yang)寄生率高达68.2%~83.2%。该蜂寄生于美国白蛾幼虫和蛹中,每蛹出蜂145~278头,最多可达437头蜂,雌雄比为68∶1,完成一代需30~35天。可利用柞蚕蛹人工繁殖白蛾周氏啮小蜂,每一柞蚕蛹可出蜂4 000~5 000头。方法是:将接种的柞蚕蛹挂到有美国白蛾网幕的树上,在白蛾幼虫6~7龄期、傍晚无风时进行,按蜂虫9∶1的比例,即每1网幕310头白蛾幼虫,每柞蚕蛹出蜂4 000头计算。虫株率在10%以下、虫口密度在20头/株左右时效果好。连续施放2~3年,即可控制美国白蛾危害,已在陕西、辽宁(大连)、山东、河北(秦皇岛)等疫区采用。该蜂还可寄生于杨扇舟蛾、杨二尾舟蛾、腰带燕尾舟蛾、大袋蛾、榆毒蛾的幼虫和蛹。

白蛾周氏啮小蜂为我国发现的新种。该蜂体长1.1~1.5毫米,体红褐色稍带光泽,头部及前胸几乎成黑色,并胸腹节及第一腹节淡黄色,触角各节褐黄色,上颚、单眼褐红色,翅透明,翅脉褐黄色。头部正面宽大于高。前胸背板有较密黑色短毛,中胸盾片散生30余根刚毛,中胸小盾片呈八边形。腹部圆形(图2-3)。

此外,白蛾孤独绒茧蜂、白蛾聚集绒茧蜂、白蛾派姬小蜂、

白蛾黑棒啮小蜂、凹翅宽颚步甲等在自然控制美国白蛾中亦发挥十分重要作用。

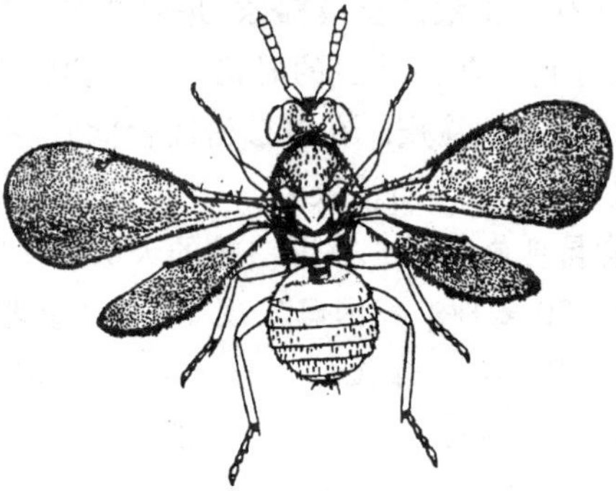

图 2-3　白蛾周氏啮小蜂

3. 病原微生物的利用

(1)苏云金杆菌的利用　在朝鲜,每公顷用 4～5 千克菌粉(每克含青虫菌芽孢和结晶毒素各 200 亿),加水 3 000～4 000升喷布,若再混入 0.02%敌百虫则有更好效果。对 1～4 龄幼虫防治效果为 90%～95%,对 6～7 龄幼虫防治效果只有 60%。西北农业大学试验,用苏云金杆菌乳剂 500 倍液,防治后 8 天,校正死亡率达 89.6%。

(2)美国白蛾核型多角体病毒的利用　白蛾幼虫感染病毒后,行动缓慢,不取食,体表油光,体躯肿胀,体毛脱落,体色灰黑色,最后体内组织液化,皮肤脆弱,一触即流出黄白色脓液,常以臀足、腹足挂在枝条或叶背处死亡。半致死浓度(LC_{50})为 316×10^4 多角体/毫升,大面积用病虫尸稀释液 0.67×10^7～1.8×10^7 多角体/毫升,防治效果为 87.8%～

99.3%，混少量敌百虫有增效作用。2～3龄幼虫易感染。人工繁殖方法是：大量收集美国白蛾1～2龄幼虫，饲养到4龄接种病毒，收集病虫尸，在0℃～4℃条件下保存。使用时加碳酸钙粉吸附，喷粉用。

前苏联利用美国白蛾颗粒体病毒防治美国白蛾试验，使用浓度为2×10^7多角体/毫升，每公顷用药液1 000升，防治第二代幼虫，15天死亡率达到85%。第二年使用2×10^8多角体/毫升的浓度，15天死亡率达到95%。

4. 昆虫生长抑制剂的利用　在美国白蛾幼虫期和卵期喷洒灭幼脲1号25%可湿性粉剂或25%胶悬剂1 000～2 000倍液，或灭幼脲3号50%胶悬液2 000倍液，有很好的防治效果。用进口的卡死克5%乳油2 000倍液也有很好的防治效果。

五、金纹细蛾

Lithocolletis ringoniella Mats.

又名苹果细蛾。属鳞翅目，细蛾科。

(一)形态特征

成虫　体长2.5～3毫米，翅展6.5～7毫米，头、胸、前翅均为金褐色。前翅柳叶形，翅基至中部有一条银白色剑状纹，前缘翅端有4条、后缘有3条银白色放射状纹，每条放射状纹内缘均有褐色细边；后翅尖细、灰色，前、后翅均有长的缘毛。雌、雄比为1∶1。

卵　扁椭圆形，长径0.3毫米，乳白色，半透明。

幼虫　老龄幼虫体长6毫米，扁细纺锤形，黄色；1～3龄幼虫体扁无足；4龄幼虫有胸足3对和腹足4对，体圆筒形。

蛹　体长4毫米，黄褐色，头部有一对角状突起，臀刺4

根。

（二）发生规律

金纹细蛾分布于辽宁、河北、陕西、山西、山东、甘肃、河南、安徽、江苏、贵州及四川等地。寄主植物以苹果、海棠为主，以及梨、山荆子等。幼虫潜叶为害。曾于1980～1985年和1991～1997年在我国广大苹果产区大发生。7～8月份引起30%～85%的苹果树落叶，为苹果重要害虫。

该虫在辽宁南部、河北、山西、陕西、山东中部等地一年发生5代，在山东南部、河南以南地区发生6代。以蛹在落叶上越冬，未化蛹幼虫都不能越冬而死亡。在陕西关中地区，各代成虫发生历期为：越冬代成虫羽化期3月中旬至4月上旬；第一代成虫羽化期4月下旬5月上旬；第二代6月上中旬；第三代7月上中旬；第四代8月中旬至9月中下旬。

成虫在一天中任何时候均可羽化。成虫头部先拱出蛹壳，自叶背冲破虫斑。白天静伏叶上隐蔽处。早晨5～6时飞舞交尾，持续1.5～3个小时。多数成虫只交尾1次。越冬代成虫交尾2～3天开始产卵，其他代成虫交尾后即行产卵，产卵历期7天，每头雌虫产卵45～50粒。成虫产卵有明显趋性，多产在叶片继续伸展、叶片较薄、叶色淡绿的嫩叶上，在老叶片和伸出的小嫩叶上产卵少。末代成虫多在秋梢嫩叶上产卵，越冬代成虫多选根部萌蘖和下部嫩叶上产卵。第一代在红星、青香蕉品种叶上产卵多，后期在富士品种叶上产卵多，因而受害重。在温度为15℃时卵期11.4天，25℃时为6.6天，30℃时为5.3天。卵孵化率可达90%～100%。

幼虫孵出后自卵壳下直接潜入叶背表皮，吮食叶肉汁液。4龄前幼虫无足，边移动边吮食，叶背只形成白色膜状虫斑；4龄幼虫有胸足3对、腹足4对，幼虫啃食叶肉，在叶正面出现

网眼斑，叶背虫斑表皮由淡白色向黄褐色变化，引起叶背皱缩，受害严重的一片叶上有10～21个虫斑。7～8月份金纹细蛾大发生，受害叶率常达85%，引起50%～70%落叶，严重影响苹果产量和质量。在19℃，24℃，30℃条件下，幼虫发育历期分别为20天、18天、16天。在不喷洒广谱杀虫剂的苹果园，幼虫自然天敌寄生率常在60%～85%。

蛹的发育历期为6～10天，死亡率为5%～20%。越冬代蛹期为90～100天，越冬死亡率为30%～50%。

（三）生物防治措施

1. 性信息素的利用　金纹细蛾性信息素由顺10-十四碳烯醋酸酯和反4顺10-十四碳烯醋酸酯，按4∶1的比例混配，每个诱芯含50毫微克，配水碗做成诱捕器。自3月份至10月中旬，将5个诱捕器挂在苹果树冠上1.5～2米高处。根据诱集雄蛾数量测报成虫发生高峰期，指导喷药防治时机。大量挂诱捕器，大量诱杀雄蛾，干扰雌蛾交尾，也可起到一定防治作用。一个诱捕器一年可诱捕9 000余头雄蛾。冷德训等(2004)研究报道，每30米挂1个诱捕器，30天更换1次诱芯，诱杀效果达86.8%，较生物农药防治效果高出12.7%。

2. 树上喷施昆虫蜕皮抑制剂　在金纹细蛾卵期或幼虫初孵化期喷施20%杀铃脲(氟幼灵)8 000～10 000倍液，防治效果分别为98.6%和90.5%。在金纹细蛾3龄前幼虫期(即虫斑未出现网眼，叶背虫斑为白色平膜状)喷25%灭幼脲3号2 000～2 500倍液，防治效果为89.4%～93.5%，同时还保护了天敌。

3. 保护利用自然天敌　金纹细蛾寄生天敌很多，日本报道有38种，孙益知(1987)报道我国有5科8种寄生蜂。比较重要的有2种：

(1)金纹细蛾跳小蜂(*Ageniaspis testaceipes* Ratz.) 成虫体长0.8毫米,体黑色,具蓝绿色光泽,触角柄节、梗节基部黑色,索节和棒节黄褐色,生有细毛。头扁,头顶有明显脊。中胸背宽,小盾片隆起。翅透明,翅脉灰色。足基节灰色,跗节黄色,中足胫节末有1长距。腹部两侧有3根刺毛。产卵器微突出。雄虫比雌虫略小,触角9节,比雌虫多1节(图2-4之2)。蛹长0.7～0.8毫米,长椭圆形,初为白色,后变为黑色,常6～15个蛹扭在一起,呈麻花状。

在陕西关中和山东烟台地区一年发生5代,一个世代平均37天,以蛹茧在金纹细蛾虫斑落叶中越冬,发生世代基本和金纹细蛾一致。上午8～10时羽化,上午8～9时至下午2～4时活动交尾。一生交尾多次。选择金纹细蛾的卵产卵,在金纹细蛾的卵、幼虫体内寄生,在金纹细蛾化蛹前夕迅速发育多胚生殖,很快占据寄主体腔,发育出6～15头蛆状幼虫,扭成麻花状蛹,在不喷广谱杀虫剂果园和苗圃,第五代寄生率可达53.7%～81.4%。

利用技术:在春季苹果萌芽前,从上年金纹细蛾为害落叶中挑选被跳小蜂寄生虫斑,每667米^{2}放蛹块15头(可出蜂150头)、25头(出蜂250头)、50头(出蜂500头),第一代金纹细蛾为害叶率为3.9%～5.7%,第二代受害叶率下降到0.03%～0.05%,第三代受害叶率为0.01%～0,第四代没有受害叶,对照(未放蜂)受害叶率为40%,全年总受害叶率达到70.1%。放蜂区全年受害叶率为0.89%～0.98%。可见防治效果显著。

(2)金纹细蛾姬小蜂(*Sympiesis soriceicornis* Nees) 雌虫体长2.5～3.0毫米,体绿色或蓝绿色具金属光泽,头与胸部等宽,触角9节,柄节具蓝色金属光泽。胸部长为宽的1.7

倍，中胸小盾片隆起，长大于宽。翅透明，前翅的痣后脉长为翅痣脉的2.6倍。足基节同体色，腿节暗褐色，具弱的金属光泽。腹部矛形，稍长于头胸之和。雄虫与雌虫基本相似，触角无环节状，索节无分支，足基节、腿节黑色(图2-4之1)。幼虫体长3毫米，乳白色，蛆状。蛹体长2.5～2.8毫米，黑褐色，裸蛹。

一年发生5代。以蛹在苹果落叶金纹细蛾虫斑中越冬。各代成虫羽化期和金纹细蛾羽化期相近略迟后7～9天。成虫活泼，行动迅速。雌虫用触角在金纹细蛾虫斑上试探，将卵产在寄主有足幼虫和蛹上体侧，体外寄生。姬小蜂幼虫用口器吸吮寄主体液，幼虫期5～6天进入老龄，脱离寄主以裸蛹在寄主尸体附近化蛹，蛹期6～9天。多为单寄生，偶尔有2～3头幼虫同寄生于1头金纹细蛾幼虫的。自然寄生率10%～36%。

利用技术：在春季苹果树发芽前，收集金纹细蛾为害的落叶，逐个虫斑挑选姬小蜂蛹，放入粗纱网笼内，挂在树冠北侧，每667米^{2}放蜂500头，分5个点放置1米高处。山东省文登市自1984年起，连放蜂4年，金纹细蛾幼虫由每叶9.2头下降到0.23头。寄生率65.6%～70.2%，控制了金纹细蛾虫害。多年不喷广谱杀虫剂的果园，寄生率高达90%以上。

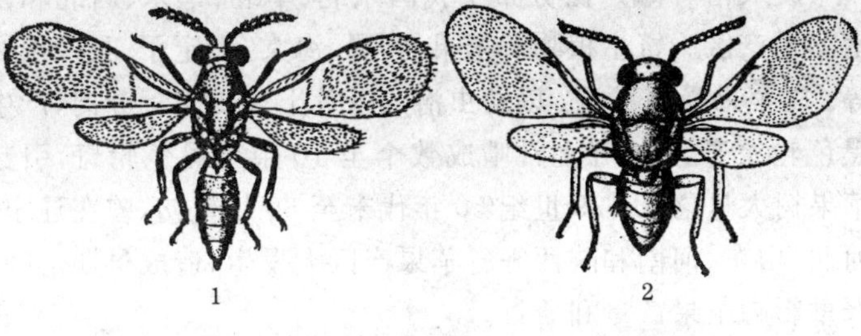

图2-4　金纹细蛾寄生蜂

1. 姬小蜂　2. 跳小蜂

六、旋纹潜叶蛾

Leucoptera scitella Zeller

又名苹果潜叶蛾。属鳞翅目，潜叶蛾科。

（一）形态特征

成虫 体长2.3～2.5毫米，翅展5.5～6.5毫米。头、胸、腹及足均为银白色，前翅大部银白色，端部2/5近前缘呈橙黄色，有7条褐色和4条白色放射状纹，第三条褐色纹下有一白斑点，臀角处有2个深紫色大斑。后翅披针形，浅褐色，有很长的缘毛。

卵 扁椭圆形，水青色，有网状脊纹，长0.27毫米。

幼虫 老龄幼虫体长4～5毫米，乳白色，体稍扁，头褐色，前胸背板褐色，中间分成两块，后胸和腹部第一、二节体侧各有一小管状突起，上生刚毛1根，胸足褐色，腹足趾钩为单序环。

蛹 体长4毫米，淡黄色至黑褐色。

茧 白色，纺锤形，茧上有一层"工"字形白色丝幕。

（二）发生规律

旋纹潜叶蛾广泛分布于我国东北、华北、华东、西北和西南苹果产区。寄主植物有苹果、沙果、海棠、山定子、梨及山楂等。以苹果受害最重。以幼虫潜入叶片上表皮啃食叶肉，产生黑色轮纹斑，1片叶上常啃成数个至10余个黑色轮斑，引起苹果树大量落叶。20世纪50年代末至60年代初，曾在辽宁、河北、山东、河南和陕西等省苹果产区大发生，造成早期落叶，严重影响苹果产量和质量。

该虫在辽宁省南部、河北省北部一年发生3代，在河北省南部、山东省、陕西省关中地区一年发生4代，在河南省一年

发生 4～5 代。以蛹结白色“工”字形茧越冬，在枝干、落叶、土块、果萼等缝隙处越冬，以在主干、主枝皮缝处越冬最多。在陕西省关中地区，越冬代成虫羽化自 4 月上旬至 5 月上旬，4 月中旬为羽化盛期；当年第一代成虫发生于 6 月中旬至 7 月上旬，盛期为 6 月下旬；第二代成虫发生于 7 月中旬至 8 月上旬，盛期为 7 月下旬；第三代成虫发生于 8 月上旬至 9 月上旬，盛期为 8 月中旬。成虫寿命 2～5 天；卵期 6～9 天，平均 7 天；幼虫期 17～24 天，平均 20 天；蛹期 17～22 天，越冬代蛹 210 天。

成虫白天羽化，其中中午羽化占 53.7%。白天常在树冠下作短距离飞翔，有趋光性。雌雄比为 6∶4，羽化后即交尾产卵。卵多散产于叶背面，多选择光滑少毛的叶片产卵，每雌虫产卵 15～34 粒，卵的孵化率为 78.3%，自然脱落占 14.5%。

幼虫孵出后直接从卵底部蛀入叶内，啃食叶肉使上皮分离。幼虫旋转取食，将粪便排列成环状，使叶面呈现近圆形轮状枯斑，直径 10～15 毫米，受害严重时，1 片叶上有数个至数十个斑，引起叶片脱落。越冬白茧密布枝干，似棉絮缠绕，十分严重。

（三）生物防治措施

1. 苹果潜叶蛾姬小蜂（*Pediobius macuai* Ashmead）的保护利用 苹果潜叶蛾姬小蜂雌虫体长 1.3～1.5 毫米，翅展 2.5～2.6 毫米，体蓝黑色有光泽，头顶、颜面、胸部微具紫色。单眼红色，复眼半红半黑色，触角不呈念珠状。前胸前缘有脊，中胸盾片及小盾片刻点呈纵线状。足基节黑色，其余为白色。翅透明，肘脉与后缘脉等长。腹部长卵形，黑色、光滑。雄虫体长 1.2～1.3 毫米，翅展 2.4～2.5 毫米，触角黑褐色，腹部短小。

该蜂一年发生 4～5 代，以蛹在寄生越冬蛹内越冬，翌年4 月上旬至 5 月上旬羽化，为幼虫、蛹寄生蜂，寄生率 51％。当年第一代成虫发生于 4 月下旬至 6 月下旬，寄生率 13％；第二代成虫发生于 6 月上旬至 8 月上旬，寄生率 33％；第三代成虫发生于 7 月上旬至 9 月上旬，寄生率 56％。

果园应避免喷洒广谱、残效期长的杀虫剂，以保护天敌。果园周围营造杨树防护林，以白杨潜叶蛾为补充寄主。冬季收集旋纹潜叶蛾越冬茧，放入粗纱笼内，挂到果园内，寄生蜂可飞出纱笼外寻找寄主幼虫产卵寄生，而旋纹潜叶蛾则飞不出纱网笼。

2. 梨潜皮蛾姬小蜂［*Pediobius pyrgo* Walker (Nawaj Ashmead)］**的保护利用**　梨潜皮蛾姬小蜂雌虫体长 1.3～1.5 毫米，翅展 2.5～2.6 毫米，全体蓝黑色有金属光泽，头顶、颜面、胸侧微具紫色。单眼为白色，复眼黑褐色。触角念珠状。足基节黑色，跗节褐色。腹部卵圆形。雄虫体长 1.2～1.3 毫米，翅展 2.4～2.5 毫米，触角索节间有短柄，腹部较短小。

该蜂一年发生 4～5 代，以蛹在旋纹潜叶蛾冬茧蛹中越冬，翌年 5 月羽化，产卵于旋纹潜叶蛾、梨潜皮蛾、白杨潜叶蛾幼虫体内，6 月下旬发生第一代成虫，7、8、9 月份各再发生一代。第一代寄生率为 23％，第二代寄生率为 55％，第三代寄生率为 60％。保护利用措施同苹果潜叶蛾姬小蜂。

七、苹果绵蚜

Eriosoma lanigerum Hausmann

又名血色蚜虫、赤蚜等。属同翅目，绵蚜科。

（一）形态特征

无翅胎生雌蚜　体长 1.8～2.2 毫米，赤褐色，体侧有瘤

状突起，着生短毛，体被有白色蜡质绵状物。腹管退化成半圆形孔。

有翅胎生雌蚜 体长 1.7～2.0 毫米，体暗褐色，头及胸部黑色。体上有白色蜡质绵状物。触角 6 节，第三节特别长，生有环状感觉孔 24～28 个。翅透明，前翅中脉有一分枝，腹管退化成黑色小孔。

卵 椭圆形，长 0.5 毫米。初产为橙黄色，后为黄褐色，表面光滑，外有白粉。

若蚜 有 4 龄，体赤褐色，圆筒状，体被白色绵状物。

（二）发生规律

苹果绵蚜原产美国，后传播到欧洲、亚洲等许多国家。我国最早只限于大连、青岛、烟台、昆明、拉萨等口岸城市，是重要检疫害虫。主要借苗木、接穗、果实及其包装物远距离传播。寄主植物以苹果为主，还有沙果、海棠、山荆子等。蚜虫聚集寄主枝干、根部吸收汁液。被害处膨大成肿瘤，破裂后阻碍水分、养分输导，严重时引起枯枝死树。为害叶柄时引起早落叶，为害果梗萼洼时污染果实，降低品质。

该虫一年发生 13～18 代，以若蚜在树干伤疤裂缝内和近地表根部皱褶及根蘖上越冬。翌年 5 月上旬卵胎生若蚜，在原处扩大群落，5 月下旬至 6 月下旬，气温 22℃～25℃时繁殖最快，蚜虫数达到高峰。7 月下旬至 8 月中旬高温 26℃以上，降雨多，虫口数量下降。8 月下旬至 10 月中旬气温下降到 25℃，蚜虫数量又一次增加。11 月中旬若蚜逐渐越冬。苹果绵蚜除以无翅雌蚜孤雌生殖外，在 5 月下旬至 6 月下旬和 8 月下旬至 10 月下旬还出现有翅雌蚜迁飞孤雌胎生蚜，起到远距离传播作用。

（三）生物防治措施

1. 苹果绵蚜小蜂（日光蜂，*Aphelinus mali* Hald.）的保护利用　苹果绵蚜小蜂体长1.2毫米，翅展1.6～2.4毫米，体黑色。复眼紫黑色，单眼红色。触角蜜黄色，膝状，被有短毛。翅透明、微带灰色，翅脉淡黄色，前翅肘脉短，自肘脉向翅后缘近基部有一斜向刚毛带，有的地方只有1根毛，多数有2～3根毛。中胸盾片及小盾片表面粗糙，有不规则毛及细刻点。胸腹节较长，有不规则的横脊。腹部6节，基部第一节淡黄色，其余节黑色，产卵器基部位于第六节背板末端。雄虫体略小，体长0.9～1.1毫米，翅展1.2～2.0毫米，触角黄色，柄节黑褐色，梗节灰色。卵长椭圆形，长0.2毫米。幼虫淡黄色，体长0.83毫米，蛆状，老龄黑褐色。裸蛹淡黄色，将羽化时变为黑色，蛹长0.8毫米。

苹果绵蚜日光蜂一年发生10～12代，以老龄幼虫在绵蚜尸体内越冬。被寄生绵蚜尸体变黑膨大。翌年3月下旬至4月上旬化蛹，第一代在气温12℃～15℃时需28～30天完成，第二代在气温17℃～20℃时需20天；夏季气温在22℃～27℃时需10天左右完成一代。温度对成虫寿命、产卵影响很大，在22℃～23℃时成虫寿命为18～20天，每雌产卵29～32粒；24℃～26℃时成虫寿命7～12天，每雌产卵21～70粒，最多可产卵108粒。日光蜂产卵于绵蚜腹部内，卵期3～4天，幼虫期10～20天，被寄生绵蚜不活动，体上蜡粉渐落，腹部膨大变黑，体内渗出液体将尸体粘在枝干上，腹背有一日光蜂羽化孔洞。在自然情况下，5月份日光蜂寄生率为4%～12%，6月份寄生率为40%～60%，8月份寄生率达60%～80%，甚至在90%以上，10月份寄生率降到20%左右。日光蜂还可寄生白杨绵蚜。

保护利用措施：苹果园不用或少用广谱杀虫剂，以保护日光蜂。冬前剪取有日光蜂寄生的苹果绵蚜枝条，集中放到0℃～5℃干燥处，在5月初绵蚜大量繁殖前，将保存的日光蜂挂到田间，控制绵蚜大量发生。引进产卵量多的寄生蜂品系，与本地蜂杂交，提高寄生率和控制苹果绵蚜危害的效果。

2. 保护捕食苹果绵蚜的天敌 捕食苹果绵蚜的天敌有七星瓢虫、异色瓢虫、黑条长瓢虫、黄缘小巧瓢虫、六斑月瓢虫、多异瓢虫、十一星瓢虫、大草蛉、黑带食蚜蝇等。

八、绣线菊蚜

Aphis citricola van der Geer

过去曾叫苹果黄蚜。同翅目，蚜科。

（一）形态特征

有翅胎生雌蚜 体长1.5毫米，黄绿色或绿色，翅透明，头、胸及腹管均为黑色，腹部两侧有黑斑。

无翅胎生雌蚜 体长1.4～1.8毫米，体纺锤形，黄绿色，复眼、腹管及尾片均为黑色。

若蚜 体鲜黄色，触角、腹管及足黑色。

卵 椭圆形，漆黑色，有光泽。

（二）发生规律

绣线菊蚜在河南省一年发生15～18代，以受精卵在小枝条芽腋、枝杈及皮缝处越冬。翌年苹果树萌芽时，越冬卵开始孵化成干母，4月上旬苹果展叶后，干母发育成熟并开始产仔。随着气温升高，苹果春梢旺盛生长，4月下旬至5月下旬，蚜虫种群数量增长加快，5月中下旬出现第一个蚜虫发生高峰期。这时新梢生长与蚜虫发生高峰呈正相关。自6月份以后，新梢生长缓慢，蚜虫数量逐渐下降，新梢生长与蚜虫发生

数量呈负相关。在5月新梢旺盛生长期，每一新梢上的蚜虫数量为166～173头时，成花枝率就会降低1.3%～1.8%，新梢花芽数下降1%～4%。在5月上旬，每一世代历期10～12天，产仔28～48头，内禀增长率为0.127～0.235。

在不同树龄的树上，绣线菊蚜发生数量有差异。3～5年生幼树，新梢生长旺盛，蚜虫危害期长，蚜虫为害梢率为91.2%～97.5%，单梢蚜虫量为316～772头；在15～16年生盛果期树上，蚜虫数量显著少，高峰期持续时间短。

对不同苹果品种，绣线菊蚜为害有明显差异。红富士、新红星、金冠受害重，蚜虫繁殖快，乔纳金受害相对轻，蚜虫增殖慢。

7月上中旬苹果秋梢开始生长，7～8月份绣线菊蚜又开始第二次大量增长，但比5～6月份少、为害轻，特别是进入结果盛期树，秋梢生长小，蚜虫数量少，只在幼树旺树造成一定危害。9月上旬至10月上旬有翅雌蚜有所增加，11月上旬产生性蚜，11月中下旬产卵越冬。

（三）生物防治措施

1. 七星瓢虫（*Coccinella septempunctata* L.）的保护利用

七星瓢虫成虫体长6～7毫米，体宽4～5.6毫米，体卵圆形，呈半球形拱起，体背光滑无毛，头和复眼为黑色，触角栗褐色，前胸背板黑色，在两前角各有1个四边形黄色大斑。小盾片黑色。鞘翅橙红色或橙黄色，上具7个黑斑，其中位于小盾片下方的1个斑被鞘翅缝分成两半，鞘翅基部小盾片两侧各有1个三角形白斑。腹面黑色。足黑色。卵长卵形，长1.3毫米、宽0.5毫米，初产时浅黄色，后变为杏黄色，近孵时黑色，常数十粒卵聚成块状。幼虫4龄，老龄幼虫体长9毫米，头黑色，体紫褐色，上有白粉，第一胸节及第一、四腹节背板左右各

有2个橙红色肉瘤，第二、三胸节左右有2个较大的橙红肉瘤，其他腹节各有6簇黑色刺毛。蛹长约7毫米，初为淡黄色，后变为淡黑色，腹部第二、五节两侧各有淡红色斑点2个，中央有纵向红色小点。

七星瓢虫一年发生4～5代，以成虫在土块下、石缝、草丛、岩洞、枯枝落叶、房舍等处越冬。翌年2月下旬开始出蛰活动产卵，3月下旬至4月初为产卵盛期，5月上旬幼虫开始化蛹，5月上中旬第一代成虫羽化，飞迁果园、麦田蚜虫处产卵，6月上中旬第二代成虫羽化，后在棉田、果园发生第三代成虫，7～8月份高温时在玉米田及高山、海滨等处越夏，9～10月份又回迁取食蚜虫繁殖第四、五代，11月中下旬越冬。在22℃温度下，卵期平均为4天，幼虫期14.2天，预蛹和蛹期7天，完成一代需25天。成虫寿命一般20天，最长52天，越冬代为278天。雌虫交尾2～3天后开始产卵，产卵期17～42天，白天产卵，多产在叶背面蚜虫集中处。每天可产卵100粒，平均一雌虫产卵535粒，最多产卵4 725粒。1龄幼虫捕食绣线菊蚜40头，2龄幼虫捕食87头，3龄幼虫捕食608头，4龄幼虫捕食713头，成虫捕食1 658头，一生可捕食3109头。七星瓢虫一般在5月中下旬、苹果树梢上绣线菊蚜群落达到100～300头时，七星瓢虫成虫再飞至蚜虫梢上取食蚜虫并产卵，一旦瓢虫迁入1～2天即将蚜虫食光。

防治绣线菊蚜的关键时期是5月中下旬，蚜虫发生危害达到防治标准，新梢第二、四叶卷叶率10%，天敌比例偏低时，要及时到附近麦田，网捕七星瓢虫成虫和幼虫，及时释放到苹果园，增加瓢虫数量，提高天敌比例，控制蚜虫危害。

2. 大草蛉(*Chrysopa septempunctata* Wesmael)的保护利用 大草蛉体长13～15毫米，翅展35～44毫米，体黄绿色，

触角下面有1对大黑斑，胸背中央有一条黄带，前胸肩板处有一黑斑，翅前缘横脉列黑色，阶脉中间黑两端绿色，前翅肘脉的横脉和臀脉黑色，后翅径横脉端部黑色。卵淡黄色，卵形，长0.96毫米，丝状长柄8～10毫米，卵排成一列，附于叶片蚜虫群落处。幼虫体长10毫米，纺锤形，体有灰褐色细毛，头胸部有黑斑。茧白色，圆形，长4毫米，蛹在茧中为黑色。

一年发生4～5代，以蛹茧在枯枝落叶、树皮下或树洞等处越冬。翌年4月下旬至5月上旬越冬蛹羽化，此时正值绣线菊蚜开始大量增殖期。大草蛉成虫白天上午7～10时、下午17～20时活动取食，1头成虫一天可捕食蚜虫20多头，一生可捕食500多头蚜虫。成虫寿命36～46天。每头雌虫产卵557～1703粒，平均976粒。喜将卵产在蚜虫聚集的叶片上。卵期3～4天，幼虫期8～31天，1头幼虫可捕食蚜虫600～700头。成虫有趋光性。6～10月份发生3～4代，9～11月份开始结茧化蛹越冬。

保护利用措施：①保护越冬茧，收集越冬茧，放置天敌羽化笼中，放冷凉室内，3月底放回苹果园内。②利用黑光灯诱集大草蛉成虫，放到苹果园内。③人工繁殖大草蛉。饲料配方：鲜牛（羊）奶7份，面粉2份，白糖1份，混合后饲养大草蛉，释放到果园。④4～5月份不要给苹果喷广谱有机磷和菊酯类杀虫剂，以保护天敌。

3. 黄蚜茧蜂（*Lysiphlebus fabarum* Marshall）的保护利用　黄蚜茧蜂雌成虫全体黄褐色，体长1.6～1.9毫米，翅展2.7～3.0毫米。头及复眼黑色，单眼橙黄色。头比中胸背板宽，后头具脊。触角13节，黄褐色。翅透明，翅痣大，淡褐色。胸背及腹背浅黑褐色，腹部第一节及并胸节黄色，产卵管微突出于腹末端。雄虫体长1.5毫米，翅展3毫米，触角16节。

该蜂一年发生12～14代，以幼虫在蚜虫尸体内，在杂草、小麦上越冬。4～10月份均有成虫发生，6～9月份寄生率最高，往往有80%～90%的绣线菊蚜被寄生。雌蜂以产卵管刺入蚜虫体内产卵1粒。被寄生的蚜虫3～4天渐变褐色至深褐色，蚜虫体膨大成球形死亡。茧蜂羽化时在蚜虫尸体腹背近尾部咬一圆形羽化孔。此蜂夏季发生世代不整齐，10月中下旬果树上蚜虫少，逐渐迁移于杂草、绿肥作物、小麦、蔬菜上，并以幼虫在蚜虫尸体内休眠越冬。

保护利用途径：果园内种绿肥作物，要在幼树行间间作，需保留地边杂草，以提供多样化越冬蚜虫寄主。人工大量培养绣线菊蚜，接种黄蚜茧蜂，降温至15℃左右，再冷藏于0℃～5℃处，需要时取出释放。

4. 利用防蚜菌素 在绣线菊蚜达到防治指标时，可喷洒1.8%阿维菌素乳剂5 000倍液，或0.3%苦参碱水剂800～1 000倍，或杀蚜霉素(EB-82灭蚜菌，Ec.t-107杀蚜霉素)200倍液，或10%吡虫啉2 500～5 000倍液。杀灭蚜虫又保护了天敌。

九、山楂叶螨

Tetranychus viennensis Zacher

又名山楂红蜘蛛。属蜱螨目，叶螨科。

(一)形态特征

雌螨 体长0.47毫米，宽0.28毫米，椭圆形，深红色，越冬雌螨橘红色。体背前方稍隆起，体背有26根刚毛，分成6排。足黄白色。气门钩末端具分支，彼此缠结。

雄螨 体长0.35毫米，宽0.2毫米。体色橘黄，身体末端尖削，体背两侧有墨绿色斑纹2条。

类杀虫剂产生抗药性，诱发山楂叶螨大发生。

防治山楂叶螨，要掌握出蛰期、花落后和6月初高温大发生前3个时机。每芽或每叶有2头雌螨（或4～5头活动的叶螨），天敌和叶螨数量比例大于1∶50时即可控制叶螨危害。

（三）生物防治措施

1. 深点食螨瓢虫（*Stethorus punctillum* Weise）**的利用** 深点食螨瓢虫成虫体长1.3～1.5毫米，宽1.0～1.1毫米，椭圆形，中部拱起。体黑色，密布黄白色细毛。口器、触角、腿节末端、胫节及跗节为黄褐色。小盾片小，长三角形。触角11节。前胸背板前缘中央向前凸而两侧凹入。卵短圆筒形，长0.36～0.46毫米，宽0.21毫米，表面具六角形网纹，初产白色，后变黄褐色至灰绿色。幼虫初孵化灰白色，后变灰褐色。老龄幼虫橙红色，体长2.0～2.2毫米。胸部各节背线两侧各有黑色斑纹，中、后胸斑纹上有刺毛。腹部各节有毛瘤，着生短毛。蛹扁卵形，长1.5～1.7毫米，体黑褐色，羽化前黑色。体有浅灰色刺毛，胸部中央有"山"字形斑纹。

深点食螨瓢虫分布广泛，可捕食山楂叶螨、苹果全爪螨、橘全爪螨等，是控制山楂叶螨的重要天敌。该瓢虫在辽宁、山东省一年发生4～5代，以成虫在树皮裂缝和根颈土壤中越冬，翌年，当气温达到12.3℃时开始出蛰，5月中下旬开始产卵，卵产在叶背面叶螨聚集处，5月下旬幼虫孵化，6月下旬至7月上旬第一代成虫羽化。7～9月份第二至四代成虫发生。卵期3～7天，幼虫期7～11天，蛹期4～6天，雌成虫寿命34～50天（越冬代180天），雄虫寿命27～30天。每头雌虫产卵80～200粒。一头幼虫可捕食成、若螨136头。成虫平均每天捕食山楂叶螨、若螨20～22头，捕食苹果全爪螨36～90头，一生可捕食600多头山楂叶螨。

保护利用措施：①9～10月份在果树主干束草诱集天敌越冬。越冬后释放食螨瓢虫等，杀死叶螨。②调查食螨瓢虫和山楂叶螨比例为1∶50时，可以不喷药，依靠天敌控制螨害。③人工饲养瓢虫。用蜂蜜饲养成虫，或从田间捕捉成虫在15℃或10℃条件饲养5～7天，再降到3℃～5℃低温滞育备用。④在叶螨密度大时，可隔行喷施保护天敌的杀螨剂。

2. 东方钝绥螨（*Amblyseius orientalis* Ehara）**的利用**　东方钝绥螨体长椭圆形，雄螨比雌螨略小。体白色，光亮半透明，捕食叶螨后腹部有红褐色斑纹。须肢长大，螯肢较须肢短。雌螨背板比体狭，长椭圆形，中部凹入。背板有17对毛，其中背列毛6对，中列毛2对，侧列毛9对。卵为卵圆形，白色至淡橙黄色。

该螨在河北省昌黎县一年发生23代，以雌螨在枝干翘皮裂缝处越冬，翌年4月下旬出蛰，卵期1.8天，幼螨期0.7天，第一若螨1天，第二若螨1.5天，产卵前期4.5天，产卵期15.2天，雌螨20.5天，雄螨15.6天，一世代25.5天。日产卵1.5粒，总产卵16粒。雌成螨日捕食山楂叶螨卵3粒，若螨0.5头。总捕食山楂叶螨卵97粒、若螨43头、成螨14头。河北省昌黎果树研究所在0.3公顷12年生苹果园，于5月下旬、6月下旬和7月下旬释放捕食螨，按东方钝绥螨与山楂叶螨1∶57～73比例，防治效果达93.4%。东方钝绥螨还可捕食苹果全爪螨、果苔螨、葡萄短须螨等。

保护利用途径：果园不喷广谱杀虫剂以保护自然天敌。可用蓖麻花粉、丝瓜花粉、藿香蓟花粉人工繁殖。

3. 中华草蛉（*Chrysopa sinica* Tjeder）**的利用**　中华草蛉成虫体长9～10毫米，翅展26～28毫米。体淡黄绿色，胸、腹部背面有黄色纵带。头黄白色，复眼金绿色。两颊及唇基两侧

各有一黑色条纹，下颚须和下唇须黑色。前后阶脉黑色，横脉少部分黑色，其余绿色。卵灰绿色，长 0.72 毫米，丝柄长 4.5 毫米。幼虫体长 6～7 毫米，黄白色，体背中央灰绿色，背线及亚背线部有淡紫褐色纵带。茧丝质，椭圆形，灰白色，长 3～4 毫米，宽 2.5～3.2 毫米。蛹为裸蛹，黄绿色。翅短小、黑色。

中华草蛉一年发生 4～6 代，以成虫（越冬变为土黄色）于 10 月下旬至 11 月中下旬越冬。越冬场所为树皮下、枯枝落叶、屋檐、墙缝、麦田、草丛下等处。3 月中下旬开始出蛰活动取食，4 月中下旬产卵，6 月中下旬发生第二代成虫，7～9 月份每月发生一代。第一代气温在 13℃～19℃时，完成一代需 52～64 天，夏季气温 27℃～28℃时，卵期 3～4 天，幼虫期7～8 天，蛹 8～9 天，成虫产卵前期 2～3 天，一代需 20～24 天，雌虫寿命 29 天，雄虫寿命 21 天。雌虫平均一生产卵 515.2 粒。温度在 12.3℃成虫可存活，但不产卵。幼虫、成虫可捕食蚜虫、鳞翅目卵和初孵化幼虫，还捕食山楂叶螨、苹果全爪螨的卵、幼、若螨和成螨。一头中华草蛉幼虫一天可捕食山楂叶螨成螨 132～249 头，居捕食叶螨天敌之首。

保护利用措施：①果园不使用广谱杀虫剂，保护自然天敌。②果园种绿肥（如毛叶苕子、三叶草、黑豆等），幼园可间作低秆经济作物，丰富果园生物多样性，为天敌提供更多食物，天敌和叶螨比例为 1∶10～50 时即可控制叶螨危害。③人工繁殖中华草蛉（详见第七章）。在 5 月上旬山楂叶螨平均达到 5 头/叶时，每株放草蛉卵 1 000～2 000 粒，若山楂叶螨达到 5～10 头/叶时，则每株放卵 2 000～3 000 粒，可有效地控制叶螨危害。

4. 六点蓟马（*Scolothrips takahashii* Priesner）的保护利用 六点蓟马成虫体长 0.7～0.8 毫米，体黄白色，复眼黑色，

触角8节。前胸比头稍长,周缘有6对黑褐色长刺毛。翅狭长,白色,周缘有毛,前翅上有3个褐色斑纹。第九腹节有长刺毛。卵乳白色,椭圆形。若虫体长0.6～0.7毫米,黄白色,复眼暗红色,头小,腹部粗大,体梭形。

一年发生8～10代,以若虫在枝干树皮裂缝处越冬。每年4月下旬出现成虫,5月份成虫最多,此后6～10月份发生8～10代。成虫、若虫均捕食山楂叶螨等叶螨的成螨、幼若螨和卵。1头成虫一天可捕食成螨3～4头,卵1～2粒;若虫每天捕食成螨2～3头,卵1～2粒。一株树上往往有几千头,对山楂叶螨控制作用显著。

保护利用措施:①果树上不喷广谱杀虫剂,保护自然天敌。②可在温室栽植菜豆繁殖叶螨和六点蓟马,释放于果园。

5. 小花蝽的保护利用 详见第七章。

6. 树上喷洒生物杀螨剂 喷施2%阿维菌素乳油2 000～4 000倍液,10天内对多种叶螨的防治效果达92.1%～100%。喷施10%浏阳霉素1 500～2 000倍液,14天防治效果达95%。喷施10%日光霉素可湿性粉剂3 300倍液,7天防治效果达86.7%,持效期达21天。

十、桑天牛

Apriona germari Hope

俗称老母虫、蛀干虫等。属鞘翅目,天牛科。

(一)形态特征

成虫 体长36～48毫米,体、翅均为黑色,体密生黄色短毛,鞘翅基半部密生瘤状颗粒。头中央有一条纵沟。触角11节,长鞭状,各节基部白色,端部黑色。雌虫触角比体长。前胸背板两侧各有刺状突起。足黑色,密生灰白色耸毛。

卵 长椭圆形，长 6 毫米，乳白色，略弯曲。

幼虫 圆筒形，乳白色，无足，老龄幼虫长 60 毫米，前胸节较大，背面具硬皮板，后部密生深褐色小颗粒，中间有 3 对尖叶状白纹。后胸至第七腹节背面各有长圆形突起，为步泡突，其中密生棕色粒点。

蛹 纺锤形，淡黄白色，长 50 毫米，裸蛹，腹末有半圆形褐色环，上密生黑褐色刚毛。

(二)发生规律

桑天牛在华南一年发生 1 代，在华中、华北 2～3 年发生 1 代，均以幼虫在树体蛀道内越冬。该虫在我国大部分地区都有分布，危害苹果、桃、桑、枇杷、枣、无花果、白杨及柳树等。在我国北方，幼虫要过两个冬季，在第三年 6～7 月间，老龄幼虫在蛀道最下一至三个排粪孔的外侧，横向咬一羽化孔的雏形，使树皮略肿起破裂，有树体汁液外溢，虫体在羽化孔下方 2～5 厘米处，以木屑堵塞蛀道两端化蛹，蛹期 23 天。成虫羽化多在夜晚，羽化后先在蛹室静伏 2～5 天。产卵前期 5～12 天，不断啃食一年生枝条树皮、叶片和嫩芽补充营养。雌、雄比例为 59∶41，交尾、产卵多在夜晚，日产卵 1～7 粒，产卵历期 33～40 天，平均 1 雌虫产卵 120 粒。多选择 10 毫米粗一年生枝，咬成"U"形伤口产卵其中，每处产卵 1～5 粒。成虫寿命 40～75 天。卵期 20 天左右，孵化的幼虫先向枝条上方蛀食 10 毫米，然后向枝条下方蛀食，逐渐深入心材，每蛀食 5～10 厘米，向外蛀一排粪孔，由此孔排出木屑粪便，堆集地面，排粪孔均在枝干同一方位顺序向下排列，遇有分枝或木质较硬处转蛀另一边。随着幼虫龄期增大，排粪孔间距离也愈来愈远，幼虫一生所蛀蛀道可达 1.7～2 米，有的直达根颈又向上蛀食，蛀道内没有粪便，幼虫多在最下一个排粪孔的下方。越冬幼虫在

蛀道底部上方 2～3 厘米处，以防底部积水。

（三）生物防治措施

1. 桑天牛卵姬小蜂（*Aprostocetus furkutai* Miua et Soman）**的保护利用** 桑天牛卵姬小蜂雌体长 3 毫米，体黑色带青黑色光泽，触角柄节、梗节、颜面中部及上唇基末端黄褐色，索节以下黑褐色并有长毛，前胸背板两侧下缘白色。触角 9 节。胸部盾纵沟明显。足细长，前翅缘脉长，腹部狭长形，产卵器为腹长的 1/2。卵乳白色透明，长 1 毫米，长椭圆形，有长柄。幼虫蛆形 13 节，长 2 毫米。雌蛹体长 3 毫米，雄蛹体长 2 毫米，黄褐色裸蛹。

在江苏省一年发生 2～3 代，以幼虫在桑天牛卵内越冬。翌年 6 月上旬化蛹，6 月下旬至 7 月上旬羽化，7 月下旬至 8 月上旬第一代成虫羽化，第二代 8 月下旬至 9 月中旬羽化。成虫需取食花蜜补充营养。成虫寿命 8～11 天，寻找 1～5 天桑天牛卵产卵，卵期 1 天，幼虫期 18 天，蛹期 20 天，一代 35 天。一雌蜂将卵产于 2～3 粒桑天牛内，平均每粒桑天牛卵出蜂 22 头。桑天牛卵被寄生率为 40%～70%。

冬季进行果树整枝修剪时，应把被姬小蜂寄生的桑天牛卵（剖开卵痕，天牛卵内有蛆状虫）收集放入粗纱网笼内，春季挂到果园放蜂。

2. 利用昆虫病原线虫嗜菌异小杆线虫（*Heterorhabditis bacteriophora* 8406）**防治** 使用线虫 300 条/毫升液，防治效果达到 90%以上。用施用过线虫的桑叶养蚕，对蚕生长发育、蚕茧产量无不良影响。

3. 利用斑啄木鸟（*Dendroxopos* major）**防治** 在斑啄木鸟种群密度在 0.37～0.55 只/公顷时，对桑天牛越冬幼虫平均啄食量达到 24.7%，啄食高峰在 1 月份，两年后使有虫株

率下降51.3%～84.8%。应在果园设心腐木巢，招引啄木鸟。果园不要喷剧毒杀虫剂。

第二节　苹果病害生物防治

一、苹果树腐烂病

Valsa mali Miyabe et Yamada.

又名烂皮病。病菌属真菌子囊菌亚门，黑腐皮壳属。

(一)症　状

1. 溃疡型　主要发生在树体主干和大枝上，发病初期病斑圆形或椭圆形，水渍状略隆起，组织松软，边缘不清晰，常有黄褐色汁液流出，皮层湿腐有酒糟味，病皮易剥离，呈红褐色，常溢出红褐色汁液。后病皮逐渐失水干缩、下陷，病部皮层与健部裂开。病皮上生长出许多黑色小颗粒——外子座，其中着生分生孢子器，秋后病皮产生较大深黑色颗粒——内子座，内生子囊壳。

2. 枯枝型　多发生2～5年生枝条的干桩及果台处，以剪口处发生最多。病斑形状不规则，红褐色，菌丝扩展迅速环缢枝条，使病枝失水干枯死亡。

3. 病果型　果实受害后产生暗红褐色圆形或不规则病斑，有轮纹，边缘清晰。病部果肉软化腐烂，病皮易剥离，有酒糟味。病斑中央常形成黑色小颗粒。

(二)病原体

子囊壳黑色，球形或烧瓶状，具长颈，顶端有孔口，直径320～540微米。每一内子座可产生3～14个子囊壳，每一子囊壳内密生子囊，每一子囊内生8个子囊孢子，子囊孢子无

卵 圆球形，初产为白色，透明，后变橙黄色。

幼螨 足 3 对，体圆形，黄白色至淡绿色。

前若螨 足 4 对，体背开始出现刚毛，体侧有明显的黑绿色斑纹。

后若螨 足 4 对，雌若螨体呈卵圆形，翠绿色。雄若螨体末尖削。

（二）发生规律

山楂叶螨广泛分布我国落叶果树区，寄主植物 30 多种，其中以苹果、梨、桃、樱桃、李、杏、山楂和多种蔷薇科观赏植物受害较重。成螨和若螨刺吸叶片汁液，破坏叶绿素，影响植物光合作用。早期危害严重时，可使叶面积减少 15%～27%，中期危害严重时，引起提早落叶 60～90 天，当年果实减产 10% 以上，并影响当年花芽形成，引起下年减产 70%～80%。

山楂叶螨每年发生数代，主要受气候影响有差异。在辽宁省一年发生 3～6 代，山东省一年发生 7～9 代，河南、陕西省一年发生 7～10 代。以受精雌螨在枝干粗皮裂缝、根颈土壤、落叶等处越冬。翌年春季气温升到 10℃即开始出蛰，苹果开花期为出蛰盛期，先在树冠内膛为害产卵，花后 4～5 月份发生第二代，7 月以后转移树冠外围，多集中于叶背吐丝结网，6～7 月份山楂叶螨发生数量最多，9 月份数量下降，10 月下旬开始越冬。山楂叶螨为两性生殖，后代雌螨占 64%～85%，也营孤雌生殖，后代为雄螨。每头雌螨产卵 52～112 粒。

山楂叶螨发育受温、湿度影响，在 15.7℃时完成一代需 37 天，在 26℃时 37 天可完成 3 代，6～7 月份发生数量大是因温度高繁殖快。进入 8 月份降雨量多不利于山楂叶螨繁殖，故数量下降。山楂叶螨天敌有几十种，自然控制作用很大。若不合理使用广谱杀虫剂，会杀伤天敌，使叶螨对有机磷、菊酯

色，单胞，香蕉状，大小为7～8微米×1.5～2微米。1个内子座可产生1 120～8 662个子囊孢子。每个外子座内只生1个分生孢子器，内有许多腔室，1个孢子器可产生3 000万个分生孢子。分生孢子单胞，腊肠形，无色，大小为3.6～6微米×1.2微米。

腐烂病菌丝的生长适宜温度为5℃～38℃，最适为28℃～32℃。分生孢子的萌发适温为23℃～28℃，在10℃时有30%孢子可萌发。两种孢子萌发还须有苹果10%汁液，雨水中难萌发。在阳光照射1天后，两种孢子失去发芽能力。

（三）发病规律

苹果树腐烂病广泛分布于东北、华北、西北等苹果产区。除危害苹果树外，尚可危害沙果、海棠、山定子等。受害苹果树枝干病斑累累，枝干残缺不全，造成死树毁园，是我国苹果树最重要病害。

苹果树腐烂病病菌以菌丝体、分生孢子器及子囊壳在病树皮层及砍伐病残枝干皮层越冬。病斑内的病菌可存活4年，分生孢子器的产孢能力可持续2年。翌年春季分生孢子器和子囊壳遇到降雨，吸水膨胀产生金黄色孢子角，经雨水冲溅随风传播，也可借昆虫（如梨潜皮蛾、苹果透翅蛾等幼虫）传播。病菌经过伤口（冻伤、剪锯口、虫伤口等）侵入，也能由叶痕、果柄痕、果台及皮孔侵入。3月下旬至5月份孢子侵染较多，杂菌少；6～11月份杂菌多，侵染少；12月份至翌年2月份低温不侵染。当树皮组织健康时，侵入的病菌不能扩展，处于潜伏状态，对树体无害。当树皮组织垂死或已死亡时，病菌便开始侵入引起皮层腐烂，甚至侵染深入木质部1～1.5厘米。夏季苹果树生长旺盛，不利于病菌侵入，但病菌可在落皮层上扩展，形成表皮层溃疡斑；秋末冬初树体生活力减弱，病菌可透

过周皮形成坏死点;春季病斑迅速扩展,形成明显溃疡斑。据调查,1～2年生枝皮孔带菌率为2.5%～3.8%,多年生枝皮孔带菌率为6.3%,剪锯口带菌率为27%,中心干皮层腐烂点带菌为66.6%。苹果树腐烂病大发生的条件是树势衰弱,抗病力差。如冬季严寒冻伤严重,病虫危害严重引起早期落叶,留果数量多,营养消耗过多,土壤灌水、施肥不当等引起树势衰弱等。枝条含水量正常及饱和(80%～100%)时,愈伤组织形成快,病菌侵入难,病斑扩展缓慢。高温、高湿条件树体生长快,有利于愈伤,不利于病菌侵害。

(四)生物防治措施

1. 应用农抗120(吸水刺孢链霉菌)防治 朱昌维等(1992)、孔建等(1993)研究证实,农抗120对苹果树腐烂病病菌有抑制和杀灭作用。低浓度125～250微克/毫升时抑制菌丝生长;浓度提高到1 000～2 000微克/毫升可杀死菌丝,浸泡病菌12小时病菌便失去致病力。其杀菌机制是使病菌体的原生质凝聚,菌体细胞功能遭到破坏,小分子物质外渗,形成大量空泡,菌体重量剧减。经多年小区试验和大面积示范应用,证明最适浓度为250～1 000微克/毫升,一年后的病斑治愈率为100%,最佳的用药方法是先刮除病斑、后涂药。刮除病斑后涂药治愈率达90%,同时还起促进伤口愈合的作用。

2. 应用11371(梧宁霉素)发酵液防治 黄德鑫(1990)在室内测定结果表明,11371发酵液能抑制病菌孢子萌发,原液至50倍液处理病菌孢子后发芽率为零,对菌丝有较强的抑制作用。对病菌侵染点有较强的铲除效果,原液的铲除效果为95%,5倍液的铲除效果为90%。有较强的抑制病斑扩展和促进病斑伤口愈合作用,平均愈合宽度为11.7～21.7毫米,较砷平液和对照宽1倍以上。程廉(1988)、胡桂荣(1988)和王振

福等(1991)试验,用5倍液涂病斑,周年后病斑治愈率分别为100%,96%,93.3%～95.9%(涂药前均先刮除病斑)。黄德鑫(1990)连续3年多点试验,11371原液防治病斑复发的平均防效为70.1%,较砷平液高11.7%。在11371液中加赤霉素更有利于伤口愈合。

3. 应用S-921(金色链霉菌)防治 崔云龙(1992)室内研究了S-921菌株对苹果树腐烂病菌病有很强的抑菌力,浸泡12小时的苹果枝条没有出现症状,刮除病斑后涂S-921液治愈率100%。S-921产生的抗生物质对病原菌有溶菌作用。彭秀珍等(1989)、李业文(1990)试验,用该菌液30～50倍液田间防治苹果树腐烂病优于福美胂的治疗效果。试验还证明,S-921发酵液具有保护作用。在苹果树生长季节用S-921液喷主干、主枝及侧枝,可预防苹果树腐烂病。

4. 应用井冈霉素防治 柴全喜等(1993)用井冈霉素等做田间治疗苹果树腐烂病试验,在刮除病斑后涂抹1∶1井冈霉素溶液1次,当年防治效果达到100%。井冈霉素可使病斑愈合速度快。而石硫合剂的防效和病斑愈合均较差。

5. B-903、B-921(枯草芽孢杆菌)的抗生作用 孔建等(1992)用B-903活菌处理以伤口诱发了苹果树腐烂病的枝条,15天后防治效果达82.8%。崔云龙等(1992)研究了B-921对苹果树腐烂病等数种林果树烂皮的抗生作用,证实该菌及其发酵液对苹果树腐烂病菌抗生作用强,其机制为溶菌作用。

6. 应用腐必清、843康复剂防治 腐必清是松根的干馏产品,属植物制剂。王金友(1989)室内测定,证明腐必清对苹果树腐烂病菌有很强杀灭能力,渗透性强,对病菌侵染点有很好的铲除作用;抑制病菌扩展持效期长达45天;抑制病菌的

产孢力较强，连续4年田间试验，防治病斑复发效果为75%～100%，并有促进病斑愈合的效果。顾宝根等(1992)认为腐必清防治效果、病斑愈合效果都比福美胂等好。已大面积推广应用。

843康复剂是以中药材与化学原料精制成的生物制剂。新章等(1989)、周振立等(1999)、孔建等(1991)、马占鸿等(1991)研究报道，843康复剂对苹果树腐烂病具有较稳定的治疗效果，防治病斑复发的效果在90%～100%，促进病斑愈合效果好，涂药30天后病斑即可康复。已大面积推广使用。

7. AT9706颉颃菌剂的试验 王东昌等(2001)从苹果树体上分离到一个对枝干病害有良好抑制作用和明显防治效果的菌株，编号为AT9706。该菌分泌的抗生物质对苹果树腐烂病菌落抑制效果，50倍液为100%，100倍液为96.6%，200倍液为89.3%。田间试验枝干涂药，20倍液防治效果为100%，40倍液防治效果为85%，80倍液防治效果为60%。枝干喷雾防治效果为79%。

二、苹果轮纹病

Physalospora piricola Nose

又名粗皮病、烂果病。病菌属子囊菌亚门，囊孢壳属。

(一)症　状

主要危害枝干和果实，叶片受害少见。

枝干受害初期以皮孔为中心产生褐色凸起斑点，直径0.5～3厘米，近圆形，红褐色或暗褐色病斑。病斑中心呈瘤状隆起，多数边缘开裂成一环状沟。翌年病斑周围隆起，病组织马鞍状翘起，表面产生黑色小粒点(分生孢子器和子囊壳)。枝干受害严重时，表皮粗糙，可剥离脱落。病斑多限于皮层，个别

可深入形成层。

果实受害初期以皮孔为中心，病部水渍状，褐色，近圆形。病斑扩展迅速，呈轮纹状，很快使全果腐烂。病斑不凹陷，烂果不变形，病组织呈软腐状，常发出酸臭味，并有茶褐色汁液流出。病部表面产生很多黑色粒点，不突破表皮。病果失水后呈黑褐色僵果。

叶片受害呈圆形或不规则形褐色病斑，常有轮纹，直径0.5～1.5厘米。后期病斑灰白色，条件适宜时病部产生黑色小粒点。叶片病斑较多时，易引起落叶。

（二）病 原 体

病菌为子囊菌亚门囊孢壳属真菌。无性阶段为半知菌亚门大茎点菌属。子囊壳球形或扁球形，黑褐色，具孔口，内含多个子囊。子囊棍棒形，无色，内含8个子囊孢子。子囊孢子无色，单胞，椭圆形。分生孢子器扁球形或椭圆形，具乳头状孔口。分生孢子梗棒状，顶生分生孢子，无色，单胞，纺锤形或椭圆形。病菌菌丝生长温度15℃～32℃，适温为25℃～27℃。分生孢子萌发适宜温度为25℃左右，适宜相对湿度为75%以上。

（三）发病规律

苹果轮纹病广泛分布于我国浙江、江苏、上海、江西、安徽、四川、云南、河南、山东、山西、陕西、北京、天津、河北、辽宁、吉林等省、市，其中河南、山东、江苏、河北等省苹果产区发生严重，有些年份田间病果率高达70%～80%，损失严重。除危害苹果外，尚危害梨、桃、李、杏、海棠、枣、榅桲等。

该病菌主要以菌丝体、分生孢子器和子囊壳在病树枝干皮层受害部越冬，也能在剪锯下来的病枯枝上越冬。生长期不断形成孢子，陆续侵染果实和枝干。南方2月下旬孢子即已产

生，北方4～6月份孢子生成，7～8月份为孢子散发高峰期。传播距离10米以内，远距离传播靠苗木接穗传播。病菌经皮孔伤口侵入。分生孢子在20℃～25℃水中8～10小时萌发，24小时完成侵染。春季病菌首先侵染枝干，1年生枝最易感病，花谢后幼果至采收阶段主要侵染果实。幼果期降水多，病菌孢子散发侵染多。早期侵染幼果，潜育期80～150天，后期果实成熟期潜育期只有18天。幼果期果实含酚量在0.04%以上，含糖量在6%以下，病菌被抑制，潜育期长；反之，果实近成熟期含酚量下降，含糖量上升，潜育期缩短。轮纹病菌为弱寄生菌，管理粗放、大小年严重、树势衰弱，易感病。弱树散发的分生孢子数量是壮树的38.5倍，病果率是壮树的7.5倍。苹果和梨不同品种对此病的抗病性有差异，凡果实皮孔密度大、细胞结构疏松的品种易感病，反之则感病轻。苹果中富士、金冠易感病，新红星、国光较抗病。

（四）生物防治措施

1. 利用AT9706颉颃菌防治　AT9706颉颃菌对苹果轮纹病菌落抑制效果明显，50倍液抑制效果为100%，100倍液抑制效果为96.7%，200倍液抑制效果为79.8%。田间试验，20倍液防治效果为92.5%，40倍液防治效果为87.4%，80倍液防治效果为60.9%。

2. 抗菌素B-903的利用　田间试验，自4月下旬开始，每隔15～20天，枝干分别喷抗菌B-903的30倍和50倍液，对照树喷抑菌唑、退菌特和波尔多液，直到苹果采收。喷抗菌素B-903的30倍液的病果率为0.75%，60倍液的病果率为1.16%，而对照树病果率为2.32%。

3. 中生菌素751的利用　田间自4月中旬每隔15～20天喷1次中生菌素751的100倍液，苹果采收时病果率为

0.45%，而对照树（喷退菌特）病果率为2.32%。经中生菌素751处理的苹果在贮存期病果率低，耐贮存。在苹果贮存前用中生菌素751的复配剂QGF处理的烂果率最低。

三、苹果炭疽病

Glomerella cingulata Schr. et Spauld.

又称苦腐病。病菌属子囊菌亚门，小丛壳属。

（一）症　状

果实发病初期，果面出现圆形淡褐色病斑，后病斑迅速扩大，呈深褐色，边缘清晰，病斑软腐下陷，呈圆锥状向果心扩展。后期病斑中部生出小黑点突起，呈轮纹状排列，空气湿润时溢出粉红色粘液，即分生孢子。病果病斑数目不等，多个病斑连合常使病果腐烂。病果失水干缩成黑色僵果，多数脱落，少数挂在枝头不落。

果台受害多从顶部开始发病，病部暗褐色，逐渐向下蔓延，严重时果台干枯死亡。

枝条受害初期，表皮形成褐色不规则病斑，逐渐扩大成溃疡斑，后期病皮多龟裂脱落。危害严重时溃疡斑以上枝条枯死，病部表皮产生小黑点。

（二）病 原 体

苹果炭疽病的无性阶段为半知菌，分生孢子盘埋生表皮下，成熟期突破表皮，溢出分生孢子。分生孢子团呈粉红色，单个分生孢子无色，长椭圆形，含数个油珠。越冬时在黑色子座内埋生子囊壳，其内子囊平行排列，每一子囊内生8个子囊孢子，无色，单胞，椭圆形。

炭疽病菌分生孢子萌发的温度12℃～40℃，最适温度28℃～32℃，适宜相对湿度在95%以上。在20%的苹果汁里

萌发率较高，在蒸馏水中孢子不能萌发。

（三）发病规律

炭疽病病菌以菌丝、分生孢子盘在树上的病僵果、果台、干枯枝等处越冬，也能在梨、葡萄、海棠、李、樱桃、枣、柿、木瓜、枇杷、无花果、刺槐和核桃等寄主上越冬。翌年春末夏初温度上升到12℃以上时，遇到降水（一般需中雨到大雨），通过雨水冲溅，昆虫传播。分生孢子经皮孔、伤口或直接侵入果实。分生孢子在适宜条件下 5～10 小时即可完成侵染过程。病菌具有潜伏侵染特性，幼果期潜育期长达 114 天，果实成熟期潜育期短的仅 1.5 天，一般潜育期 3～13 天，生长季节可多次侵染。北方果区，多从苹果坐果后的 5 月中下旬开始侵染幼果，6～8 月份多雨为侵染盛期，7～8 月份进入发病高峰期。元帅、富士病害轻，金冠、国光等易发病。果树栽植较密、偏施氮肥、通风条件差，发病重。在河南、安徽、江苏、山东、河北、辽宁等省，降水多、湿度大时发生危害较重。在山西、陕西、甘肃等省气候冷凉、干旱，病害较轻。四川、云南两省降水多，病害也较重。

（四）生物防治措施

1. 人工诱发免疫　陈延熙等（1985）经过 5 年试验，筛选出红麻炭疽病菌能侵入苹果果实，但不致病，能诱发苹果对苹果炭疽病菌产生抗性，使苹果产生获得性抗病性。是一种交互保护作用，即植物的人工免疫，其防病效果相当于药剂防治。田间采用以下两种接种免疫法。

（1）孢子悬浮液喷雾接种法，　在苹果炭疽病菌侵入季节，苹果果实喷红麻炭疽病分生孢子悬浮液，浓度一般为 8×10 视野有 40 个分生孢子。

（2）苹果园悬挂红麻炭疽病枝法　将红麻炭疽菌接种于

15 厘米长的灭菌枝条，2～3 支一捆，在苹果树冠上方悬挂 10 捆，接种 5～7 次。在北京市、天津市和安徽省多点试验，防病效果在 73.6%～96.5%，相当或优于化学防治效果。

2. 农抗 120 的利用 曾现春(1997)在山东省滨州市山柳杜苹果园应用 2%农抗 120(江苏宜兴生物化学厂)200 倍液、300 倍液和 50%多菌灵可湿性粉剂 500 倍液及清水对照，每个处理 9 株，重复 3 次，花后每隔 15 天喷 1 次，共喷 7 次。结果喷农抗 120 的发病推迟 7～14 天，不同浓度的病果率分别为 12.9%和 24.6%，防治效果分别为 87.1%和 75.4%。喷多菌灵的病果率为 29.8%，对照(清水)病果率为 100%。农抗 120 防治效果优于多菌灵。

3. 荧光假单胞杆菌和芽孢杆菌的利用 陈功友等(1993)，1990 年以来从苹果叶果附生物区系分离筛选出荧光假单胞杆菌和芽孢杆菌混合液 10^8cfu(平板菌落数)/毫升，苹果炭疽病接种后浸以上二菌混合液，田间试验病果率下降 70%，叶重增加 30%～80%，果重增加 20%。

四、苹果霉心病

又名苹果心腐病、霉腐病。

(一)症　状

苹果霉心病在果实外部无明显症状，果实心室处发生霉变。发病初期，果实心室处产生淡褐色不连续的点状、条状小斑，后融合成褐色斑块，不断扩展，并出现白色、灰黑色、墨绿色、橘红色霉状物，突破心室向外扩展。可分为 4 种类型。一为心室呈 2 毫米长以下小病斑；二为心室有 2 毫米长以上大斑，病组织湿润；三为整个心室腐烂，病组织湿润，长出黑色、灰色菌落，菌丝繁茂，多在生长后期；四为果肉腐烂呈海绵状，

后干缩成僵果，心室菌落橘红色。

（二）病 原 体

病原菌为10多种半知菌，其中主要有3种，即交链孢菌（*Alternaria alternata*）、粉红单端孢菌（*Trichothecium roseum* Lk. et Fr.）和串珠镰孢菌（*Fusarium monliforme* Sheld）。这些弱寄生菌混合发病率高于单一病原菌接种，因此苹果霉心病是多种病原菌复合侵染的结果。

（三）发病规律

病原菌在病僵果坏死组织上、在芽的鳞片内越冬。病菌从花期开始，一直到果实生长期均可侵染，而以花期侵染率最高。病原菌侵入后有潜伏侵染的特性。先侵染花柱，经萼心间组织侵入心室，带菌率大小依次为花柱上段＞花柱下段＞萼心＞心室。花后14天萼心带菌率2.8%，花后21天上升到15%。心室带菌率花后14天为5%，花后21天上升到8.5%，采收时带菌率40%。病原菌侵入的途径，通过花和果实的萼筒进入心室，在心室扩展蔓延，有一部分病菌在心室潜伏下来，一直到贮藏期才发病。凡果实萼口开放、萼筒长的品种感病率高，如元帅、红星、新红星、北斗等萼心开放率68%～90%，发病率62%～81%，而萼口关闭，发病率为0。富士、金冠为中间型，病果率6%左右。果园地势低洼、树冠郁闭，树势衰弱的果园发病重。苹果贮存期，温度在0℃～2℃，空气含氧2%～4%，二氧化碳含量10%～14%，不利于发病。

（四）生物防治措施

1. 枯草芽孢杆菌的利用 辛玉成等（2000）从苹果树上分离到枯草芽孢芽［*Bacillus subtilis*（Ehrenberg）Cohe XM16］颉颃菌株，室内测定其带菌培养液对 *A. alternata*，*T. roseum*，*Fusarium* sp. 三种苹果霉心病主要病原菌的抑制作

为均为100%。而XM16颉颃菌株代谢物质50倍液对上述3种病原菌的抑制效果分别达到92.5%、86.5%和92.2%。其抑制病菌的机制主要是使病菌孢子和菌丝畸变、细胞壁溶解、原生质泄漏。

田间试验，将XM16颉颃菌株培养液加入50%膨润土和拉开粉，晾干粉碎成制剂，苹果花后7～10天和20天，各喷1∶500倍液1次，防治效果高于化学防治20.9%～30.1%。1988年已在山东省莱州、临沂、昌都和泰安4市、县苹果园推广防治面积达1.2公顷，防治效果达83.0%～90.7%。

2. 颉颃细菌B25和A32的利用 冷怀琼等(1991)选出的颉颃细菌B25(试验浓度3.05×10^{10}个/毫升)、A32细菌(试验浓度1.38×10^{7}个/毫升)，喷药时间为苹果蕾期、初花期、盛花期及幼果期。防治效果优于多菌灵，有利用价值。B25为芽孢杆菌(*Bactllus*)，A32为链霉菌(*Streptomyces*)。

3. 多氧霉素的喷施 苹果现蕾期至花落10天，每次间隔10天左右，树冠喷3次10%多氧霉素1 000～1 500倍液或3%多抗霉素200～300倍液。

五、苹果斑点落叶病

Alternaria mali Roberts

又名大星病、褐纹病。

(一)症　状

叶片染病初期出现褐色圆点，直径2～3毫米，后病斑直径逐渐扩大为5～6毫米，红褐色，边缘紫褐色，中央常具一深色小点或同心轮纹。天气潮湿时病部正、反面长出墨绿色至黑色霉状物，即病菌的分生孢子梗和分生孢子。高温多雨季节，病斑扩展达几十毫米，如药害状焦枯脱落。发病严重时幼叶扭

曲变形，干枯脱落。夏秋季病菌侵害叶柄，产生暗褐色凹陷病斑，引起落叶。秋梢嫩叶发病，一张叶片往往有几十个到百余个大小不等病斑，病斑连在一起形成云状花纹，叶尖枯干，叶片扭曲。

枝条染病，多在徒长枝或一生年枝条上产生褐色或灰褐色病斑，芽周变黑，凹陷坏死，直径 2～6 毫米，边缘裂开。

果实染病，产生黑点、疮痂、斑点和褐变 4 种类型。其中斑点型最常见。初期多在幼果面上产生黑色小点或锈斑。6～8 月份被侵染的果实呈褐色病斑，直径 2～5 毫米，易在病斑边缘处开裂。贮藏期低温条件下病斑扩展缓慢，高温易发生二次侵染，导致果实腐烂。

（二）病 原 体

病原菌属半知菌亚门，链格孢属真菌，轮斑病菌的强毒菌系。分生孢子梗由气孔伸出，成束状弯曲，有隔膜。分生孢子黄褐色至暗褐色，一般为倒棍棒状、纺锤形、卵形，顶部有短柄，具横隔膜 1～5 个，纵隔 0～3 个，单生或链生。孢子萌发和菌丝生长适温为 20℃～28℃，pH 值以 4.5～7.0 为宜。分生孢子可在清水中萌发。

（三）发病规律

病菌以菌丝在落叶、枝条病斑、芽鳞中越冬。翌年春季苹果展叶期开始大量产生分生孢子，由气流及风雨传播，进行初侵染，第一个侵染高峰发生在 5 月上旬至 6 月中旬，春梢叶片大量染病，严重时造成大量落叶。第二个侵染高峰在 8～10 月份，秋梢嫩叶大量感病而脱落。

病害的流行与降水量和空气相对湿度密切相关。春季苹果展叶期雨水多、空气相对湿度在 70%以上时，发病早，病叶率高。秋梢期雨水多时，后期发病重，雨后 5～10 天分生孢子

出现高峰。凡苹果栽植密度大、树冠郁闭、空气相对湿度大、通风不良的果园发病重，反之则轻。不同品种间发病程度有明显差异，元帅、红星、新红星、红冠、王林、陆奥、富士易感病，祝光、乔纳金、嘎拉发病轻。一般感病品种的叶龄在12～21天内的嫩叶易感病，30天以上老叶一般不感病。

（四）生物防治措施

1. 利用多抗霉素（多氧霉素）防治 赵京民等（1989）利用1.5%多抗霉素可湿性粉剂（吉林延边农药厂生产）150倍液、300倍液和10%多氧霉素（日本产品）1 500倍液，分别在5月9日、30日和7月2日树冠喷雾防治。8月10日调查，春、秋梢150倍液300倍液两个处理的病情指数分别为0.5、2.63和17.0、12.75，喷多氧霉素1 500倍液的春、秋梢感病指数分别为1.63和22.25。而喷50%扑海因可湿性粉剂（法国产品）1 500倍液的春、秋梢感病指数高达65.65和86.25。用多抗霉素可以取代扑海因、百菌清、代森锰锌等杀菌剂。

王金友等（1988）报道，1986～1987年在辽宁省兴城市元帅苹果上，对10%多氧霉素（日本产）进行防治试验，7月初至8月中旬喷4次药液，结果表明，1 000倍液校正病叶防治效果为70.1%～81.8%，病斑防治效果为85.0%～90.4%，均显著好于波尔多液的防治效果。示范区病叶率51.9%，平均每叶病斑1.5个，对照区病叶率98.3%，平均每叶病斑13.4个。

周玉惠等（1991）用1.5%多抗霉素可湿性粉剂在北京对苹果进行防治试验，5～7月份喷2～3次药，浓度为150倍液春梢防治效果为99.2%，秋梢防治效果为80.3%，浓度为300倍液春、秋梢防治效果分别为96%和85.2%。

2. 芽孢杆菌的利用 严志农等（1995）从苹果树分离出

芽孢杆菌(*Bacillus* spp.),有明显颉颃作用。筛选出的319菌株500倍液防治效果64.4%,菌株混合液2 000倍液,防治效果69.8%。芽孢杆菌液可使叶片厚度和栅栏组织宽度分别增加12.5%和11.6%。芽孢杆菌还可使果实着色指数增长38.3%,减轻果锈和斑点,提高果品质量。

3. 农抗120的利用 赵金彪等(1993)报道,1990～1991年在山东省临沂地区浮来山园艺场等红星苹果树上,用2%农抗120的150倍液防治苹果斑点病,对比药是70%代森锰锌可湿性粉剂700倍液,50%多菌可湿性粉剂500倍液,4月25日、5月15日、6月5日、6月25日、7月15日、8月5日、8月25日共喷药7次,9月10～12日检查防治效果,农抗120校正防治效果为88.82%,代森锰锌为83.96%,多菌灵为74.02%。

第三章　梨树病虫害生物防治

第一节　梨树害虫生物防治

一、梨小食心虫

Grapholitha molesta Busck

又称桃折梢虫。属鳞翅目，小卷叶蛾科。

（一）形态特征

成虫　体长5～7毫米，翅展10～15毫米。全体灰褐色。前翅前缘有8～10组白色短斜纹，翅中央有一小白斑，近外缘有10个黑褐色小点，后翅灰褐色。

卵　扁圆形，中央略隆起，淡黄白色。

幼虫　老龄幼虫体长8～12毫米，头黄褐色，体背桃红色，前胸气门前毛3根，臀栉4～7齿。

蛹　黄褐色，体长4～7毫米，腹部第三至七节背面各有短刺两列。蛹外有薄丝茧。

（二）发生规律

梨小食心虫为世界性害虫，我国各地均有发生。寄主植物有梨、桃、苹果、山楂、杏、李、樱桃、枇杷和木瓜等。幼虫春季蛀食桃、李嫩梢，引起嫩梢枯折。夏秋季幼虫蛀食梨、桃、苹果等果实，严重影响果品质量。该虫在辽宁省南部和华北一年发生3～4代，陕西省关中地区一年发生4～5代，华南一年发生6～7代。在陕西省关中地区完成一代需25～33天，成虫寿命

2～10 天，卵期 4～10 天，幼虫期 12～14 天，蛹期 7～19 天。以老龄幼虫结灰白色薄丝茧在老树翘皮下、分杈缝隙、根颈土壤、果库墙缝中越冬。以陕西省关中地区为例，越冬代（第五代）成虫羽化期 4 月上旬到 5 月中旬，第一代为 5 月下旬至 6 月中旬，第二代 6 月下旬至 7 月上旬，第三代 7 月下旬到 8 月中旬，第四代 8 月下旬到 9 月上旬。

成虫白天静伏枝叶上，傍晚活动交尾。在桃、李和梨、苹果混栽或近距离栽植的果园，梨小食心虫成虫有转移寄主的习性，一般越冬代和第一、二代成虫选择桃、李嫩梢叶背产卵，幼虫孵化后蛀食嫩梢引起折梢，7～9 月份转移桃、李、梨和苹果果实上产卵，多产在果实肩部或两果交接处，卵散产，每头雌虫产卵 50～100 粒。成虫对黑光灯和糖醋液有很强的趋性。成虫产卵最适温度为 24℃～29℃，低于 18℃产卵量减少。要求相对湿度在 70%以上，干旱少雨不利于产卵，寿命缩短。

幼虫孵化后大部分从果面蛀入，受害果虫道有少量虫粪。还可蛀食种子。蛀入梨果后入果孔周缘形成褐色疤，幼虫为害 10 天后，多从果面脱果。幼虫期（每天）光照在 11～13 小时，90%幼虫滞育越冬。春末夏初为害桃梢幼虫可转害 1～3 个嫩梢。幼虫老龄脱果（脱梢）后，多爬到枝杈树皮裂缝处化蛹。

梨小食心虫的天敌昆虫有 10 多种，卵期有赤眼蜂、草蛉和小花蝽，幼虫期有多种寄生蜂，是控制大发生的重要因素。

（三）生物防治措施

1. 利用性信息素测报诱杀　梨小食心虫雌蛾腹部分泌的性信息素由顺-8-十二烯-1-醇醋酯和反-8-十二烯-1-醇醋酸酯构成，引诱雄蛾交尾。现已能人工合成，每个诱芯含 200 微克。放置树冠 1.5 米高处，下放水碗。

李继钧等（1998）在 180 公顷杏、桃、梨园每株挂诱芯 4

个，30～40 天更换一次诱芯。自 4 月 15 日至 6 月 30 日试验区诱蛾 31 头，对照区诱蛾 652 头，阻碍交配率达 95.2%。试验区梨小食心虫卵孵化率 24.5%，寄生蜂寄生率 61.2%，对照区卵孵化率 44.7%，寄生率 39.5%。1988 年 6 月下旬试验区虫果率 6.9%，对照区虫果率 14%，试验区虫果率减退 48.8%。1989 年试验区虫果率 6.2%，对照区虫果率 19.7%，试验区虫果率减退 68.8%。1991 年试验区虫果率 3.1%，对照区虫果率 22.6%，试验区虫果率减退 85.8%。

为了提高诱蛾效果，可将水碗中的水改换成糖醋液（红糖、食醋、果酒和水的比例为 1∶5∶0.5∶10）诱蛾量可增加 2～4 倍。还可诱捕大量雌蛾，减少了产卵蛀果率。每 667 米^2 放置诱捕器 4～5 个，可显著地诱捕成虫，虫果率由 45%降到 5%以下。

2. 保护利用寄生蜂 利用松毛虫赤眼蜂在 6 月梨小食心虫第二代成虫产卵期，在桃园放蜂，从产卵初期开始，每隔 5 天放蜂 1 次，连放 5 次，每次每 667 米^2 放蜂 4 万头，株株放蜂卵卡，放蜂 20 天调查桃梢受害率，采收时调查桃果虫果率和梨小食心虫卵被寄生率。试验结果：梨小食心虫卵的寄生率达到 82.1%～88.9%，桃梢受害减退率 58.0%～94.8%，虫果减退率 79.5%～93.0%，效果优于化学防治。

在我国还有梨小食心虫白茧蜂（*Phanerotoma Planifrons*Nees）、梨小食心扁股小蜂（*Elasnus* sp.）、梨小食心虫纵条小茧蜂（*Microdus* sp.）等 10 余种天敌昆虫，应进一步利用。

3. 使用生物农药 在梨小食心虫初孵化期喷洒 25%灭幼脲 3 号 800 倍液，20%氟幼脲胶悬剂 800 倍液，0.65%蛔蒿素水剂 500 倍液。可以取代有机磷和菊酯类杀虫剂，还保护了

天敌昆虫。

二、中国梨木虱

Psylla shinensis Yang et li

又名梨叶木虱。属同翅目,木虱科。

(一)形态特征

成虫 越冬代成虫体长5毫米,体深黑褐色;夏季成虫体长4毫米,体黄绿色。复眼红色,单眼3个,金红色,中胸背板有4条红黄色(冬型)或黄色(夏型)纵纹。翅脉褐色或淡褐色。雌虫腹部粗大,雄虫细小。

卵 长圆形,一端尖细延伸成长丝柄;另一端圆,其下具一短柄,固着在梨叶上。

若虫 初孵化体椭圆形,淡黄色,复眼鲜红色。3龄后翅芽增大,体扁圆形,体背褐色,有红、绿斑纹相间。

(二)发生规律

中国梨木虱分布于我国各梨产区,以东北、华北和西北梨树区危害较重,以成虫、若虫刺吸芽、叶及嫩梢汁液,受害叶形成褐色枯斑、早落。若虫刺吸嫩叶、嫩梢汁液引起组织扭曲,分泌蜜露诱致烟霉,果实出现霉斑而受污染。新梢受害严重萎缩。

该虫在辽宁省一年发生3代,在华北一年发生5～6代,在浙江省一年发生6～7代,以冬型成虫在树皮裂缝、落叶、杂草及土缝中越冬。翌年春梨树花芽膨大时,越冬成虫开始出蛰为害,交尾后产卵于叶痕处。在一年发生4～5代地区,第一代成虫发生于5月上旬至6月上旬,第二代发生于6月上旬至7月中旬,第三代发生于7月上旬至8月下旬,第四代发生于8月上旬至9月上中旬,第五代发生于9月下旬,10月份陆续

越冬。各世代重叠。每头雌虫平均产卵300余粒，单产或2～3粒在一起。产卵前期4～6天，产卵期7～10天，越冬代产卵期15～20天，卵期平均11天，若虫期平均24天，生长期各代成虫产卵于嫩芽茸毛间、叶面主脉的侧沟内和叶缘锯齿间。若虫有群聚性，避光喜阴暗，多聚集卷叶内或重叠叶缝隙内。成虫善飞跳，多在隐蔽处栖息危害。在温度20℃～30℃季节，干旱时发生严重，阴雨多的季节发生轻。

中国梨木虱天敌很多，已知有花蝽、草蛉、瓢虫、蓟马、捕食螨和寄生蜂。许多梨园过多的喷施杀虫剂，杀伤天敌，造成梨木虱大发生。

（三）生物防治措施

梨木虱跳小蜂的保护利用 梨木虱跳小蜂（*Psylladintus insidiosus* Crawgord）雌蜂体长0.7～1.1毫米，翅展1.6～2.6毫米，体紫铜色，小盾片有蓝绿色光泽。复眼黑色，单眼琥珀色，成等边三角形排列。触角8节，柄节、梗节黑色，梗节端部色淡，长为柄节的1/2，索节5节，淡黄褐色，棒节一节，灰褐色。前胸横宽而短，中胸小盾片三边等长。翅无色透明，翅脉、缘脉灰黑色，缘脉点状，肘脉长。足黑色，转节，腿节两端胫节端及跗节黄褐色。腹部心脏形，末端尖。产卵管微突。雄蜂体长0.7～0.8毫米，翅展1.6～1.8毫米，体色同雌蜂，触角8节，索节5节，棒节1节，棒节与各索节约等长，生有长毛。

该蜂在山东省烟台市一年发生6～7代，以幼虫或蛹在梨木虱若虫体内越冬。翌年3～4月份越冬梨木虱产卵，4月上旬卵孵化为若虫危害时，4月中旬跳小蜂成虫羽化，产卵于梨木虱1～2龄若虫体内，寄主不久死亡，变成浓褐色。春、秋季跳小蜂25天完成一代，夏季15～18天完成一代。在不喷或少喷杀虫剂的果园，寄生率可达98%以上。

另一种梨木虱跳小蜂(*Prionomitus mitratus* Dalnan),雌蜂体长 1.1～1.7 毫米,翅展 2.3～2.8 毫米,体黑色,头、胸背有蓝绿色光泽。触角 11 节,梗节先端黄白色,棒节 3 节,灰黄色。中胸宽大于长,小盾片突出,三角片离开稍远。翅透明,亚缘脉淡黄色,肘脉长,灰黑色,缘脉点状,后缘脉短,约为肘脉长的 1/2。足黄色,足基节及后足腿节黑色,末跗节及爪褐色。腹部长三角形,产卵器突出腹部末端。雄蜂体长 1.0～1.2 毫米,翅展 2.3～2.6 毫米,触角 9 节,淡黄褐色,梗节黑色,近球形,索节 6 节,棒节 1 节,各节有灰色长毛。

此蜂在烟台市各区、县分布普遍,为梨木虱、梧桐大虱的重要寄生蜂,生活习性与前一种相同。

保护利用措施:对梨树其他虫害防治,利用枝干涂药,性信息素诱杀,生物农药,尽量不喷广谱杀虫剂以保护天敌,特别是 8～9 月份不喷杀虫剂。落叶前采集梨木虱若虫被寄生变褐尸体(没有羽化孔者),放纱笼中,翌年 4 月上中旬将尸体剪 1 厘米见方分装火柴盒内,每盒 40 片,盒两侧剪 2～3 毫米孔,便于寄生蜂飞出,每树挂 1 盒,即可控制危害,梨木虱引起落叶只有 4%(对照树 32%),引起的次果只有 0.3%,对照树 28%。

三、梨二叉蚜

Toxoptera piricola Matsumura

又名梨卷叶蚜。属同翅目,蚜科。

(一)形态特征

无翅胎生雌蚜 体长 2 毫米,体绿色,被薄的白色蜡粉。口器黑色。复眼红褐色。触角 6 节,端部黑色。各足腿节、胫

节的端部和跗节黑褐色，腹管长大、黑色、圆筒形。尾片圆锥形，侧毛3对。

有翅胎生雌蚜　体长1.5毫米，翅展5毫米。头部黑色，额瘤突出。口器黑色。触角6节，淡黑色。复眼暗红色。前翅中脉二分叉。足、腹管、尾片同无翅胎生雌蚜。

卵　椭圆形，长径0.7毫米，黑色，有光泽。

若虫　与无翅胎生雌蚜相似，体小，绿色。有翅若蚜胸部较大，后期有翅芽伸出。

(二)发生规律

梨二叉蚜分布国内各梨区，春、秋危害梨芽、嫩梢和叶片，叶片受害纵卷、早落，削弱树势，影响果品产量和质量。该虫一年发生20余代。以卵在梨芽和果台越冬。梨芽萌动时越冬卵开始孵化，群集芽上、花蕾和嫩叶上危害，展叶后爬至叶正面刺吸危害，引起叶片向上纵卷，危害至落花后15天左右，开始出现有翅蚜，北方果区5月份陆续出现有翅蚜，6月中旬迁移到夏季寄主狗尾草、芦苇上危害。秋季9～10月份又产生有翅蚜迁回梨树上危害，产生有性蚜，雌雄交尾产卵，以卵在梨树枝条上越冬。每年春、秋危害2次，以春季4～5月份卷叶危害严重。

(三)生物防治措施

1. 龟纹瓢虫(*Propylaea japonica* Thunberg)**的保护利用**

成虫体长3.8～4.5毫米，体宽2.9～3.2毫米，体黄色，有黑斑纹。头部黄色，雌虫前额上具有一三角形黑斑。复眼黑色，触角、口器黄褐色。前胸背板中央有黑色大斑，小盾片三角形、黑色，鞘翅中央龟纹状黑色斑纹，雄虫每鞘翅外缘各有2个黑色斑，鞘翅斑纹变化多样，有鼎斑型、锚斑型、二斑型、双二型、鞘缝型和暗色型。足黄褐色，腹部腹板中部黑色，边缘黄褐色。

卵纺锤形，黄色，长0.8毫米。老龄幼虫体长7毫米，体多黑色，背面及两侧有黄色小斑纹，胸足3对。蛹黄色，有黑斑，长3毫米。

龟纹瓢虫在南方一年发生7～10代，北方一年发生4～6代。以成虫在树皮裂缝、树洞、落叶、土缝和果树根颈处越冬。翌年气温达到10℃，梨树萌芽时出蛰上树，寻觅捕食蚜虫，开始产卵于蚜虫聚集处。在日平均温度27℃～29℃，相对湿度80%的条件下，卵期2～3天，幼虫期6～9天，蛹期3～4天，完成一个世代14天左右。龟纹瓢虫成虫一天可捕食27～100头蚜虫。成虫寿命32～82天，越冬代成虫长达268天。1龄幼虫每天捕食蚜虫5～6头，2龄幼虫每天捕食蚜虫13～17头，3龄幼虫每天捕食蚜虫21～39头，4龄幼虫每天捕食蚜虫45～65头。龟纹瓢虫在4～5月份是梨二叉蚜的重要天敌。

保护利用措施：①在树主干束草诱集梨园越冬成虫。春季成虫少时，可从麦田捕捉成虫放回梨园。②人工繁殖龟纹瓢虫。饲料配方为：猪肝浆40毫升，蔗糖10克，蜂乳5毫升，蜂蜜5毫升，花粉和冻蚜适量。在25℃适温条件下，雌雄瓢虫配比为1∶1。每头雌虫日产卵12粒，一头雌虫产卵总量760粒。③也可在温室种小麦，利用麦长蚜繁殖龟纹瓢虫，以备梨园使用。

2. 黑带食蚜蝇（*Epistrophe balteata* Degeer）的保护利用

黑带食蚜蝇成虫体长8～11毫米，翅展20～22毫米，体橙黄色。雌虫额中条呈黑色，纵带前宽后窄。中胸背板灰绿色，有光泽，有4条明亮的黑色纵带。内侧纵带较窄不达后缘，外侧一对较宽，长达背板后缘。小盾片较大，蜡黄色。翅狭长，透明，翅脉黄褐色。腹部狭长，橙黄色，第一节铜黑色，第二节中部有“十”字形黑纹，第三、四节近前缘有黑色细横带，带中部

向前突，第二、四节背板有一宽黑色横带，第五节有“人”字形黑色横带。卵白色，长椭圆形，长1毫米。幼虫白色，蛆状，老龄幼虫体长13～16毫米，尾端上部有一对气门突起。蛹长半瓢形，长7～8毫米，前端圆大，后端尖，灰褐色，有深色横纹，腹面白色。

一年发生4～5代，以老龄幼虫、蛹和成虫越冬，4～12月份均可见到成虫，4月上旬成虫出现，在有梨二叉蚜群落的叶片上产卵繁殖。幼虫用口钩捕食蚜虫，举在空中吸尽体液后，扔掉尸体，再捕食附近蚜虫。成虫采食花蜜补充营养，成虫飞在空中，常振动双翅，保持原位不动，探寻蚜虫群落产卵。一年中，5～6月份各虫态发生数量最多，7～8月份发生数量减少，9～10月份发生数量又回升。5月份由卵到成虫历期19～24天。幼虫食蚜量较大，平均1头幼虫每天可捕食蚜虫120头，1头幼虫一生可捕食蚜虫700～1 500头。幼虫老龄后常在蚜虫卷叶内化蛹。

保护利用措施：在食蚜蝇与蚜虫1∶200情况下不要喷杀虫剂，依靠食蚜蝇即可控制蚜害。果园间作绿肥作物和蔬菜，增加越冬数量。蛹和成虫低温（5℃～7℃）保存，土壤不宜太干，待梨二叉蚜为害时放回果园。

3．梨蚜茧蜂（*Aphidius avenae* Haliday）的保护利用　梨蚜茧蜂雌成虫体长2.3～4.7毫米，体细长，黄褐色，头、复眼黑色，触角黑黄褐色，梗节灰黄色。胸部黄褐色，腹部黄色。翅透明，微带灰色，翅脉灰黑色，翅痣灰黄色。足黄褐色，各足跗节末端带黑色。雄成虫体小，体长2.0～2.4毫米，翅展4.0～4.6毫米。下颚须黄褐色至灰黄色。胸部腹面黑褐色。

一年发生12～14代，以幼虫或蛹在艾草、小麦、蔬菜的蚜虫尸体内越冬。翌年4月份发生越冬代成虫，产卵于蚜虫体

内,1头蚜虫产1粒卵。被寄生蚜虫尸体膨大,渐变为淡褐色。成虫羽化时在蚜虫背部咬一圆孔而出。5～10月份不断发生成虫,夏季一世代10天左右,成虫有趋光性,11月份越冬。寄生梨二叉蚜、苹果瘤蚜、桃蚜、月季蚜、菜蚜、艾蚜等。

保护利用措施,参考绣线菊蚜茧蜂。

四、草履蚧

Drosicha corpulenta Kuwana

又名草鞋蚧。属同翅目,硕蚧科。

(一)形态特征

雌成虫 体长10～12毫米,椭圆形而扁,体背稍隆起,体边缘及腹面枯黄色,足及触角黑色。体被有细毛和一层薄的白色蜡粉。

雄成虫 体长4～5毫米,头、胸部黑色,前翅灰黑色,腹部紫红色。复眼大,触角10节,第三至九节各节都有两处收缢成3个球形,其上轮生刚毛,腹末有两对根状突起。

卵 椭圆形,初产为黄白色,渐变为赤褐色,产在白色绵状卵囊内。

若虫 与雌虫相似,但体小、色深。

雄蛹 圆筒形,褐色,长约5毫米,外被白色绵状物。

(二)发生规律

草履蚧分布于我国各果树区,危害梨、苹果、桃、李、柿、核桃、板栗、柑橘、桑及杨树和泡桐。若虫群集嫩芽刺吸汁液,致使芽失水萎蔫,严重时树体枯死。该虫各地均一年发生1代,以卵越冬,个别1龄若虫越冬。越冬卵主要集中根颈周围60厘米地面0～10厘米深的土层中,存在绵状卵囊里,卵囊有5～8层、每层20～30粒卵。土壤含水量对卵的存活影响很

大，在比较干燥的土壤中存活率只有20%～30%，而在较湿润的土壤中存活率可达70%～80%。当1～2月份中午气温上升到4℃以上时，卵即开始孵化出土，气温降到4℃以下时已孵化若虫停止上树活动。在陕西省关中地区1月中下旬至2月上中旬开始出土，2月中下旬达到盛期，3月上旬基本结束。若虫白天爬至树干嫩枝幼芽刺吸汁液，晚上爬至树皮裂缝处隐蔽群居。3月下旬第一次蜕皮，4月中下旬第二次蜕皮，分化出雌、雄若虫，雄虫化蛹。4月下旬至5月上旬雌虫第三次蜕皮变为雌成虫。雄若虫蜕皮变为雄成虫。4月底至5月上旬为交尾盛期，雄虫3天即死亡。雌虫交尾后仍继续吸食，5月下旬至6月上旬下树入土产卵。若虫在树冠上层分布最多，中层次之，下层最少。1年生枝上最多，2年生枝次之，3年生枝最少。

（三）生物防治措施

利用红环瓢虫（*Rodolia linbata* Motschlsky）防治。红环瓢虫成虫体长4～6毫米，宽3～4.3毫米。体长圆形，被黄白色细毛。头、复眼及前胸背板黑色，但前缘和侧缘为红色。小盾片、鞘翅黑色，每一鞘翅周缘均为红色。腹面中央部分黑色，余为红色。足腿节黑色，末端红色，胫节和跗节红色。卵长卵形，长1毫米，鲜红色，近孵化时深红色。老龄幼虫体长6～8毫米，暗黄白色至暗黄红色，背面拱突，有毛瘤。蛹浅黄红色至暗红色，蛹体大部分为幼虫蜕皮包着。

该虫各地均一年发生1代，以成虫在枯落叶、土石缝等处越冬，翌年3～4月份出蛰，捕食初孵化草履蚧若虫，4～5月份交尾产卵，卵多产在草履蚧危害的芽腋处，每处产卵1～10粒，一雌虫可产卵221～719粒。在温度16.8℃，相对湿度79%条件下，卵期20天，幼虫期48天，预蛹期12天，蛹期11

天，从卵至成虫羽化 91 天；在温度 21.3℃时，卵期 12 天，幼虫期 28 天，预蛹期和蛹期 14 天，从卵至成虫羽化历期 42 天。成虫寿命 320 天左右，一头成虫从出蛰到死亡，可捕食草履蚧 132～213 头，一头幼虫可捕食草履蚧 50～88 头。成虫羽化后先在蛹壳内停留 1～2 天，再在枝叶上栖息 1～4 天，然后钻入树上的枯叶，常 3～10 头聚集在一起，不怕酷暑，不畏严寒。

保护利用技术：在田间采集带红环瓢虫的枝条，在草履蚧发生区挂放。挂放成虫最佳时间为 2 月下旬至 3 月上旬，幼虫最佳释放时间为 4 月下旬至 5 月中旬。每点释放瓢虫量至少 100 头以上，这样种群增殖快，向外扩展速度快，定居成功率可达 100%。如果草履蚧密度过低，只有 0.05 头/厘米^2 时，定居率仅为 17.6%。释放成虫操作复杂，技术要求高，大面积推广难度大。人工转移幼虫的办法比较经济、简便，有利于大面积推广，释放 1 年后草履蚧的虫口密度可控制在 1.2 头/厘米^2 以下，2 年可控制在 0.01 头/厘米^2 以下，可达到持续控制的目的。

五、梨 圆 蚧

Quadraspidiotus perniciosus Constock

又名梨丸介壳虫。属同翅目，盾蚧科。

(一)形态特征

雌成虫 体背覆盖近圆形介壳，直径约 1.8 毫米，灰白色或灰褐色，有同心轮纹。介壳中央突起为壳点，脐状，黄色或黄褐色。虫体扁椭圆形，橙黄色，体长 0.91～1.48 毫米，宽 0.75～1.23 毫米。口器丝状，位于腹面中央，眼、足退化。中臀叶发达，外侧凹陷，第二臀叶小，第三臀叶退化为突起。

雄成虫 介壳长椭圆形，较雌虫介壳小，壳点位于介壳的

一端。虫体橙黄色，体长0.6毫米。复眼暗紫红色。口器退化，触角念珠状，11节。翅1对。交尾器剑状。

若虫 1龄体圆形，扁平，鲜黄色，足与触角发达，腹末有刚毛2根。2龄若虫，雌若虫扁圆形，雄若虫椭圆形，体鲜黄色，足、触角尚存，但失去行动能力。雌若虫蜕皮3次后羽化为成虫。雄若虫蜕皮2次，化蛹在介壳下，羽化为成虫。

（二）发生规律

梨圆蚧广泛分布我国东北、华北、西北、西南、华东和华中各果树区。寄主很广，主要有梨、苹果、枣、桃、核桃、杏、李、梅，樱桃、葡萄、柿、山楂等，以成虫、若虫刺吸寄主汁液，重者引起枯枝死树，严重影响果树产量和果品质量。该虫在我国北方一年发生2～3代，南方4～5代。主要以2龄若虫在枝干上越冬。翌年梨树液流通萌芽时，继续刺吸为害。4月上旬梨初花期，可从介壳上分辨雌雄若虫。4月中旬雄虫化蛹，5月上旬成虫羽化，于6月上中旬越冬代雌虫产仔，可延迟至7月上旬。第一代雌虫产仔期为7月下旬至9月上旬，第二代产仔期在9～11月份，世代不整齐。雌雄虫比例，第一代1.7∶1，第二代1.47∶1。每头雌虫产仔54～108头，最多362头，第二代产仔最多。远距离传播主要依靠苗木、接穗和果品运输途径。梨圆蚧天敌有50多种，在不喷广谱杀虫剂果园，自然天敌即可控制大发生。不合理使用杀虫剂，常诱发梨圆蚧猖獗成灾。

（三）生物防治措施

1. 保护利用寄生蜂 我国已查明梨圆蚧的寄生蜂有13种。孙益知（1976）研究，在陕西省杨凌有2种重要寄生蜂：①梨圆蚧小蜂（*Prospaltella* sp.）。成虫体长0.7毫米，体黑色。以幼虫寄生于梨圆蚧若虫体内越冬，至梨圆蚧雌成虫孕卵前期开始化蛹，咬破梨圆蚧介壳飞出，寻找梨圆蚧若虫产卵，一

头雌蜂平均产卵60粒。梨圆蚧被寄生率60%～89%。②短缘毛姬小蜂(*Aphytis proclia* Walk)。成虫体长0.8毫米,体土黄色,以小幼虫咬住梨圆蚧若虫,于体外寄生,寄生率高达17.6%。生活史和梨圆蚧基本一致,对梨圆蚧有一定控制作用。

保护利用措施:在梨圆蚧浪荡若虫爬行期不喷杀虫剂,保护寄生蜂,可改喷洗衣粉300倍液和0.3波美度石硫合剂,既保护了寄生蜂,又防治了梨圆蚧若虫。

2. 保护利用瓢虫 红点唇瓢虫(*Chilocorus kuwanae* Silvestri)各地都有分布。成虫半球拱起,体背有黑色光泽,体长3.4～4.4毫米,宽3.3～4.0毫米,复眼黑色,触角黄褐色,鞘翅黑色中央各有红色斑。卵长椭圆形,橙黄色,后变橘红色,卵壳有规整的圆形刻点,长1毫米。老龄幼虫体长6.0～7.5毫米,头黑褐色,上唇褐色,触角2节,前胸节背有10根枝刺,中胸背有8根枝刺,后胸背有6根枝刺,腹部第一至七节背各有6根枝刺,第一至九节腹面各有毛瘤6个,胸足3对。蛹长约5毫米,黑色,上被细毛,腹部第一节背中线两侧有2个蝌蚪形红棕色斑。

张守友等(1981)在河北省昌黎县观察,一年发生4代,以成虫在落叶及土石块下越冬。翌年3月中旬出蛰,4月上中旬开始产卵,第一代成虫发生于5月下旬至6月中旬,第二代发生于7月上旬至8月中旬,第三代发生于8月中旬至10月中旬,第四代发生于10月中旬。11月上旬开始越冬。随着梨圆蚧密度变化,6月上中旬和8月中旬至10月份出现2个成虫数量高峰期。雌雄比例为1∶1,每头雌虫产卵平均66粒,孵化率72.9%～89.5%。成虫寿命平均52～60天。每头成虫每天捕食梨圆蚧成虫46头,一生可捕食梨圆蚧1 000～2 300

头。红点唇瓢虫产卵前先捕食梨圆蚧补充营养，然后把产卵管伸入介壳下产卵1～3粒。5～7月份卵期5～8天，8～10月份卵期8～20天。幼虫4龄，每个龄期3～4天，幼虫期11～16天。幼虫觅食能力很强，取食时先将梨圆蚧介壳顶部咬一圆孔，很快把介壳虫体吃光，3～4龄幼虫每天每头平均捕食梨圆蚧成虫114头，幼虫一生可捕食梨圆蚧成虫1 000余头。6月2日田间调查红点唇瓢虫对梨圆蚧的捕食率为27.8%，6月27日为51.4%，梨圆蚧第一代已到末期，活虫率只有13.7%，由于梨圆蚧数量下降，食料不足，红点唇瓢虫转移。随着第二代梨圆蚧密度上升，瓢虫数量亦上升。

另外，在新疆有李斑瓢虫(*Chilocorus geminus*)，一年发生2～3代，雌虫平均产卵160粒，每天一头幼虫捕食梨圆蚧若虫230头，成虫捕食334头。还有肾斑瓢虫(*Chilocorus renipustulatus* Scriba)，也是梨圆蚧重要天敌。

六、茶翅蝽

Halyomorpha picus Fabricius

又名臭大姐、臭椿象。属同翅目，蝽科。

(一)形态特征

成虫　体长15毫米，宽8～9毫米，扁椭圆形，体灰褐色略带紫红色。触角丝状，5节，灰褐色。复眼球状，黑色。前胸背板、小盾片和前翅革质部均有黑褐色点，前胸背板前缘有4个黄色刻点，小盾片基部有5个黄色点刻，腹部两侧各节间有黑、黄斑相间。

卵　常20～30粒排成卵块。短圆筒形，长1.2毫米，周缘环小刺毛。初产乳白色，近孵化时黑褐色。

若虫　初孵化若虫体长2毫米，无翅，白色。前胸背板两

侧有刺突，腹部各节背面中部有黑斑，黑斑中央两侧各有一黄褐色小点，腹部两侧各节有黑斑。

（二）发生规律

茶翅蝽分布我国东北、华北、西北、西南及华中和华南各地。可危害梨、苹果、桃、李、杏、樱桃、山楂、无花果、柿、石榴、梅和柑橘等果树，以及泡桐、桑、榆、丁香和大豆等多种树木和农作物。成虫、若虫刺吸叶片、嫩梢和幼果汁液，致使叶片破裂穿孔，果实不平成畸形果，果肉木质化僵硬或流胶液。一般果实受害率5%～10%，严重的达30%以上。该虫在辽宁省一年发生1代，河北省南部一年发生1～2代。成虫在6月上旬前产的卵，到8月初以前羽化为第一代成虫，继续产卵，孵化出若虫为害后羽化为第二代成虫。从10月上中旬开始在房檐、墙缝、石块下等背风处越冬。翌年4月上旬开始出蛰，盛期5月中下旬，可延续到7月上旬。茶翅蝽越冬代平均301天，第一代成虫平均30天，卵期4～6天，若虫期53～64天。成虫飞翔力强，可飞2千米。5～6月份成虫主要在泡桐等林木上为害，占总虫量的72%～78%。在梨树上的虫量，6月份为6.7%～10.4%，7月上升到13.4%～58.9%，8月份虫量达到62.2%～76.4%。但5～6月份幼果期受害损失严重。成虫晚上在枝条叶背栖息，上午9～10时上树取食为害。产卵于叶背，每卵块平均28粒卵。成虫、若虫口针长6毫米，穿破果皮分泌有毒唾液，毒杀细胞，吸取汁液，引起受害组织变形。

（三）生物防治措施

利用椿象黑卵蜂（*Telenomus mitsukurii* Ashmead）防治。雌成虫体长1.3毫米，翅展2.8毫米。体黑色。头部有网纹及细毛，复眼黑色，触角11节、黄褐色，柄节特长，鞭节末端5节粗大、黑褐色。胸部背面隆起，有网状刻点，上生黄白色细毛；

中胸盾片大，自中部向后缘有一对缝；小盾片后有一横隆起线，线上下方各有约14条纵短隆起线，隆起线间凹陷。翅透明、密布细毛。翅脉淡黄褐色，肘脉长，后翅内缘缨毛较长。足黄褐色。腹部近圆形，有光泽。产卵器鞘黑褐色，产卵管黄褐色。雄虫体长1.2毫米，翅展2.5毫米。触角细长，黄褐色，12节，第六至十一节呈念珠状。

该蜂目前仅在山东省烟台市有发现，国外分布于俄罗斯。一年发生3～5代，以成虫在树皮下、枯枝落叶、土块下等处越冬。翌年4～5月份出蛰，5～6月份产卵于茶翅蝽、黄斑蝽等卵中，每一世代15～20天。6～7月份每头雌蜂产卵寄生椿象卵200多粒。被寄生的卵，数天后变为蓝黑色，寄生率高达80%以上。当果园椿象较少时，黑卵蜂常飞向农田和林带寻找新的寄主，除茶翅蝽外，还寄生黄斑蝽和斑须蝽卵。

在河南省郾城县还发现斑须蝽黑卵蜂对斑须蝽卵寄生率达37.5%～42.8%。

保护利用措施：①果园不喷广谱杀虫剂，以保护天敌昆虫。②在无椿象黑卵蜂的地方，引进蜂种。7月份采集被寄生的椿象卵，放入纱网笼中，待卵蜂羽化后喂以5%红糖水或10%蜂蜜水，逐步降温至10℃左右，数天后贮存于0℃～5℃处，注意保持相对湿度70%越冬。翌年5～6月份椿象产卵时，放蜂果园里。

七、黄褐天幕毛虫

Malacosoma neustria testacea Motschulsky

俗称顶针虫。属鳞翅目，枯叶蛾科。

(一)形态特征

成虫 雌成虫体长约20毫米，翅展40毫米，体、翅黄褐

色，前翅中央有一条米黄色细边的赤褐色宽横带，后翅基半部赤褐色，端半部色淡。雄成虫体长15毫米，翅展30毫米，体、翅黄色，前翅有2条、后翅有1条深褐色细横线，触角双栉齿状。

卵 圆筒形，高1.3毫米，灰白色，越冬时深灰色，常数十粒围绕1年生枝条排成整齐一圈，似顶针状。

幼虫 老龄幼虫体长50余毫米，头蓝黑色，上有黑点和2个全黑斑，体蓝灰色，体背线和气门上、下线黄白色，亚背线处有2条橙黄色线，各节背面有数个黑色毛瘤，以腹部第八节的一对最大，各毛瘤上生有黄白色和黑色长毛。

蛹 体长17～20毫米，黄褐色，有淡褐色短毛。

茧 黄白色，双层，较厚。

（二）发生规律

该虫国内各地都有分布，寄主植物有梨、苹果、海棠、桃、李、杏、梅和柞、杨等植物。幼虫吐丝结网为害芽、叶，在山地果园发生危害较重。各地均一年发生1代，以完成胚胎发育的幼虫在卵壳内越冬。春季梨树发芽开花时，幼虫钻出卵壳，危害嫩芽、嫩叶，并吐丝结网。白天静伏，夜间取食。1～4龄幼虫群栖网幕中为害，5龄幼虫分散为害，5月中下旬陆续老熟，幼虫期40天，在叶间、树皮缝、杂草上化蛹结茧。蛹期11～14天。6～7月份成虫羽化，产卵于1年生枝条上。成虫夜间活动，有趋光性，每头雌虫产卵200余粒。天幕毛虫卵期有寄生蜂10余种，幼虫寄生昆虫5种，蛹期寄生蜂7种，还有病毒病，这些是控制天幕毛虫大发生的主要因素。

（三）生物防治措施

1. 天幕毛虫黑卵蜂（*Telenomus terbraus* Ratzeburg）的保护利用 天幕毛虫黑卵蜂雌成虫体长1.13～1.19毫米，翅展

2.19～2.31毫米。体黑色。头幅比胸部宽。触角11节，黑褐色，梗节长为柄节长的1/3，索节4节，细小，棒节5节，粗大。胸部卵形，胸背有刻点和白色细毛。翅透明，翅脉黄褐色。足基节黑色，转节黄褐色，腿节黑褐色，前足胫节粗大，黄褐色，中、后胫节浅黑褐色，跗节黄褐色。腹部第二节后部比胸部略宽，第一、二节背板前端各有10余条纵纹，第二腹节背板长约占腹部全长的2/3，腹部末端略成三角形。产卵器黄褐色，突出腹部末端。雄虫略小，腹部比胸部略狭，触角12节。

该卵蜂一年发生1代，以幼虫在天幕毛虫卵中越冬，翌年5月下旬至6月上旬为天幕毛虫成虫羽化产卵期，卵蜂成虫羽化，取食花蜜、蚜虫、介壳虫分泌的蜜露，成虫寿命30～60天，寻找天幕毛虫卵块产卵，一头雌蜂产卵70余粒，在每一粒天幕毛虫卵中只产1粒卵蜂卵，卵在寄主卵内孵化为幼虫，5个龄期发育2～3个月。在山东省烟台市，天幕毛虫卵被寄生的可达90%。除烟台市外，北京市也有分布。

保护利用措施：①果园附近栽植白杨、柳、榆、栎等作防护林带，种植绿肥作物，补充寄主栖息地及成虫吸食花蜜条件。②秋季落叶后或早春，结合果树冬季修剪剪除有卵块枝，集中纱网笼中观察，春季天幕毛虫幼虫化蛹羽化，将卵寄蜂放回果园内。③没有卵蜂的果园从外地引进卵蜂释放。

2. 天幕毛虫抱寄蝇（*Baumhaueria goniaeformis* Meigen）**的保护利用**　天幕毛虫抱寄蝇成虫体长8.4～11.6毫米。复眼裸，额宽约为复眼宽的2倍。额间棕黑色，覆灰白色粉被，侧额黑色，被黑毛，覆浓厚的灰白色粉被；额鬃排成2行，外内侧额鬃各2根。触角长，第一至三节基部红黄色，其余为黑色，第三节长为第二节的7～8倍。触角芒全加粗，第一、二节短。胸部黑色，覆灰白色粉被，背面具4条黑纵纹。小盾

绣线菊蚜为害状

七星瓢虫在捕食蚜虫

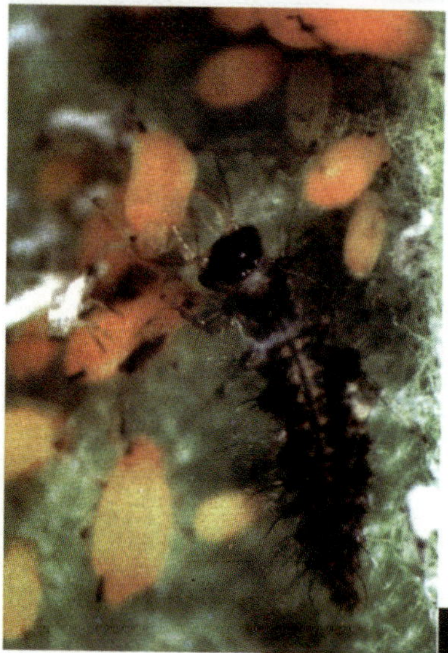

大草蛉幼虫在捕食绣线菊蚜

大草蛉卵块

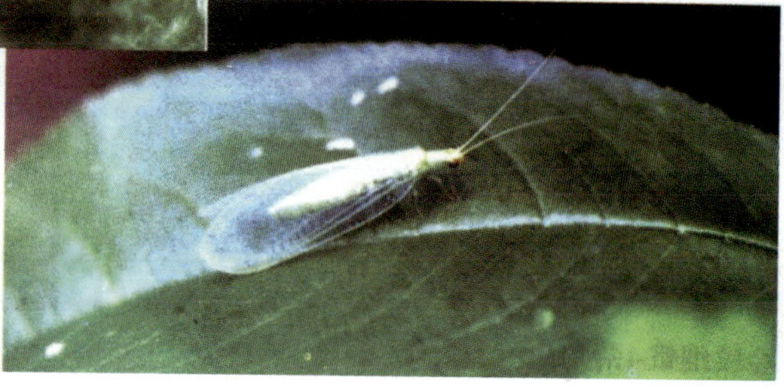

大草蛉成虫

苹小卷叶蛾成虫

苹小卷叶蛾幼虫为害状

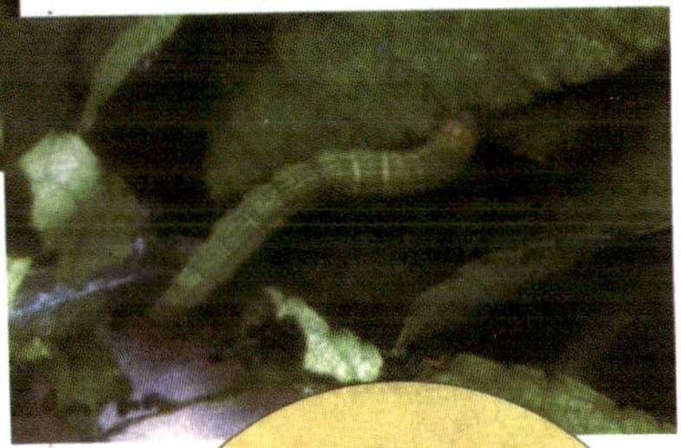

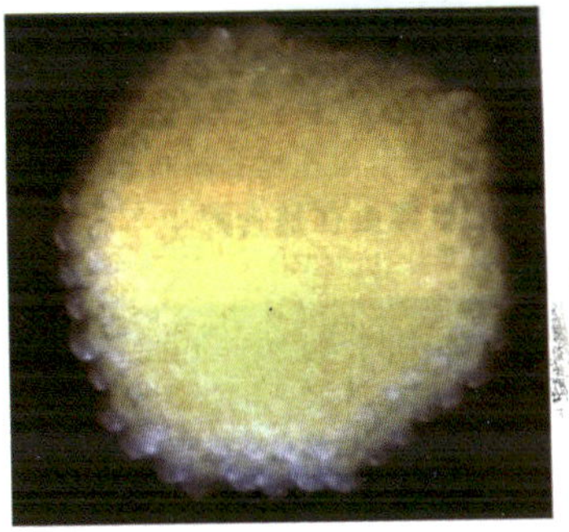

苹小卷叶蛾卵

松毛虫赤眼蜂

金纹细蛾成虫

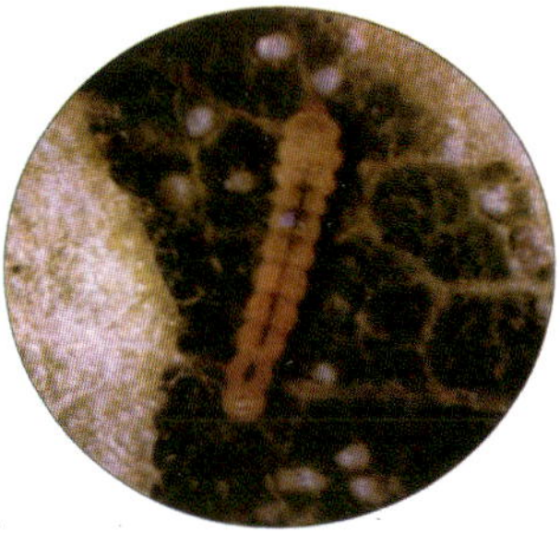

金纹细蛾 4 龄幼虫

金纹细蛾跳小蜂的茧蛹

桑盾蚧

桑盾蚧天敌日本主头甲

黄刺蛾幼虫

黄刺蛾成虫

黄刺蛾茧及寄生蜂上海青蜂

李实蜂幼虫及为害状

草履蚧雄虫

草履蚧雌虫

朝鲜球坚蜡蚧雌虫

环瓢虫

朝鲜球坚蜡蚧天
敌黑缘红瓢虫

幼虫　老龄幼虫体长7～8毫米，全体淡黄白色，头小，胴体肥大。头及前背板黑色。胸、腹部布满黄白色细毛，前胸及臀部上的毛长而多。

蛹　体长5～6毫米，初为淡褐色，近羽化时头及胸部变为黑色，腹末有2个向腹面的突起钩。

(二)发生规律

梨瘿华蛾分布普遍，局部梨区受害严重。一年发生1代，以蛹在被害枝虫瘿内越冬，翌年梨芽萌动时成虫羽化最盛。成虫白天中午飞翔于树冠交尾。雌虫寿命4～7天，雄虫3～5天。雌虫产卵60～90粒，卵散产于枝条痕、粗皮裂缝处，卵期18～20天，初孵化幼虫活泼，爬至嫩梢蛀入皮层下木质部为害，蛀入孔处有一褐色小点。幼虫危害刺激枝条膨大，排泄粪便于虫瘿内，每一虫瘿内有幼虫1～4头，幼虫期150余天，到9月中下旬幼虫老龄，在虫瘿一侧咬一羽化孔，然后化蛹越冬，枝条虫瘿影响枝条生长结果。一般幼树受害重于大树、老树，发育枝受害最重，果台、结果枝受害轻，山坡地梨园受害重于平原梨园。

(三)生物防治措施

1. 梨瘿华蛾齿腿姬蜂(*Pristomerus vulnerator* Panier)**的保护利用**　梨瘿华蛾齿腿姬蜂雌虫体长6～7毫米。触角、复眼黑色，胸、腹部黑褐色，足浅黄色，翅膜质，翅脉灰褐色，有金属光泽。产卵器浅褐色，长约3毫米。雄虫体型较小，腹部细瘦。幼虫蛆状乳白色，头部尖，尾部稍钝圆，老龄幼虫体长6.7毫米。

该蜂一年发生1代，以蛹在梨瘿蛾虫瘿内越冬，翌年梨盛花期后陆续羽化，较寄主羽化迟10～15天，晴天中午飞翔于树冠，寻找华蛾幼虫在嫩枝上的蛀入孔，将产卵器伸入孔内产卵于寄主幼虫体内，到6月15日寄生蜂幼虫体长1.4毫米，7月10日幼虫体长4毫米，9月中旬幼虫体长5～6毫米时已老龄。一虫瘿内有幼虫1～5头，9月下旬作茧化蛹，寄生率38%～85%。

保护利用措施：在寄生蜂羽化产卵期不要喷广谱杀虫剂，以保护自然齿腿姬蜂。冬季剪除梨瘿华蛾虫瘿枝，放入粗纱网笼中，梨树开花前挂到梨园，梨瘿华蛾成虫在笼中自然死亡。梨树开花盛期将羽化的寄生蜂放出。在1公顷梨园放虫瘿枝920枝，放蜂1 300头，平均每667米^{2}有虫瘿枝61枝，第二年只有4枝，第三年没有发现虫瘿枝。

2. 梨瘿华蛾斑翅姬蜂和茧蜂的保护利用

(1)梨瘿华蛾斑翅姬蜂(*Gelis* sp.)　雌蜂体长4～5毫米，赤褐色，复眼黑色，被毛，单眼琥珀色，形大。触角黄褐色，先端数节黑褐色，翅基片淡黄色，翅痣黑褐色，后足胫节后半部浅黑褐色，末跗节及爪黑褐色，产卵器长为腹部长的1/3。此蜂生活习性与齿腿姬蜂相似，数量少，寄生率低。

(2)梨瘿华蛾茧蜂(*Bracon* sp.)　雌蜂体长4.0～4.5毫米，赤褐色，被白色细毛。复眼黑色被毛，单眼琥珀色，翅基片黄褐色，足赤褐色，后足跗节黑褐色，各足末跗节及爪黑褐色。产卵器为腹部长的1.3倍。该蜂仅在山东省烟台市发现，一年发生1代，以蛹在寄主虫瘿内越冬，4～5月份成虫羽化，产卵于梨瘿华蛾幼虫体内，9～10月份在梨瘿华蛾化蛹时食尽寄主，化蛹越冬。

两种寄生蜂保护利用措施同齿腿姬蜂。

十、梨眼天牛

Bacchisa fortunei Thomson

又名玻璃天牛。属鞘翅目，天牛科。

（一）形态特征

成虫 体长8～11毫米，宽3～4毫米，圆筒形，橙黄色。鞘翅蓝绿色或蓝紫色，有金属光泽。复眼黑色，分为上下两叶，触角端部第四、五节全部深棕色，密生长毛。雄虫触角与体等长或稍长，雌虫触角略短于体长。体密被细长的竖毛。后胸腹板两侧各有蓝黑色或紫色大斑。

卵 黄白色，长筒形，长约2毫米，宽1毫米。

幼虫 老龄幼虫体长18～20毫米，长筒形，背部扁平，头褐色，长大于宽，下颚大，深褐色。足退化为卵形突起。

蛹 体长8～11毫米，初期黄白色，渐变为黄色，羽化前蓝黑色。

（二）发生规律

梨眼天牛分布于山东、山西、河南、陕西、江苏、浙江、安徽、福建、台湾、甘肃、四川等省及东北地区等。寄主植物有梨、苹果、海棠等。以幼虫蛀食2～3年生枝条，被害枝条树皮破裂，蛀孔外覆盖烟丝状木屑，受害枝易折断。在西安市观察，两年完成1代。以3龄幼虫在幼虫坑道内越冬。翌年4月中旬幼虫老龄停食，开始化蛹。4月下旬为化蛹盛期，蛹期15～20天，5月上旬成虫开始羽化，盛期在中下旬，一直延续到6月中旬。成虫羽化后先在坑道内停留3～8天后才飞出。成虫受惊动常坠落。在近地时又展翅飞去，一次飞迁6米，晴天多在上午8～11时和下午5～7时绕树冠飞翔。栖息叶背和嫩枝上，啃食叶片主脉、叶柄、叶缘和嫩枝表皮补充营养。交尾后

2～3天开始产卵，先用上颚将枝条皮层咬成“U”形纹痕，将卵产在伤痕皮下，外有一小孔。多选择在直径15～25毫米粗的枝条上产卵，多选枝条东南阳面产卵，雌虫产卵10～30粒，成虫寿命10～30天。卵期10天，幼虫孵化后先取食皮层30天，2龄以上幼虫开始蛀入木质部，顺枝条生长方向蛀食6～7厘米，幼虫在夜晚爬出坑道取食洞口附近皮层3～7厘米，坑道口堆满丝状木屑和虫粪。10月下旬停止取食进入休眠，用木屑堵塞坑道口。翌年3月份继续取食至化蛹。

（三）生物防治措施

管氏肿腿蜂（*Scleroderma guani* Xiao et Wu）**的保护利用**　无翅型雌蜂体长3～4毫米，头、中胸、腹部腿节膨大部分为黑色，前、后胸黑褐色，足胫节末端、触角黄褐色。头扁平，前口式，触角13节，后胸逐渐收缩似蚂蚁。有翅型雌蜂体长3～4毫米，胸部黑色，翅比腹部短1/3，翅透明，密布短毛。翅脉黄色，亚中脉缺如，仅留残痕。有翅雄虫体长2.1毫米，黑褐色，腹部长椭圆形，腹末钝圆，翅与腹末等长或略长。尚有3%的雄虫无翅。卵乳白色，透明，长0.33毫米。幼虫蛆形，头部尖，黄白色。蛹长4.0～4.5毫米，初期乳白色，羽化前黑褐色，结白色茧。

在广东省一年发生5～8代，在山东省一年发生4～5代，以受精的雌成虫在寄主虫道或虫瘿内群居越冬。在北方越冬成虫翌年4月上中旬开始爬出活动。第一至五代的发育历期分别为50天、26天、26天、24天、38天。在22℃温度下，卵期4～8天，幼虫9～18天，茧蛹期20～25天。雌成虫寿命平均99天，雄虫9天。卵、幼虫和蛹的发育起点温度分别为12.92℃，9.07℃，13.6℃，有效积温分别是60.18日度（摄氏，下同）、169.7日度和219日度。雌成虫爬入天牛坑道内，爬到天牛幼虫体背、腹部，将产卵器插入寄主喉部或胸部节间膜处重复刺蜇，使寄主全身麻痹，吸食寄主体液补充营养，使卵发育成熟，从找到寄主到开始产卵在20℃条件下需12天，在25℃～30℃条件下需4～5天。产卵时以3对足支撑身体，头部和腹部接触寄主体壁，中部弓起呈三角形，将卵产在天牛幼虫胸腹部两侧体壁皱褶处，每头雌虫产卵50～70粒，多的可达126粒。天牛幼虫新鲜、虫体较大时产卵多。一头雌蜂可连续在4头天牛幼虫体上产卵，繁殖子蜂236头。雌雄蜂比例为17∶1。雌虫孤雌生殖，后代均为雄虫。卵孵化率在60%以上。幼虫5龄，老龄在天牛虫道内结茧化蛹。雄虫羽化早，寻找雌虫交尾。雌虫守护后代幼虫发育。雌虫大多无翅，靠爬行和风力扩散，经过1～2代繁育，可向外扩散30～40米。青杨天牛寄生率98.4%，杨干象、光肩星天牛寄生率64.2%，白杨透翅蛾寄生率27.2%，防治桃红颈天牛寄生率80%～90%。甘肃省秦安县3年放蜂83万头，防治苹果园面积51.5公顷21 337株，被害株率由83.6%降到27.8%，单株虫孔由42.8个降到1.2个。按梨眼天牛与肿腿蜂1∶3～5的比例放蜂，可长期控制梨眼天牛危害。

保护利用措施：果园不喷广谱杀虫剂，以保护肿腿蜂。没有肿腿蜂的地区，引入肿腿蜂，剥出梨眼天牛幼虫或其他天牛幼虫，每指形管放1头幼虫，并接1头雌蜂，用棉花等塞紧管口，放室内25℃阴暗处，待羽化出蜂时，将指形管放到果园树枝上，拔掉棉花塞，让肿腿蜂飞出寻找天牛虫道寄生。按天牛幼虫与肿腿蜂1∶3～5的比例放蜂，即可取得显著防治效果。还可用绿豆象幼虫、柠条象幼虫、大袋蛾幼虫等繁殖。

十一、梨果象甲

Rhynchites foveipennis Fairmaire

又名梨虎。属鞘翅目,象虫科。

(一)形态特征

成虫 体长12～14毫米,暗紫铜色,有金属光泽。头管较长。雄虫头管先端向下弯曲,触角着生头管端部1/3处;雌虫头管较直,触角着生在头管的中部。头部背面密生较明显的刻点,在复眼后密布细小横皱纹,腹面尤为明显。触角11节,端部3节显著宽扁。前胸略呈球形,密布刻点和短毛,背中部有"小"字形纹,足发达,鞘翅上刻点粗大,每鞘翅9行。

卵 椭圆形,长1.5毫米,表面光滑,初产乳白色,渐变乳黄色。

幼虫 体长12毫米,乳白色,头小,大部缩入前胸内,口器暗褐色。体向腹面略弯曲,体表多横皱纹,每体节中部有一条横沟,将体节背面分成前后两部分,后半部生有一横列黄褐色刚毛。胸足退化。

蛹 体长9毫米,初为乳白色,渐变黄褐色,体表被细毛,裸蛹。

(二)发生规律

梨果象甲在我国分布很广,已知有吉林、辽宁、河北、山东、山西、陕西、河南、江苏、浙江、江西、福建、湖北、四川、广东等省。以成虫、幼虫蛀食梨、苹果、花红、山楂、杏、桃等。在管理粗放的山区梨园、苹果园危害幼果,引起大量落果,损失严重。

梨果象甲在辽宁省西部约有一半两年发生1代,其他省份多为一年发生1代。两年一代的第一年以幼虫越冬,第二年夏秋成虫羽化，以成虫过夏越冬，第三年夏季成虫出土。一年一代的以成虫在土壤里3～6厘米深处越冬。越冬成虫自梨树开花时开始出土上树，梨果长到果径15～20毫米时出土最多。如果春夏季干旱少雨，成虫出土向后推迟，如遇到降中雨，土壤湿润出土多。成虫出土后，气温高、天气晴朗时，白天上树交尾，取食果皮补充营养，产卵前先把果柄咬伤，然后转到幼果上啃食果面表皮，蛀一孔洞，调转尾部产卵于洞口，再调过头部用喙管把卵推入孔洞内，分泌粘液封住产卵孔，产卵处呈黑褐色斑点。一般一果产1～2粒卵。一头雌虫产卵20～150粒，平均70～80粒。成虫产卵长达60天，每天产卵1～6粒。6月中旬至7月中旬为产卵盛期。卵期6～8天，幼虫在果内蛀食19～30天，被蛀果果柄被咬伤后，经风吹雨打多早落，多在产卵后10～20天落地。幼虫在落果中继续蛀食，老熟后脱果入土3～7厘米深处作土室化蛹。幼虫入土最早的为7月上旬，最迟8月中下旬，入土后约30余天化蛹。8月中旬至10月上旬化蛹，蛹期30～60天，9月下旬陆续羽化为成虫，当年不出土，在蛹室越冬，部分两年一代的以幼虫在土室越冬。成虫在早、晚气温低时，受惊动即假死落地，中午气温高时，惊动常坠落半空飞去。一般早熟品种果树受害重，晚熟品种受害轻。

（三）生物防治措施

利用芜菁夜蛾线虫（*Steinernema feltiae* Agriotos）防治梨果象甲。刘新生等（1991）在河南省辉县进行了防治试验，当每头象甲投入线虫剂量为600～1 200条时，3天死亡70%～90%，5天死亡100%。当每头象甲投入线虫剂量为2 400条时，3天死亡率100%。田间试验，每米^{2}60万条和120万条时，7天后死亡率分别达到39%和46%，14天死亡率达到53%，

28 天死亡率分别达到 87%和 90%。梨果象甲幼虫脱果入土期正值夏季雨季，温、湿度适宜昆虫线虫侵染发育，梨果象甲幼虫入土较浅(3～7 厘米)，只作土室，有利于线虫侵染。利用线虫防治梨果象甲前景广阔。

十二、梨叶斑蛾

Illiberis pruni Dyar

又名梨星毛虫、饺子虫。属鳞翅目，斑蛾科。

(一)形态特征

成虫 体长 9～12 毫米，翅展 21～30 毫米。体灰黑色，翅半透明，翅脉明显，翅上生有许多短毛，翅边缘为深黑色。雄蛾触角羽毛状。

卵 椭圆形，略扁，长约 0.7 毫米。初产时白色，以后变为黄色、淡紫色，孵化前黑色。常数十粒聚集在一起。

幼虫 老龄幼虫体长 20 毫米，体黄白色，头小，黑色。体纺锤形，体背黑色，两侧各有 1～10 个圆形黑斑，上生刺毛。初龄幼虫有紫褐色纵纹。

蛹 体长 11～14 毫米，刚化蛹时黄白色，近羽化前黑褐色。腹部背面第三至九节前缘有一列短刺突。蛹被白色丝茧。

(二)发生规律

梨叶斑蛾分布于东北、西北、西南、华中、华东广大梨产区。寄主植物有梨、苹果、海棠、花红、山楂等。以幼虫食害芽、花蕾、叶片，严重时叶片被食光，对产量影响很大，是梨、苹果主要害虫之一。该虫在大多数地区均一年发生 1 代，只在河南省灵宝市和陕西省关中地区一年发生 1～2 代，以 2 龄幼虫在枝干树皮裂缝、根颈土壤里结白色茧越冬。翌年春梨树萌芽时，越冬幼虫开始出蛰，蛀食花芽，溢出汁液的花芽不能开放。

后转移叶片，吐丝将叶片纵卷成饺子状，取食叶肉，残留表皮。一头幼虫可转害 7～8 片叶，在最后一个叶苞中结茧化蛹。蛹期 10～15 天，5 月下旬至 6 月上中旬成虫羽化。每一雌虫产卵 200～300 粒。卵期 7～10 天，幼虫孵化后群集叶背取食叶肉，后分散为害，以 2 龄幼虫在树皮裂缝过夏越冬。发生 2 代的，幼虫继续危害到 7 月下旬化蛹，8 月上中旬化蛹羽化，幼虫危害到 10 月份越冬。成虫寿命 3～10 天，多在上午 11 时至下午 6 时产卵。成虫飞翔力不强，白天静伏叶背，傍晚和夜间活动交尾。

（三）生物防治措施

1. 幼虫期喷灭幼脲　刘浩宁（1992）在甘肃省宁县苹果园试验，4 月中旬梨叶斑蛾幼虫出蛰盛期喷一次 25%灭幼脲 3 号胶悬液，5 月中再补喷 1 次，6 月调查防治效果，2 000 倍液的防治效果为 91%，有虫叶率 1.7%，1 000 倍液的防治效果为 96.8%，有虫叶率 0.6%。对照有虫叶率 18.6%。灭幼脲不杀伤天敌。

2. 保护利用自然天敌　冯明祥（1988）等查明梨叶斑蛾寄生性天敌有 6 种，在河北省廊坊地区 5 种寄生性天敌昆虫寄生率 18.6%，其中金小蜂（*Pteromalus* sp.）和姬小蜂（*Pediobius* sp.）寄生率 10%以上，盘背菱室姬蜂（*Mesochorus discitergus*）和绒茧蜂（*Apanteles* sp.）寄生率占 5%左右。饰腹寄蝇寄生率 3%左右。星毛虫羽化期不喷杀虫剂，以保护天敌。

十三、铜绿金龟甲

Animala corpulenta Motschulsky

又名绿金巴牛。属鞘翅目，金龟甲科。

（一）形态特征

成虫 体长19～21毫米，头、前胸背板、鞘翅铜绿色，有闪光，前胸背板两侧缘稍带黄褐色，翅鞘上有5条纵隆线，体腹面及足黄褐色，足端爪一个，二分叉。

卵 椭圆形，乳白色，长1.6～1.9毫米。

幼虫 老龄幼虫——蛴螬体长30～33毫米。体肥胖弯曲多皱褶，肛腹片后部覆毛区中间的刺毛列由长针状刺毛组成，每侧多为15～18根，两列刺毛尖大部分彼此相遇和交叉，刺毛列的后端少许岔开些。肛门孔横裂。

蛹 体长22～25毫米，淡黄色，体微弯曲，羽化前头部、复眼等变黄绿色。

（二）发生规律

在辽宁、山东、陕西、江苏等省一年发生1代。以幼虫在土壤中越冬，春季继续为害根部，5月下旬至8月下旬成虫陆续羽化，6月中旬至7月中旬为羽化盛期。成虫昼伏夜出，每晚黄昏开始出土，夜晚8～10时为取食、交尾盛期，多在2～5米高的苹果、梨、榆、葡萄、核桃树上取食叶片。1～3年生幼树、果园四周树冠受害重，严重时一夜间大部叶片被吃光。趋光性强，对黑光灯光尤为敏感。白天潜藏果园草丛、土块下。交尾后3天即开始产卵，平均每头雌虫产卵40余粒，尤喜在豆科植物花生和甘薯及幼年果树根部土壤产卵，以老龄幼虫蛴螬危害根部。在平原灌区果园，农田发生严重。土壤含水量10%～30%时，卵孵化率可达100%。在25℃条件下卵期11天。春季地温上升至14℃时，50%蛴螬由越冬深处上升到5～10厘米表土层取食活动。在夏季地温23℃、土壤含水量15%～20%时，90%蛴螬在地表3～10厘米处取食。

（三）生物防治措施

1. 金龟子乳状芽孢杆菌（*Bacillus popillia*）的利用 金龟子乳状芽孢杆菌呈杆状，直径为0.5～0.8微米，长1.3～5.2微米，革兰氏染色呈阴性。该芽孢杆菌是专性病原菌，只能在被感病的蛴螬体生长形成芽孢。菌剂的生产方法是：采取乳状芽孢杆菌液注入蛴螬内，使其在蛴螬内大量增殖，然后将蛴螬干燥，粉碎成粉状加入填充料等制成粉剂。

按每667米^{2}施乳状菌孢子干粉300克（300亿孢子/克）的用量，混入炒香的麦麸和适量细沙拌均匀制成毒饵，在蛴螬集中的树盘挖5～10厘米深穴施入毒饵。平均防治效果为66.9%，最高达84.4%。蛴螬感病后11～12天死亡。要在温度26℃～30℃条件下施菌毒饵，因为低于20℃蛴螬不易感病。

2. 卵孢白僵菌（*Beauveria tenella* Siemaski）的利用 卵孢白僵菌属半知菌类丛梗孢科。菌丝为棉絮状，表面乳白色或淡黄色，被感染的昆虫常呈粉红色或酒红色。主要通过体壁接触感染蛴螬，亦可从虫口及气门处进入虫体。在温度21℃～30℃、空气相对湿度100%时，有利于孢子萌发侵入和菌丝生长。蛴螬感病初期行动呆滞，食欲减退，全身侧倾，头胸下伏，虫体出现褐色病斑，口吐黄水，不久死亡。

各地试验表明，卵孢白僵菌对铜绿金龟子、华北大黑金龟子、暗黑金龟子和四纹丽金龟子的成虫和各龄幼虫都有很高侵染力。在金龟子发生严重果园，按每667米^{2}果园用2.5千克白僵菌粉（孢子含量15亿～20亿/克），拌湿土70千克混匀，在树盘开穴或挖浅沟施入土壤里。如与50%辛硫磷1 000倍液混合施入树盘土壤，效果更好。

十四、黑鳃金龟甲

Halotrichia oblita Faldermann

又名华北大黑金龟甲。属鞘翅目,金龟甲科。

(一)形态特征

成虫 体长16～22毫米,宽8～11毫米,黑色或黑褐色,具光泽。触角10节,鳃片3节,黄褐色。鞘翅长椭圆形。每鞘翅有4条明显的纵肋。前足胫节外侧3齿,内有方距1根。臀节外露,背板向腹下方包卷。

卵 长椭圆形,长2.5毫米,白色略带黄绿色光泽。发育后期卵圆球形,洁白,有光泽。

幼虫(蛴螬) 3龄幼虫体长35～45毫米,头宽4.9～5.3毫米。头顶前刚毛每侧3根。肛腹板无刺毛列,只有钩状毛70～80根,散乱排列。

蛹 体长21～23毫米,初期白色,裸蛹,后期变黄褐色至红褐色,最后为黑褐色。

(二)发生规律

大黑鳃金龟甲在华南地区一年发生1代,以成虫在土壤中越冬。其他地区均两年发生1代。成虫、幼虫均可越冬。在北方越冬成虫春季10厘米深土温上升到14℃～15℃时开始出土,土温升到17℃以上时成虫大量出土,5月中下旬日平均气温21.7℃时成虫开始产卵,6～7月份气温23℃～27℃为产卵盛期,卵期10～15天,6月上中旬卵开始孵化,6月下旬至8月中旬为卵孵化盛期。除少数当年化蛹羽化外,大部分幼虫在地温下降到10℃～5℃时下移土壤深层越冬。翌年,当地表10厘米深温度为5℃时越冬幼虫开始活动,13℃～18℃时上升到表层土壤活动取食植物根,6月初开始化蛹,6月下旬为化蛹盛期，前蛹期12天，蛹期20天左右。7月初成虫开始出土，7月下旬至8月中旬为羽化出土盛期。

大黑金龟甲成虫晚9时出土取食、交尾，有弱趋光性。成虫喜食大豆、榆、杨、柳、梨、苹果等叶片，对幼树危害较重。成虫多次交尾，交尾后10～25天开始产卵，每头雌虫产卵32～186粒，平均102粒。初孵化幼虫先在土中取食腐殖质，以后逐渐取食农作物、果树、苗木地下根部。随土壤温度升降，在土壤里垂直移动。卵和幼虫发育的土壤含水量为10%～20%，而以15%～18%最为适宜。土壤含水量过大或过低均不利于蛴螬生长发育。

（三）生物防治措施

1. 绿僵菌（*Metarhizium anisopliae*）的利用 绿僵菌属半知菌类，菌落呈绒毛状，在10℃～30℃温度内菌丝都能生长，适宜温度为24℃～26℃，相对湿度为80%～90%，pH值为6.9～7.4。

蛴螬感病初期，腹部体表出现黑色或褐色斑点，虫体死亡之后僵化，先从口部、体节间、气门等处长出白色菌丝，很快使幼虫体包被一层白色绒毛状菌丝体，不久产生橄榄绿色分生孢子，虫尸变黑绿色。能寄生30余科的2 000余种昆虫和螨类。防治大黑鳃金龟甲、暗黑金龟甲和铜绿金龟甲等效果显著。

每667米^{2}放入2千克绿僵菌粉（每克含孢量23亿～28亿个），拌湿细土50千克，夏季结合树盘中耕除草施入土壤中，或挖数十个坑穴施，防治效果为64%～82%。蛴螬病尸可存数年，对桃蛀果蛾越冬出土幼虫等亦有80%防治效果。

2. 蛴螬钩土蜂（*Tiphia phyllophagae* A. et J.）的保护利用 福鳃钩土蜂体黄褐色，体长13～15毫米，翅展20～25

毫米。

卵为椭圆形，初产乳白色，后变为浅灰色，孵化前褐色。

幼虫似蛆状，老龄幼虫体长12～23毫米，略弯曲。化蛹结土褐色茧。

世代生活史与大黑鳃金龟甲吻合，一年发生1代的占38.8%，两年发生1代占大多数。7月上旬开始化蛹，蛹期7～10天，7月中旬成虫开始羽化，以红麻、甘薯叶的蜜腺、莱豆花粉、蚜虫、蚧虫蜜露等补充营养。上午8～10时，下午4～6时取食交配。交配后1～2天，雌蜂即钻入土壤搜寻寄主2～3龄幼虫产卵，先用大颚挟持蛴螬，在胸部腹面注入蜂毒，使其暂时麻痹，产卵器涂抹胶汁，然后产卵，胶质变黑将卵固定。产1次卵历时8～12分钟，经15～20分钟寄主苏醒恢复活动取食。雌蜂寿命8～27天，一生产卵21～30粒。在一头蛴螬上只产1粒卵。8月中下旬为雌蜂产卵盛期，卵期4～6天。孵化时卵由前向后纵裂，在蛴螬胸部腹面咬一孔，固定虫体取食，幼虫4龄蜕皮3次，每蜕皮1次皮垫于腹下，向前咬一新食孔。在25℃，土蜂幼虫期为15.8天。幼虫体外寄生，4龄幼虫将蛴螬体食尽，只残留头壳和胸足。

山东省莱阳地区大黑鳃金龟甲自然寄生率7.0%～87.5%，8年平均寄生率34.9%，最高87.5%。是控制大黑鳃金龟甲危害的重要天敌。

果园间作豆科作物及甘薯等为土蜂成虫提供补充营养，可提高土蜂寄生率35.5%～77.3%。协调化学防治措施。地面不施呋喃丹等内吸杀虫剂、可在春末、秋末如蛴螬发生超标1头以上/米^{2}时，结合中耕撒施树盘土壤里。7～8月份树下树上不喷广谱剧毒杀虫剂，保护土蜂产卵。

第二节　梨树病害生物防治

一、梨树腐烂病

Valsa ceratosperma (Tode et Fr.) Maire

又名臭皮病。

(一)症　状

主要危害主枝和侧枝皮层。发病初期病部稍隆起,水渍状,红褐色至暗褐色,手压病部稍下陷并溢出红褐色汁液。病部多为椭圆形,组织解体易撕裂,发出乙醇(酒精)气味。在较抗病的秋子梨及白梨系统的中国梨树上,病部扩展比较缓慢,多限于表皮,很少扩展成环绕整个枝干。在西洋梨等感病品种树上,病害扩展较快,常烂到木质部,形成层被破坏,不能长出新树皮使枝干死亡。发病30天左右,病皮凹陷干裂,病、健皮交界处发生裂缝,病皮表面开始密生疣状小黑点,即病菌子座,约0.5毫米,雨后吸水涌出淡黄色孢子角。在衰弱树或一、二年生枝条上病害扩展迅速,很快将枝条皮层环绕腐烂,造成枝条干枯死亡。

(二)病 原 体

病原菌属子囊菌亚门,黑腐皮壳属,在辽宁省南部曾发现有性时期,无性时属半知菌亚门,分生孢子器埋生于子座内,一个子座包藏1个分生孢子器,孢子器多室,不整形,具一个孔口,分生孢子器密生分生孢子梗,分生孢子梗无色,单胞,香蕉形。

(三)发病规律

病菌在树皮内越冬,翌春天暖时开始扩展,产生分生孢子器，遇雨水涌出分生孢子角，经风雨传播，由伤口侵入。病菌具有潜伏侵染特点，只有在侵染点树皮衰弱或死亡时，侵染扩展发病。在田间，病菌多于夏秋季树皮形成落皮层处开始扩展，形成表皮层溃疡。在弱树或感病品种上的表层溃疡，在生长期往往穿过周皮扩展到周围活树皮上，造成发病。一般多在晚秋和早春向健皮扩展，形成春、秋季两个发病高峰。幼树虽也受害，但发病轻，7～8 年生以上结果树及衰老树发病较重。病斑以第一次及第二次分枝的粗皮上发生多，枝干分杈处易发病，病斑多在西南向向阳处枝上。西洋梨发病重，砀山梨、黄梨、金川雪梨发病次之，秋子梨系统基本不发病。以棠梨作砧木的不发病。泡砂土保水、保肥差，发病重；土肥水管理差、树势弱发病重。北方冬季严寒，冻害和日灼常诱发腐烂病发生。

（四）生物防治措施

方向军（1992）在新疆巴州香梨上进行生物防治试验，效果如下：

1. 利用抗生素 S-921 浓缩液防治 刮去病皮后，涂抹 S-921 浓缩液（江苏宜兴生物农药厂生产）20～30 倍液，当年治愈率 100%，一年生树治愈率 90%～93%，病斑平均愈合组织宽度 0.56～1.23 厘米。防治效果高于福美胂液。

刮除病斑后涂药，防治效果与福美砷相当，治愈率 93%。

2. 利用 843-康复剂防治 刮去病皮后涂抹 843-康复剂（山西阳泉曙光化工厂生产）原液，当年治愈率 90%～93%，病斑平均愈合组织宽度 0.69～1.55 厘米，均高于福美胂。

刮除病斑后涂抹 843－康复剂，治愈率 97%，高于福美胂 93% 的治愈率。

二、梨 锈 病

Gymonsporangium asiaticum
Miyabe ex Yamada

又名赤星病、羊胡子。

(一)症　状

叶片受害时，在叶正面形成橙黄色小斑点，后逐渐扩大形成直径 4～8 毫米的大圆形斑，表面密生橙黄色针头大小粒点，即性孢子器。天气湿润时溢出淡黄色粘液，即大量性孢子。粘液干后小点变黑色。病斑组织逐渐变厚，向叶背面隆起，长出灰黄色毛状物，即病菌锈子器。一个病斑可长出 10 条锈子器，锈子器秋季成熟后，散出黄褐色粉状物，即锈孢子。叶片、叶柄上病斑较多，常引起早落叶。

新梢受害后病部稍肿起，病斑密生性孢子器，后在病斑生长出锈子器，病部凹陷、龟裂，新梢和苗木受害处常枯死，刮风时易折断。

幼果受害，初期果面出现许多橙色斑点，病部生长停滞，形成畸形果。果柄受害初期肿大，后干枯，引起落果。

在越冬寄主桧柏针叶、叶腋、小枝上出现淡黄色斑点，后稍隆起菌瘿，翌年 3 月份生出红褐色舌状冬孢子角。春雨过后吸水膨胀，产生担子孢子。

(二)病 原 体

梨锈病病菌属担子菌亚门，胶绣属。对梨、山楂、圆柏越冬寄主上产生冬孢子。冬孢子角萌发产生担孢子，其上产生抱孢子。冬孢子萌发最适宜的温度为 17℃～20℃，担孢子发芽适宜温度为 15℃～23℃，锈孢子萌发的最适宜的温度为 27℃。

(三)发病规律

梨锈病菌以多年生菌丝在桧柏嫩枝病组织上形成菌瘿越冬,大量的在针叶叶腋越冬,不形成菌瘿,翌年2～3月份形成冬孢子角。当温度达到17℃～20℃,3月下旬至5月上中旬,降一次中到大雨,冬孢子角吸水膨胀,产生担孢子,借风力传播到嫩叶、新梢、幼果上,在水膜中担孢子1小时即完成萌芽侵入,潜育期6～13天。梨树自展叶期开始至展叶后20天,叶片组织嫩,易感染,展叶后25天、温度在22℃以上时冬孢子角不再萌发。担孢子不能侵害越冬寄主,只能侵害梨、山楂、海棠、木瓜等。梨锈病没有夏孢子,对梨不能重复侵染。担孢子有效传播距离1.5～2.5千米,距桧柏近处,梨锈病发生重。西洋梨较抗病,中国梨多感病。

(四)生物防治措施

1. 清除越冬寄主 有条件的地方,在梨园周围2.5～5千米不要栽植桧柏、刺柏等越冬寄主树木。

2. 栽植抗病品种 在无法清除越冬寄主时,要栽植西洋梨、康德梨、晚三吉、博多青、开桦梨等抗病品种。

3. 利用梨锈病重寄生菌(*Tuberculina vinosa* Sacc)防治 菌丝的生长,菌落直径和干重产孢量,以DDA和马铃薯培养基为好。菌丝生长和产孢适温为20℃～30℃,最适为25℃～30℃,低于5℃和高于35℃不能生长和产孢。适宜pH值6～9,最适为6。荧光(24小时)或荧光、黑暗(各12小时交替)产孢量多。菌丝生长以甘露醇、葡萄糖、果糖、蔗糖和麦芽糖为好。产孢以葡萄糖最好,果糖、蔗糖次之。分生孢子萌发最适温度为25℃～30℃,低于10℃和高于35℃不萌发;相对湿度65%～100%和水滴中均能萌发。相对湿度低于50%不能萌发。孢子萌发的适宜pH值4～6、最适pH值为4。孢子萌发致死温度为45℃。

重寄生菌在自然条件下以分生孢子在寄生部越冬，经150天后孢子萌发率为29.5%。分生孢子随气流传播，孢子萌发形成芽管经性子器口和锈子器侵入，完成侵入最短时间10小时，在14℃～21℃条件下，潜育期7～12天。在梨锈病发生期，重寄生菌可发生多次再侵入。性孢子成熟期，隔日喷重寄生菌孢子悬浮液4次，4月下旬寄生率27.24%，6月上旬和8月上旬寄生率分别达到63.42%和62.3%。对性子器喷重寄生菌孢子液，7月中旬寄生率94.6%。

用DDA复合培养基易于人工培养，10天产孢量增长368倍。在－12℃～10℃温度下，经150天孢子萌发率仍达80%以上。

第四章　核果类果树病虫害生物防治

第一节　核果类果树害虫生物防治

一、桃　蚜

Myzus persicae Sulzer

又名桃赤蚜、烟蚜、菜蚜。属同翅目，蚜虫科。

（一）形态特征

有翅胎生雌蚜　体长1.6～2.1毫米。体绿色、黄绿色、褐色、赤褐色等。因寄主不同体色有变异。头部黑色，额瘤显著向内倾斜。胸部、触角、足的端部及腹管均为黑色，腹部背面中央有一个大黑斑纹。腹管细长，圆筒形，中央至端部略膨大。尾片粗短，圆锥形，有侧毛3对。

无翅胎生雌蚜　体长1.4～2.0毫米。体绿色、黄绿色、杏黄色、赤褐色等。复眼赤色。触角6节，节较体短。腹管圆筒形，基部黑色，端部色淡。尾片圆锥形，侧毛3对。

若蚜　与无翅胎生雌蚜相似，体小，淡红色。

卵　初产为淡绿色，后变黑色，有光泽，长约0.7毫米。

（二）发生规律

桃蚜是世界性害虫，我国各地均有发生。寄主植物334种，果树以桃、杏、李、樱桃、梅等核果类果树受害较重，还危害梨、柑橘、烟草、十字花科蔬菜及棉花、芝麻等多种植物。刺吸桃嫩梢、嫩叶汁液，引起嫩梢扭曲，嫩叶卷缩，严重影响果树生长，还传播多种植物病毒病。一年发生20余代，以卵在桃和山桃枝梢芽腋、小枝分杈处及枝条缝处越冬。翌年旬平均气温达到5.4℃时，越冬卵开始孵化，旬平均气温达到9.4℃～10.4℃时进入孵化盛期，正值桃芽萌动至开花期，若虫危害嫩芽，产生无翅胎生雌蚜，进行孤雌胎生，新梢嫩叶展开后，群集叶片背面危害，被害叶片向背面卷缩，同时排泄蜜露粘液，妨碍新梢生长及叶片光合作用。至5月初繁殖迅速，危害严重，开始产生有翅胎生雌蚜，5月中旬大量开始飞迁夏季寄主，如烟草、马铃薯、甘蓝等植物上繁殖危害。桃蚜6月中旬基本迁出桃园。8月下旬后又产生有翅胎生雌蚜迁飞到白菜等蔬菜上危害。一部分随蔬菜冬贮或在温室蔬菜上继续危害外，到10月中旬产生有翅性母蚜，迁回桃树，产生有性蚜，无翅雌蚜和有翅雄蚜交尾后，产卵越冬。桃蚜发生与气候有很大关系。气温连续达到30℃以上或连续5天气温在29℃以上或6℃以下，田间桃蚜数量迅速下降。相对湿度在80%以上或40%以下，桃蚜数量也迅速下降。桃蚜天敌有10余种，对桃蚜有重要控制作用。

（三）生物防治措施

1．异色瓢虫（*Leis axyridis* Pallas）的保护利用　异色瓢虫成虫体长6.0～7.5毫米，宽4.5～6.0毫米，呈瓢形隆起。复眼黑色，前胸背板宽，底色黄色，中间有不同程度的微细黑点，中部有4种不同黑纹，大多数个体鞘翅末端有一明显的牙痕状横脊。前胸背板和鞘翅花纹多变，大致可分为3种类型：①前胸背板黄白色或浅黄色，中部有“M”形黑纹，鞘翅基色浅橙黄色至橘红色，其上无黑斑，或有2、4、6、8、10、12、14、16、18、19个黑斑；②前胸背板中部黑色，两侧为白色斑，鞘翅基色黑色，其上有2、4、8、12个黄色至红色斑；③前胸背板中部黑色，两侧有白色斑，鞘翅边缘和鞘缝的前半部黑色等。卵长卵形，长1.5毫米。幼虫体长12毫米，腹部第一至三节背面两侧各有一橘黄色枝刺，第四、五节背中央还有2个枝刺。蛹卵圆形，黄褐色至棕红色，具黑斑，腹末有2个突起。

该瓢虫在黑龙江省一年发生2代，山东、陕西省一年发生4～5代，江西省一年发生8代。10～11月份以成虫群集山区石屋檐、墙缝等背风温暖处越冬。自卵到蛹历期，春末夏初和秋季一代30～48天，夏季一代21～23天。成虫寿命40～50天，越冬代300多天。越冬代成虫4月上旬即出蛰活动取食，1头成虫1天可捕食桃蚜79头。1头雌虫产卵700～800粒，最多产2 382粒。幼虫孵化后先在卵壳上停息数小时才开始取食蚜虫，1～2龄幼虫1天可取食蚜虫10～12头，3～4龄幼虫可取食23.5～67.6头，幼虫一生可取食蚜虫574头。

保护利用措施：①保护成虫越冬。树干束草，园内堆草或秸秆，诱导成虫越冬。山区、丘陵寻找冬集群地，在3月下旬出蛰前捕回放入饲养笼，桃蚜孵化后放于桃园。②人工饲养繁殖，释放成虫。

2. 斜斑鼓额食蚜蝇（*Lsdiopticus pyrastri* Linnaeus）的保护利用　斜斑鼓额食蚜蝇又名大绿食蚜蝇。成虫体较大而粗壮，体长13～15毫米，宽4～5毫米。头部除头顶、后头区黑褐色，额中突棕褐色外，其余部分均为棕黄色。雄性额鼓出，密生黑色毛，复眼面被短而密的毛，沿眼缘两侧处有明显黑色毛，颜面毛呈棕黄色。触角棕褐色，第三节长宽比例为1.5∶1。中胸后片蓝黑色，具光泽，其侧缘和小盾片暗黄色；胸部背面各处混生暗黄和黑色毛。足的前、中足腿节基部、后足腿节基部大部及跗节呈棕褐色，其余棕黄色。腹部棕黑色，具光泽，第二至四节背板两侧各有1对月牙形黄斑，第二、三节黄斑略倾斜，第四、五节背板后缘黄色。幼虫初孵化淡黄绿色，体两侧具小突起，背中线半透明。3龄幼虫体黄绿色，背中线黄色，体两侧肉刺明显。蛹中后部等大，前端缩小呈瓶口状，体赤褐色。

该蝇在华北和陕西关中地区一年发生4～5代，以成虫隐蔽于向阳、背风的温暖处越冬，翌年2月份白天温度升高时，常在腊梅花上飞翔，3月份白天温度较高时，飞到果园或花椒、小麦、豌豆上蚜虫密集处产卵，每头雌虫产卵100多粒，散产于蚜虫群居处。各龄幼虫一天平均捕食桃蚜100多头，一头幼虫一生可捕食蚜虫840～1 500头。2龄幼虫食量最大。卵期2～3天，幼虫期6～7天，蛹期10天，成虫寿命3～4天，越冬代100多天。完成一个世代25～30天。一年中3～5月份和9～10月份是食蚜蝇取食最多、活动和繁殖最旺盛季节。适宜温度为10℃～20℃，夏季高温不利于活动繁殖。成虫常取食花蜜补充营养。

保护利用措施：春季中午在花上捕捉成虫，然后释放到桃园蚜虫密集处，让其产卵，控制蚜虫危害。

3. 桃树喷洒保护天敌灭蚜剂 喷施10%浏阳霉素1 500～2 500倍液，10天防治效果达96%。喷洒生物杀虫剂EB-82灭蚜菌200倍液，防治效果在80%以上。也可喷施10%吡虫啉可湿性粉剂4 000倍液。

二、朝鲜球坚蜡蚧

Didesmococcus koreanus Borchs

又名杏球坚介壳虫，属同翅目，蚧科。

（一）形态特征

雌虫 近球形，体长3.0～4.5毫米，红褐色至黑褐色，体表有一微薄的白色蜡层，有光泽。体背有纵列刻点3～4行。尾端略突出，有一纵裂。

雄虫 雄介壳长扁圆形，白色，隐约可见体分节，两侧有2条纵斑纹，介壳末端为钳状。钳形背上方各有黑褐色斑点1个。成虫体长2毫米，头淡褐色，复眼黑色；触角10节、淡棕色，口器退化。胸、腹部赤褐色，有前翅1对，细长，半透明，翅前缘红色。足3对，淡棕色，跗节1节，前端有爪，腹部末端有1对白色蜡质长毛。

卵 长椭圆形，半透明，背面隆起，腹面内陷，初产白色，后变粉红色，长0.3毫米。

若虫 初孵化若虫长扁圆形，全体粉红色，眼红色，触角5节，黄白色；足黄褐色，颇发达。体表有白色蜡粉，腹末有白色尾毛1对。固着后的幼虫体色较深，从身体两侧分泌白色丝状蜡质物，覆盖于体背面，口器丝状。越冬前蜕一次皮，越冬后2龄若虫雌雄分化，雌若虫长椭圆形，雄若虫体瘦小，身体背面臀板前缘有2个大的黄色斑纹。

蛹 雄蛹长扁圆形，裸蛹，足、翅及触角淡褐色，尾末有黄褐色刺突。

(二)发生规律

朝鲜球坚蜡蚧分布很广，辽宁、河北、山西、山东、河南、陕西、安徽、浙江、江西、湖北、四川及云南等省都有分布。危害桃、杏、李及苹果、梨、沙果和樱桃。以若虫和雌成虫固着于1～2年生枝条刺吸汁液，介壳累累，引起枯枝和死树。该虫在北方和南方每年发生1代，以2龄若虫在小枝上覆盖蜡层下越冬，翌年3月中旬开始从蜡层蜕皮中爬出活动，另寻觅1～2年生枝固着刺吸汁液，雌、雄若虫逐渐分化，3月底雌虫、雄虫又蜕一次皮，虫体逐渐膨大成球形，雄虫在蜡层逐渐化蛹，4月中下旬雄虫羽化，寻觅雌虫交尾，雌、雄比例为3：1，晴天中午交尾较多。雄虫寿命 2 天，交尾后不久即死亡。雌虫可交尾多次，身体迅速膨大孕卵，4 月下旬至 5 月上旬产卵于介壳下。一头雌虫产卵 1 000 余粒，最多达 2 200 粒，但发育差的只产 50 粒卵。卵期 7 天，若虫孵化后分别爬行 1～2 天，选择枝条缝隙、新老枝条交接处、叶痕处成群落地固着，逐渐分泌白色蜡丝覆盖体背，6 月中下旬形成白色蜡层。发育缓慢，越冬前 10 月份再蜕一次皮，以 2 龄若虫越冬。有孤雌生殖现象。

（三）生物防治措施

黑缘红瓢虫（*Chilocorus rubidus* hope）**的保护利用**　成虫体长 5.2～6 毫米，宽 4.5～5.5 毫米，虫体近圆形，呈半球形拱起。背面光滑无毛，有细刻点。头、前胸背板及鞘翅周缘黑色，鞘翅基部背面中央枣红色，小盾片黑色，胸、腹部腹面红褐色，中央枣红色。复眼黑色，触角 8 节，棒状。足 3 对，黑色，第一、二跗节下方有黄色茸毛。卵枣核形，长 1 毫米，宽 0.2 毫米，初产白色，后变黄色，孵化前橙黄色，表面光滑。1 龄幼虫体长1～2.5 毫米，灰黑色；2 龄幼虫体长 3～4 毫米，体背毛瘤分叉不明显；3 龄幼虫体长 5～7 毫米，体背毛瘤一般 4 分叉；4 龄幼虫体长 8～11 毫米，灰褐色，化蛹前虫体上有白色蜡状物。蛹淡黄色至橙黄色，最后棕褐色，蛹体被 4 龄幼虫蜕皮包围着，长 4～5 毫米，宽 3～3.5 毫米。

黑缘红瓢虫各地均一年发生 1 代，在烟台市以成虫在树穴、石缝、草堆、落叶等处越冬，杭州市可在树干裂缝翘皮下、枝条背风向阳处及常绿树的叶背越冬。在烟台市翌年 4 月上旬开始出蛰，4 月中旬至 5 月上旬大量产卵，卵期 20～30 天，5 月上旬至 6 月大量化蛹，5 月下旬至 6 月下旬成虫羽化。夏季栖息树荫处过夏，不食不动，处于滞育状态，9～10 月份又活动取食，交尾但不产卵。11 月上中旬越冬休眠。在杭州市越冬成虫于翌年3月上旬出蛰活动取食、交尾，3月中旬开始产卵，4月上旬为产卵高峰期，以后成虫逐渐减少。3月下旬卵开始孵化，4月上中旬为卵孵化高峰期，4月底开始化蛹，5月中旬为化蛹高峰期，5月中下旬成虫羽化，6月下旬成虫进入滞育期，10月上旬又开始活动取食，12月上中旬开始越冬。在温度14℃～20℃和相对湿度85%～90%条件下，卵期15～25天，幼虫期27～41天，蛹期8～15天。成虫寿命300余天，雌、雄所占比例分别为53.3%和46.7%。雌虫产卵量平均为157.8粒，最多251粒卵。1龄幼虫一天捕食球坚蜡蚧若虫1～2头，2龄幼虫捕食2.6头，3龄幼虫捕食雌成虫5.3头，4龄幼虫捕食雌成虫6.8头。成虫日捕球坚蜡蚧雌虫14～17头，一头瓢虫一生可捕食2000余头。在球坚蜡蚧较少的情况下，3～4龄幼虫常取食预蛹和蛹，偶尔取食较弱的2～3龄幼虫。幼虫化蛹时常大量群集3～4年生枝条上。

保护利用措施：在果园背风向阳处，堆放些秸秆引诱黑缘红瓢虫安全越冬，减少越冬死亡率。越冬前捕捉成虫放在纱网笼内，冬季放在室内，温度保持在－5℃以上，翌年3～4月份释放到果园球坚蜡蚧危害严重处。果园不喷广谱杀虫剂，保护瓢虫不受农药杀害。每株释放1～2头成虫即可控制朝鲜球坚蜡蚧的危害。

三、桑盾蚧

Pseudaulacspis pentagona Targini

又名桃白蚧、黄点白介壳虫。属同翅目，盾蚧科

（一）形态特征

雌虫　体椭圆、扁平，橙黄色或橘红色，长约1.4毫米，头胸部不明显，触角退化成瘤状，上生刚毛1根。口器黑色、丝

状。足退化。腹部9节臀板，黄褐色，臀叶3对，中叶大，近三角形，第二、三臀叶小，各分为内外两瓣。肛门位于臀板中央，围绕生殖孔有5群盘状阴腺，上中群17～20个，上侧群27～48个，下侧群25～55个。雌虫介壳圆形，直径2.0～2.5毫米，略隆起，有螺旋纹，灰白色至灰褐色，壳点黄褐色，位于介壳偏旁。

雄虫 有翅1对，体长0.65～0.7毫米，体橙色至橘红色，长纺锤形。复眼黑色。触角黑色，10节，念珠状，生有很多毛。后翅退化成平衡棒。足3对，细长，多毛。腹部细长，尾部有刺状交配器。介壳细长，白色，长约1.2毫米，表面有3条隆起线，壳点橙黄色，位于介壳的前端。

卵 椭圆形，长径0.25～0.3毫米，初产淡粉红色，渐变为淡黄褐色，孵化前橘红色。

若虫 刚孵化后1龄若虫椭圆形，眼、触角、足俱全，触角5节。足发达，善爬行。第一次蜕皮后，雌若虫足、触角消失，体橙红色，椭圆形，长0.4毫米。雄若虫淡黄色，体稍长(0.43毫米)。第二次蜕皮后，雌若虫黄色，梨形，体长0.5毫米，雄虫则开始变蛹。

蛹 体橙黄色，长椭圆形，长0.6毫米，复眼紫色，触角、头、胸部两侧与翅及足紧贴，口器退化，交尾器短。

(二)发生规律

桃白蚧在我国南北20余个省、市、自治区都有分布。寄主植物有30余种，主要有桃、杏、李、梅、樱桃、葡萄、苹果、梨、核桃以及桑树等。成虫、若虫成群密布枝干刺吸汁液，削弱树势，甚至引起枯枝死树，分泌物引起烟煤病，污染果实，降低产量和质量。

桃白蚧因地理位置不同，发生世代有差别，广东、台湾省一年发生5代，江苏、浙江、四川、山东省一年发生3代，陕西、宁夏、山西、河北等省、自治区一年发生2代。均以受精雌虫固定在枝条上越冬。在北方3月中旬前后桃树萌芽之后开始吸食危害，虫体迅速膨大，4月下旬开始产卵，4月底至5月初达产卵盛期。5月上旬为末期，雌虫产卵于介壳下，产完卵雌虫就干缩死亡于介壳下。卵期15天左右，5月上旬开始孵化，5月中旬为孵化盛期。6月中旬第一代雄虫开始羽化，寻找雌虫交尾，6月下旬为羽化盛期。雄虫交尾后死亡，雌虫体膨大孕卵，7月中旬开始产卵，7月下旬为产卵盛期，卵期10天左右。7月下旬卵开始孵化，7月末为卵孵化盛期。若虫危害至8月中下旬老熟，第二代雄虫羽化寻找雌虫交尾，8月末为羽化交尾盛期，雌虫继续危害至秋末越冬，当年不产卵。越冬代每头雌虫平均产卵120余粒，最多183粒，最少54粒。当年第一代产卵平均46粒，最多114粒，最少20粒。若虫孵化后先在雌虫介壳下停留数小时，然后逐渐分散，爬行1天左右，选择2～5年生枝上固定取食，约经7天开始分泌白色蜡丝盖于体上，不久蜕皮1次，形成介壳，触角及足退化，多分布在枝条分杈处和阴面。再经7天左右第二次蜕皮，再经7～14天第三次蜕皮，发育为雌成虫。雌虫越冬死亡率，北京市为10%～35%，山西省太谷县为4%～6%。阳面死亡率高于阴面。

（三）生物防治措施

1. 日本方头甲（*Cybicephalus nippinicus* Endridy-Yiunga）的利用 成虫体长1.2～1.4毫米，宽0.9～1.0毫米，体近球形。雌虫全体黑色，雄虫头、胸部为赤黄色，其他部分为黑色。触角棍棒状，11节，黑色。头部、前胸背板及鞘翅有小刻点，鞘翅刻点大而密。中后胸侧板和腹板及腹部为黑色，被有白色细毛。雌虫鞘翅略短于腹部，雄虫鞘翅与腹部等长。

足从基节至跗节由黄褐色渐变为淡黄色，足跗节均4节。卵长椭圆形，黄色，长0.4毫米。老龄幼虫体长3.0～3.2毫米，肉红色，胸足发达。蛹为裸蛹，初为白色，后变淡黄色，椭圆形，包被在白色丝茧中。

日本方头甲在河北省一年发生2～3代，而在重庆市一年发生3～5代，均以成虫在落叶层、土石块下、树皮裂缝及树洞穴等处越冬。在河北省昌黎县4月中旬越冬成虫开始产卵。4月下旬孵化幼虫，5月中下旬开始结茧化蛹，6月上中旬当年第一代成虫羽化。6月下旬产第二代卵，7月上旬幼虫孵化，7月中旬结茧化蛹，7月下旬、8月上旬羽化出第二代成虫。其中一部分到11月份以第二代成虫越冬，另一部分8月下旬产卵，9月上旬羽化出第三代成虫，11月上中旬越冬。在温度21℃～26℃下，卵期7～11天，幼虫3个龄期10～13天。蛹期第一代18天，第二代13天，第三代29天。成虫寿命长，雌虫第一代平均73天，第二代109天，第三代225天。雄虫第一代平均78天，第二代109天，第三代235天。一头雌虫平均产卵37～49粒，最多产111粒。雌虫先在桑盾蚧介壳边缘咬一缺刻，然后将卵产在介壳下面，每个介壳下可产卵1～3粒。幼虫孵化后，即在介壳下取食蚧虫体及卵，每天可捕食桑盾蚧若虫或卵12～86个，平均36个。成虫捕食桑盾蚧的卵、若虫和成虫，以捕食雌成虫为主。先用上颚咬穿介壳，将头伸进介壳下虫体吸食体液，一头雌虫一天可捕桑盾蚧雌虫1～6头，成虫期可捕食100～200余头。对桑盾蚧的自然捕食率可达到29%左右。

保护利用措施：①冬季不要刮老树皮，以保护日本方头甲在皮缝间安全越冬。②果树发芽前喷3～5波美度石硫合剂，5～6月份不宜喷广谱杀虫剂。③如果果园内无方头甲，可从外地引入。

2. 桑盾蚧盗瘿蚊(*Lestodiplosis entagona* Jiang)**的保护利用**　桑盾蚧盗瘿蚊是1993年在重庆市桑园桑盾蚧上发现的新天敌。雄虫体长约1毫米。头胸乳灰色或浅肉红色，腹部红色，中胸背板灰褐色，上有圆锥状突起，末端有2根刚毛，触角比体长，生有环毛。复眼黑褐色。下颚须3节，端节长为第二节长的2倍。各节稀被刚毛。翅1对，膜质，具缘毛，翅面具蓝绿色光泽，有细毛。足细长，密被长条形鳞片和黑色刚毛。雌虫体长0.9～1.3毫米，触角念珠状，为体长的1/3。产卵器不翻缩，肛尾叶2叶，较大，扁平，密被短毛，端腹面具锥形感器。

该虫4～9月份发生多代，以老龄幼虫在桑盾蚧介壳下或老介壳丛中及老介壳丛的树皮缝中越冬，个别以蛹越冬。越冬死亡率平均为77%。翌年3月下旬开始化蛹、羽化。成虫多在夜间羽化，羽化率达85.5%。夜间交尾几分钟。成虫有一定趋光性，以蜜糖液补充营养，寿命1～5天。产卵于桑盾蚧介壳附近。盗瘿蚊以幼虫捕食桑盾蚧的卵，雄蛹和雌虫吸食卵汁液，留下卵壳。取食蛹和雌虫时，从尾部开始，头伸入体内吸食，有时几头盗瘿蚊幼虫同时吸食一头桑盾蚧雌虫虫体。幼虫期5～18天，抗逆力强，缺食7天仍存活30%；有趋湿性，在水中7天存活率为60%～80%，在枝条湿度大的阴面分布多，聚集密度大；自然捕食桑盾蚧的捕食率24.4%，室内保护捕食率可达98.3%。枝干喷柴油，盗瘿蚊死亡率76.2%。

保护利用措施：冬季不要喷柴油乳剂，生长季不要喷广谱杀虫剂，以保护盗瘿蚊。没有盗瘿蚊的果园，可引进盗瘿蚊。

3. 红点唇瓢虫的保护利用　红点唇瓢虫是桑盾蚧的重要天敌，成虫每天可捕食桑盾蚧卵20～158粒，平均59粒；捕食若虫35～70头，平均54头；捕食雌蚧10～25头，平均

16.8 头。3 龄幼虫每天捕食若虫 72.5 头。

冬季不要刮老树皮，树干束草保护红点唇瓢虫安全越冬，生长期不要喷广谱杀虫剂。

四、黄刺蛾

Cnidocampa flavescens Walker

俗名洋辣子。属鳞翅目，刺蛾科。

（一）形态特征

成虫　雌蛾体长约 16 毫米，翅展 30～40 毫米；雄蛾体略小。头部、胸部背面黄褐色。前翅自顶角向后缘处和近臀角处各有 1 条暗褐色细线。此线内侧为黄色，外侧为黄褐色，在黄色区近中部和近后缘处各有一暗褐色斑点，这两个斑点雌蛾尤为明显。后翅淡黄褐色，边缘色较深。

卵　扁圆形，长约 1.5 毫米，黄绿色，表面具线纹，常数十粒排在一起，卵块不规则。

幼虫　老龄幼虫体长 25 毫米，头小，体呈长方形，黄绿色。体背面有紫褐色大斑，两端粗大、中间细，似哑铃状。每体节有 4 个枝刺，胸部上面有 6 个，尾部有 2 个较大的枝刺。腹足退化，胸足极小。

茧　茧卵圆形，石灰质，有黑褐纵纹，长 13 毫米，在茧内化蛹。

（二）发生规律

黄刺蛾分布很广，全国各地几乎都有分布。食性很杂，能危害 120 余种果树和林木，主要有苹果、梨、山楂、桃、李、杏、枣、核桃、板栗、柿、柑橘，石榴及杨、榆、桑、茶、悬铃木，刺槐、月季、腊梅等。低龄幼虫啃食叶肉成网状，大龄幼虫蚕食叶片成缺刻，只残留主脉和叶柄，甚至吃光大部分叶片。幼虫体上有毒毛，人体皮肤接触幼虫后红肿，疼痛难忍。该虫在东北及华北北部一年发生1代，在山东、河南、陕西等省及以南地区一年发生2代。各地均以老龄幼虫结石灰质茧在分杈处越冬。一年发生1代区，越冬幼虫于5月下旬至6月上旬化蛹，6月中旬至7月中旬成虫羽化，交尾后产卵于叶背面，数粒排成卵块，卵期7～10天，幼虫于7月上旬至8月下旬取食危害。8月上旬至9月上旬在枝杈上结茧越冬。一年发生2代区，越冬幼虫一般于5月中下旬化蛹，第一代幼虫6～7月份发生危害，7月末至8月上旬第一代成虫羽化产卵，第二代幼虫在8月上旬至9月中旬发生危害，9月中下旬老龄幼虫陆续结茧越冬。越冬茧分布为聚集分布中的负二项分布，在树冠中上部枝杈阴面分布多于阳面。成虫多在傍晚前后羽化，用破茧器在茧顶部划破顶开茧盖逸出。白天静伏于叶背面，夜晚活动交尾，雌虫产卵量50～70粒，卵成块产于叶背近叶尖处。初孵化幼虫先食卵壳，群集叶背啃食下表皮及叶肉，残留上表皮形成透明筛孔，3龄后幼虫逐渐分散取食，4龄后蚕食叶片成孔洞，5～7龄幼虫进入暴食期，食尽叶片仅残存叶主脉和叶柄。幼虫老熟后结茧需2～4小时。第一代幼虫结的茧小而薄，第二代结的大而厚。

（三）生物防治措施

1. 上海青蜂（*Chrysis shanghaiensis* Smith）**的保护利用**

上海青蜂雌成虫体长9～12毫米，翅展18～22毫米。体粗大，全体具绿、紫、蓝色，有金属光泽，复眼赤色，单眼暗黄色。单眼座向后延伸呈三角形。触角鞭状，13节，基部为绿色，其余为黑褐色。头、胸部具粗刻点。前胸背板绿色，中胸盾片中央深紫色，侧叶内缘紫色，外缘绿色，中胸盾纵沟明显，小盾片及后盾片绿色，向后突出。翅褐色，翅脉黑褐色，翅基片黑色，有金属光泽。足绿色，跗节深褐色。腹部背面观三节，密布小刻点，第三背板后缘有 5 个小齿，产卵管伸出腹末端。雄虫腹部大部呈紫蓝色，余同雌虫。卵初产为灰白色，长椭圆形，微弯曲，头部具短柄，表面粗糙，具晶体状突起，卵长 2.1～2.5 毫米。幼虫初龄时蠕虫形，乳白色，取食后变米黄色，体侧板具肉叶突，体长 1.5～1.9 毫米。老熟时在刺蛾茧内作一金黄色丝茧。裸蛹，初白色，后变为绿色或深蓝色，有虹彩金属光泽。

上海青蜂一年发生 1～2 代，随寄主黄刺蛾世代而定。在山东省烟台市发生 1 代，在上海等地发生 2 代。6 月下旬至 7 月上旬越冬成虫羽化，当年第一代成虫于 8 月下旬至 9 月上旬羽化。成虫在寄主茧内羽化后，把刺蛾茧咬一圆形羽化孔，破茧时常发生响声。成虫于晴天高温天气活动力强，能爬善飞，在阴天凉爽天气时活动力弱，交配减少。受惊后，身体蜷曲。在黄刺蛾老熟幼虫结茧时，正值上海青蜂交配产卵期，发现黄刺蛾茧时立即在周围，用触角进行侦察，将茧壳咬一小孔，伸出产卵器从孔洞插入茧内幼虫体上产 1 粒卵，产完卵后，口器分泌粘状物把茧的孔洞封闭。雄虫寿命 12～15 天，雌虫寿命 30 余天，补蜂蜜液或糖水液可延长寿命。一头雌蜂平均产卵 11 粒，卵期为 4 天。幼虫共 5 龄，1 龄幼虫期 4 天，2～4 龄幼虫期各 3 天，整个幼虫期 15 天。幼虫老熟后即在寄主茧内作一金黄色茧化蛹。1993 年上海市绿化管理指导站调查，寄生率为 54.7%。1984 年北京市西山地区寄生率 25.8%。1985 年山东省文登市寄生率 37.0%，烟台市寄生率有时高达 50%。

保护利用措施：①成虫羽化产卵期不要喷广谱杀虫剂，保护成虫产卵。②秋末春初采集黄刺蛾茧，放纱网笼内，待青蜂羽化后放到果园内，3 年后危害率由 70%逐渐下降到 10%

以下，最后找不到黄刺蛾，防治效果十分显著。

2. 健壮刺蛾寄蝇(*Chaetexorista eutachinoides* Baranov)**的保护利用** 健壮刺蛾寄蝇成虫体长13～15毫米，复眼被密毛，侧额覆黄灰色粉被，颜、侧颜和颊覆灰色粉被，下额须较短、黄色，端半部略膨大呈棍棒形；颊被黑色毛；触角黑，触角芒细长，喙短粗，有肥大唇瓣。胸部除翅后胛、后小盾片红黄色外，全部黑色，背面覆黄灰色粉被，有5条狭窄黑纵条，中间一条在盾沟前消失。足黑色，爪细长，前足胫节有两根后鬃。卵长1毫米，淡黄褐色。老熟幼虫乳白色，体长15毫米，头小，口钩明显，身体各节有乳状突起。蛹长11～13毫米，红褐色，表面有不明显的横皱，前端有一个很小的突起，后端气门区域深褐色，突起明显。

健壮刺蛾寄蝇和寄主黄刺蛾在黑龙江省均一年发生1代，健壮刺蛾寄蝇以低龄幼虫在黄刺蛾幼虫体内越冬。翌年春暖后，健壮刺蛾寄蝇幼虫开始取食黄刺蛾幼虫体内营养，使黄刺蛾幼虫不能化蛹，健壮刺蛾寄蝇幼虫迅速发育老熟时，黄刺蛾幼虫只剩表皮，7月上旬至8月上旬健壮刺蛾寄蝇幼虫从黄刺蛾幼虫体壁钻出，结茧化蛹，蛹期10天，8月上旬开始羽化、交尾、产卵，取食向日葵等植物花蜜补充营养，成虫寿命4～8天。卵可产在黄刺蛾幼虫体表的任何部位，以胸、胸部背面和侧面为多。黄刺蛾幼虫体长8～26毫米，一般着卵1～5粒，最多13粒。卵单产。如果所产的卵未孵化，黄刺蛾幼虫蜕皮时，卵即随着脱离黄刺蛾幼虫，成为无效寄生。寄生于黄刺蛾幼虫的健壮刺蛾寄蝇幼虫，其中只有一头化蛹羽化。在齐齐哈尔市园艺所的苹果、山丁子、李树黄刺蛾，被寄生率达73.5%，富裕县平均寄生率56.8%。寄蝇成虫羽化产卵与黄刺蛾幼虫发生期相吻合。健壮刺蛾寄蝇在国内分布在北京、黑龙江、吉林、辽宁、上海、浙江、台湾等省、市，只寄生黄刺蛾。

保护利用措施：①黄刺蛾幼虫危害期不喷广谱杀虫剂，保护寄蝇产卵寄生。②没有健壮刺蛾寄蝇的地方，引入寄蝇。③每年秋季采集黄刺蛾冬茧放入纱网笼中，第二年将寄蝇释放于黄刺蛾发生地。

3. 刺蛾广肩小蜂（*Eurytoma monemae* Rusch）**的保护利用** 刺蛾广肩小蜂雌虫体长3～4毫米，体黑色，触角柄节及梗节赤褐色。翅基片赤褐色，翅脉黄褐色，半透明。前胸横长方形，三角片互不接触，小盾片膨起末端圆。腹部光亮，黑色，几乎与胸等宽，腹柄有纵脊，腹部背板第二、三、五、六节约等长，第四节特别长。雄虫体长2.2～3.0毫米，翅展4.0～4.7毫米。体黑色，触角黑褐色，柄长，梗节短小，卵形，索节5节，每节近于长方形，具有一细长柄。腹部短小，末端不尖锐。

该蜂一年发生1～2代，以幼虫在黄刺蛾幼虫体内越冬，翌年6月中旬至7月中下旬成虫羽化交尾，产卵于黄刺蛾幼虫体内，一头黄刺蛾蛹中可羽化出21～60头蜂，当黄刺蛾发生第二代幼虫时，8月份亦发生第二代广肩小蜂成虫产卵，寄生率没有上海青蜂高，也是重要天敌。除寄生黄刺蛾外，尚寄生丽绿刺蛾。山东、浙江、江苏等省都有分布。

保护利用措施参考上海青蜂。

4. 蠋蝽（*Arma chinensis* Falliou）**的保护利用** 蠋蝽又名蜀敌，是重要捕食性昆虫，广泛分布于我国各地。

成虫体长10.3～13.5毫米，黄褐色，体背较平。触角红黄色，第三、四节黑或淡黑色，或各有一部分红黄色。复眼黑色。足淡褐色，前胸背板侧角不明显，色淡。喙第一节粗壮，可活动，不紧贴于头部。卵圆筒状，侧面中部稍鼓起，顶盖及上部1/3处有长短不一的深色突起，组成网状斑纹，卵盖周围有白色纤毛 11～16 根。初产乳白色或淡黄色，后变为浅绿色或黄褐色。若虫初孵化体杏黄色，复眼赤红色。且前胸背板和足变为黑色。老熟若虫体长 7～10 毫米，有翅芽。

蠋蝽在东北地区一年发生 1～2 代，北京一年发生 2～3 代。以成虫在落叶、土块石缝中越冬。翌年 4 月份陆续出蛰上树捕食，交配产卵，7 月份相继死亡。第一代卵产于 5 月中下旬，6 月中旬至 7 月上旬第一代成虫出现。第二代卵产于 6 月下旬至 7 月下旬，7 月下旬至 8 月份第二代成虫出现。第三代卵产于 8 月上旬，9 月份第三代成虫出现，10 月中下旬开始越冬。卵期 6.5～8.1 天，若虫期 25～34 天。每块卵数十粒。在空气相对湿度 70%时，卵的孵化率为 90%，相对湿度低于 50%或高于 90%时孵化率均下降。初孵化若虫聚集卵块周围吮吸水液、树叶汁液、经 6～24 小时即成为 2 龄若虫，开始捕食昆虫。喜捕食鳞翅目刺蛾、尺蛾、粉蝶、斑蛾、毒蛾、枯叶蛾和鞘翅目叶甲幼虫。内蒙古哲里木盟林业研究所，在文冠果林内，用蠋蝽若虫防治黄刺蛾，经 8 天防治效果达到 82.3%。蠋蝽与害虫的比例为 1∶5～20，害虫体大时比例加大。宜在幼龄期释放。

蠋蝽的人工繁殖：将采回的蠋蝽放入罐头瓶或养虫笼内繁殖，同时放入新鲜枝叶，相对湿度保持在 70%。1 龄若虫须用海绵加水，从 2 龄起加入害虫卵作为幼虫饲料，4 龄若虫食量大增，一个罐头瓶内可养 20～30 头若虫。成虫蜕皮时不要惊动它。如果需要冬季繁殖，把成虫放入恒温箱内，温度保持在 26℃～30℃，相对湿度保持在 70%，每天光照 8～9 小时。可利用柞蚕蛹饲养，40～50 天一代，一个柞蚕蛹可繁殖蠋蝽 44 粒卵。

5. 利用昆虫病原细菌和病毒制剂防治 在黄刺蛾幼虫

期，喷苏云金杆菌制剂（含孢量100亿个/毫升）每公顷喷1.5～2.1升。用黄刺蛾核型多角体病毒（每克含包涵体10^9个）制剂，每公顷用量1.5～3千克加水喷雾，死亡率达86.6%。将感染黄刺蛾颗粒病毒的虫尸原液添食感染3～4龄幼虫，死亡率达85%～98%。

五、大袋蛾

Clamia variegate Snellen

又名大蓑蛾。属鳞翅目，蓑蛾科。

（一）形态特征

雄虫 体长15～17毫米，翅展26～33毫米，体黑褐色，前、后翅均暗褐色，前翅外缘处有4～5个长形透明斑。

雌虫 体长25毫米，口器、翅、足均退化，头小、黄褐色，前胸背板褐色，向前突出，腹部大，乳白色，腹末尖，胸部腹面和第七腹节周围有棕色丛毛。

卵 椭圆形，淡黄色，有光泽。

幼虫 幼虫共5龄，末龄雌幼虫体长28～38毫米，头赤褐色，胸部黄褐色，前中胸背板有4条暗色纵纹。末龄雄幼虫体长18～28毫米，头部黄褐色，中央有白色“人”字形纹，前、中、胸背板中央有一白色纵纹。

蛹 雌蛹体长25～30毫米，赤褐色，翅芽等附肢退化。雄蛹体长15～20毫米，暗褐色，臀棘分叉，叉端各有钩刺一个。

护囊后期长40～60毫米，附有少数较大的碎叶片，有时有少数枝梗，叶柄，排列不整齐。

（二）发生规律

大袋蛾广泛分布于我国华北、华东、华中、华南、西南和西北的大部分省、市、自治区，寄主植物有600多种，以蔷薇科、豆科、杨柳科、胡桃科植物和悬铃木受害最重，为果园和城市绿化植物常见害虫，梨、苹果、柑橘、桃、李、杏、核桃、柿、龙眼、枇杷、悬铃木、白杨等受害较重。

大袋蛾在我国北方均一年发生 1 代，在安徽、江苏、江西等地一年发生 1～2 代，广东省一年发生 2 代。多以老熟幼虫在护囊里越冬，翌年春季不再活动取食危害。在陕西省关中地区 5 月上中旬化蛹，5 月下旬至 6 月上旬成虫羽化产卵，6 月中下旬幼虫孵化危害，10 月份开始越冬。在南京市 4 月中旬至 5 月上旬为化蛹盛期，5 月下旬至 6 月上旬为成虫羽化及产卵盛期，6 月中下旬幼虫孵化危害至 10 月下旬。雌雄比例为 1∶1，在食物不足或冬季过冷时，雌虫比例偏高。雄虫寿命约 5 天，雌虫寿命 14 天左右，交尾后 1～2 小时即开始产卵，半天产卵完毕，每雌产卵 746～5 877 粒，平均 3 430 粒。卵期约 22 天，孵化率99.6%～100%。幼虫孵化后在囊中滞留 5 天左右，多在上午 10 时至下午 4 时蜂拥出囊，有明显趋光性。初龄幼虫3～4 小时造囊，幼虫在囊内伸出头取食。初龄幼虫靠风力传播，吐丝下垂至附近植株。7～8 月份虫龄增大，取食叶片、嫩枝、甚至啃食果实，将叶片食光。1～2 龄幼虫遇到强降水时，冲刷死亡率高达 42.4%，7～8 月份降水量约 500 毫米时，幼虫感染病毒死亡率高达 78.6%，寄生蝇和姬蜂自然寄生率高达 70%以上。

（三）生物防治措施

1. 伞裙追寄蝇（*Exorista civilis* Rondani）的保护利用 伞裙追寄蝇成虫体长 7～10 毫米，复眼，光滑无毛，头部覆浓厚的灰白粉状物，额宽为复眼宽的 5/6，颊和额前方被毛；触角黑色，第三节内侧橙黄色，该节长为第二节长的 2.0～2.5 倍，下颚须黄色，末端略加粗。雌性胸部黑色，覆灰黄色粉状物，背面有4条黑色纵条；雄性全胸被黑毛，胸部侧板被黄白色毛。足黑色，中足胫节上半部具2根毛。腹部黑色，第三节背板后端的黑斑显著小于背板长的1/2，雄虫肛尾叶三角形，尖端略向腹面弯曲，阳茎特长，呈带状。卵长椭圆形，乳白色，前端稍尖，长0.4～0.5毫米。老龄幼虫体长10～13毫米，黄白色，头部有一对尖锐的黑色口钩，第二体节后缘的前气门为黄褐色，由4个椭圆形小气门组成。腹部末端截状，向内陷，有一对黑色的后气门，气门钮棕褐色，气门裂3条，浅棕色。蛹为围蛹，长7～9毫米，赤褐色，长椭圆形，前端稍细，背面略隆起。

该寄蝇在广东省一年发生12～13代，以蛹在土壤越冬，翌年2月底至3月初成虫羽化。在安徽省滁县，卵期4天，幼虫期5～7天，蛹期15～20天，在26℃时，完成一代需20～33天。以大袋蛾为寄主的也可在袋蛾护囊内以蛹越冬。成虫羽化多在上午7～10时，晴天羽化多，雌性所占比例为42%～47%。成虫白天飞翔，发出嗡嗡响声，产卵在上午9～11时和下午2～3时最盛。多产在寄主胸足上，其中在中足产卵数量最多，约占61.9%，前足占28.6%，在后足产卵较少，占9.5%。产在寄主幼虫体上的卵，由于寄主蜕皮等原因不一定都能真正寄生，一般寄生率比着卵率低11%～17%。一头雌寄蝇一般产卵80～90粒，约可寄生大袋蛾幼虫40头，平均一头幼虫着卵2粒。寄蝇幼虫孵化后钻入寄主幼虫体内，在侵入处有个黑疤。蝇蛆以寄主脂肪组织为食料，身体尾部固定在侵入孔处，呼吸空气，借助寄主噬菌细胞形成一“套囊”与侵入孔相连。随着蝇蛆生长，“套囊”逐渐伸长，直到蝇蛆发育成熟钻出寄主幼虫体入土化蛹，少数在套囊内化蛹。

保护利用措施：自田间采集被寄生的大袋蛾老熟幼虫，

放入盛有土的花盆内，上罩纱网，当寄蝇成虫羽化后释放到果园。一株有50头大袋蛾危害的树，放12头寄蝇，寄生率可达98%。

2. 蓑蛾黑瘤姬蜂(*Coccygomimus aterrima* Gravenhorst)**的保护利用** 蓑蛾黑瘤姬蜂雌蜂体长10～13毫米，黑色，有光泽，复眼黑褐色。触角窝上方凹陷，触角黑褐色。中胸盾片大，前胸背板上后角及翅基片黄色。翅透明，翅痣黑色，翅基黄色，翅脉黑褐色，各足基节、转节黑色。前中足腿节、胫节黄赤色，跗节灰褐色，后足腿节前半部黄赤色，后半部胫节、跗节黑褐色。并胸腹节有皱纹，第二至五腹节除各节后缘光滑外，均密布黑点。产卵器比腹部长的一半稍长，产卵器鞘黑色，密生黑毛，产卵管赤褐色。该蜂在山东省烟台市一年发生1～2代，产卵于大袋蛾老熟幼虫体内化蛹。

保护利用措施：在寄生蜂羽化期不要喷广谱杀虫剂，收集寄生蜂蛹保存，释放到大袋蛾发生区。

3. 广腹螳螂(*Hierodula patellifera* Serville)**的保护利用** 广腹螳螂又名拒斧螳螂，成虫体长50～64毫米，绿色或紫褐色，有的足带红色。头三角形，前胸背板阔，长菱形。横沟在前1/3处，周缘有边。雌性侧缘有齿，横沟前有的齿较明显，雄性横沟前有少数齿，横沟后无齿，横沟前有一背中纵沟，横沟后有一背中脊。前足基节下缘有3～4个橙黄色、扁圆形瘤状突及少数刺，胫节长为腿节的2/3，中后足细长，腿端部外侧有一小刺。前翅宽，半透明，长超过腹部末端，在亚前缘脉中部后方有一明显的长圆形白斑。后翅与前翅等长。腹部阔扁，雄生殖板长，基部两侧平直，端部两侧斜削，边缘有微刺，末端近平直，生有二腹刺。卵鞘长圆形，深棕色，长23～27毫米，宽11～13毫米，高10～12毫米，孵化区浅棕色，稍突出，有卵室

8～19层。卵大小为3.8毫米×1.0毫米。若虫与成虫相似，无翅，共8龄，蜕7次皮，5龄开始有翅芽。

在北京、河南等地一年发生1代，以卵鞘在枝条上越冬。在北京市翌年6月下旬若虫孵化，孵化期5天，卵孵化率80.1％。1～2龄若虫行动敏捷，老龄若虫行动迟缓，捕食大袋蛾幼虫等。8月中下旬为羽化盛期，9月上中旬开始产卵，9月下旬至10月下旬陆续死亡。

保护利用措施：在螳螂卵孵化前，采集卵鞘放到果园大袋蛾发生严重区，螳螂若虫孵化后即寻找大袋蛾幼虫取食，即能控制大袋蛾危害。

六、山楂粉蝶

Aporia crataegi L.

又名苹果粉蝶。属鳞翅目，粉蝶科。

（一）形态特征

成虫 体长22～25毫米，翅展60～75毫米，触角棒状，黑色。头及腹部和足为黑色，覆有灰白色鳞毛。雄虫前、后翅白色，翅缘和翅脉黑色，外缘各条翅脉末端有三角形黑斑。雌成虫前、后翅灰白色，鳞片稀少，略呈半透明状，翅脉黑色略带赤褐色，腹部较肥大。

卵 下部圆柱形，顶端稍尖，似弹头形，高1～1.5毫米，表面有长、短纵脊纹14～18条，各纵脊间有许多短横脊。初产金黄色，后变淡黄色，常数粒排在一起成卵块。

幼虫 老龄幼虫体长40～45毫米。头、前胸背板、胸足、臀板及气门均为黑色，胴部背面有3条黑色宽纵带，其间有2条黄褐色纵带，体侧灰色，腹面紫灰色，体上密生黄白、黄黑色细短毛，并有许多小黑点。

蛹 体长22～27毫米，有黑、黄两种色型。黑色蛹：体黄白色，头、口器、足、触角、复眼、胸背纵脊、翅缘及腹部腹面均为黑色，体上有许多黑色斑点，头上瘤状突起黄色，复眼上缘有一黄斑，腹末固着在枝干上，并有一条细丝环绕于胸、腹之间，连在枝干上。黄色蛹：斑点小而少，蛹体略小，其他形态与黑色蛹相似。黄色蛹约占蛹数的68%。

（二）发生规律

山楂粉蝶广泛分布于我国东北、华北、西北和西南地区的部分省、市、自治区。食性杂，寄主植物主要有苹果、海棠、槟沙果、山定子、山楂、桃、李、杏、樱桃及春榆、山杨、山柳、稠李、花椒、红皮云杉及落叶松等。幼虫食害嫩芽、叶、花蕾、花瓣。低龄幼虫群集树冠吐丝结网成巢，夜间和阴雨天潜伏其内，白天出巢危害。老龄幼虫分散取食，严重时将树叶吃光，削弱树势，降低果树产量和果品质量。山楂粉蝶一年发生1代，以3龄幼虫群集被寄生枯叶巢中越冬，越冬期长达230余天。翌年春季花芽膨大时，3月底或4月上旬，越冬幼虫破巢而出，在枝条上往返爬行吐丝，先食害芽、花蕾、花，而后缀叶危害。一头幼虫一天食害1～3个芽。3龄越冬后幼虫，每天一头幼虫平均食量2.63毫米^2。夜晚或阴雨天，幼虫有回巢习性。幼虫4～5龄后分散危害，无吐丝下垂习性，振动有假死垂落习性，食量大增，4龄幼虫每头每天取食58.5毫米^2，占幼虫总食量的80%。4～5月份是山楂粉蝶危害严重期，5月上中旬化蛹，蛹期14～23天，雌蛹比雄蛹长3～5天，5月下旬至6月中旬陆续羽化，成虫中午飞舞取食花蜜，雌雄比例为1：1.8，交尾3天后开始产卵，以中午产卵多，每一雌蛾产卵420粒，卵多产在桃树中下部，叶背多于叶面，嫩叶多于老叶，卵期8～13天。多在12～14时孵化，6月上中旬为孵化盛期。初孵幼虫静止

1～2小时取食卵壳，然后成群爬到叶面取食叶肉，吐丝作巢。幼虫1龄期8.5天，2龄期9天，3龄幼虫休眠前危害8～11天，滞育期230余天，越冬后再取食15天。越冬虫口密度桃树比槟沙果大。每巢有幼虫1～60头，1～10头最多，11～20头次之。山楂粉蝶多发生在山地果园，局部地区常大发生，5～6月份山区河谷流水面有大片白蝴蝶飞舞饮水即为山楂粉蝶。

（三）生物防治措施

1. 山楂粉蝶核型多角体病毒的利用 山楂粉蝶幼虫被核型多角体病毒感染后，初期行动迟缓，体色呈微黄褐色，死亡前以尾足或腹足攀住枝干，头部下垂或稍抬起。病死幼虫尸体薄脆，稍触即流出红褐色液体。感病幼虫1～3天食量下降16％，4～6天下降46.8％，7～9天下降82.4％，田间自然感病率37％～42％。每株喷15升病毒液。或每株用病毒死亡虫尸3～4龄幼虫12～13头，将虫尸捣碎加水过滤，加水15升防治。也可在虫尸未液化前加5％甘油轻轻振荡，放冰箱保存备用，防治效果达76％～100％。

2. 黄绒茧蜂（*Apanteles glimeratus* L.）的保护利用 黄绒茧蜂成虫体长3毫米，体黑色，触角黑褐色，基部赤褐色。头横宽，胸部盾纵沟浅，刻纹细，小盾片平，具光泽。中胸侧板上具刻点，下方平滑，并胸腹节皱纹粗糙，中央有纵脊痕迹。足黄褐色，后足基节黑色，上侧方平滑有光泽，下方有刻点；后足腿胫节末端黑色，跗节褐色。翅透明，翅基片暗红色，翅痣、翅脉赤褐色，径脉自翅痣中尖伸出，第一段明显长，肘间脉连接处呈一角度，亚盘脉从第一臀室中部伸出。腹部与胸部等长，末端尖。

据在黑龙江省牡丹江市观察，黄绒茧蜂于8月下旬至9月初开始以老龄幼虫在山楂粉蝶幼虫体内越冬，翌年6月份，当山楂粉蝶幼虫开始活动取食后，黄绒茧蜂幼虫从寄主体内钻出，山楂粉蝶幼虫收缩，停止取食，1～2天死亡。黄绒茧蜂幼虫钻出寄主2个多小时即结成淡黄色茧，许多聚集在一起成块状。

保护利用措施：从菜粉蝶发生地，采集黄绒茧蜂的茧，释放到山楂粉蝶发生区，每树挂10～20个茧。一定要在山楂粉蝶幼虫越冬前夕3龄幼虫时释放。

3. 舞毒蛾大腿小蜂（*Brachymeria intermedia* Nees）**的保护利用** 舞毒蛾大腿小蜂成虫黑色，体长8毫米。头部有后眼眶隆线。后足腿节明显膨大，具齿，胫节黄色，基部至端有黑色腹隆线。胸部刻点的间隙光滑。卵乳白色，长0.9毫米，宽0.2毫米。头端稍宽，微弯曲。卵壳光亮、透明，卵孔区粗糙。胚胎灰色、半透明。幼虫初孵化体长1.1毫米，大颚镰刀形，头明显，体13节，后部变细。老龄幼虫体长7～11毫米，大颚基部很宽。预蛹白色。蛹初为黄色，后变为黑色，有光泽。

在山东省烟台市，大腿小蜂一年发生4～5代，11月上旬以成虫在枯枝落叶、树皮裂缝、土块、石缝处越冬。翌年4～5月份成虫出蛰活动，寻找山楂粉蝶幼虫产卵，在寄主化蛹时幼虫老熟化蛹，咬一羽化孔飞出。6月上中旬、7月上中旬、8月中下旬、10月上旬至11月上旬均有大腿小蜂成虫出现。被寄生的寄主蛹第四至七腹节后缘有一黑褐色环纹，为此蜂寄生的特征。此蜂在山东、河北、江苏、浙江、四川、云南等地都有分布。山楂粉蝶幼虫被寄生率在18%左右。

保护利用措施：在该蜂成虫羽化期不喷广谱杀虫剂，保护寄生蜂。在果园四周栽植杨、榆、松树等防护林，为寄生蜂提供转主寄生昆虫。在果园向阳背风处放置秸秆等，为成虫提供安全越冬场所。

七、李实蜂

Hoplocampa minuta Christ

又名李叶蜂。属膜翅目，叶蜂科。

（一）形态特征

成虫　体长4～6毫米，翅展10～12毫米，体黑色，触角丝状，9节，第一节黑色，第二至九节暗棕色（雌）或深黄色（雄）。头部密生微毛。中胸背板有“X”形纹。翅透明，棕色或灰色，前缘及翅脉黑色（雌），前、中胸及足污黄色（雄），或暗棕色（雌）。雌蜂产卵器上有10个尖锐锯齿。

卵　乳白色，长0.8毫米，宽0.6毫米。

幼虫　老龄幼虫体长9～10毫米，黄白色。胸足3对，腹足7对。头浅褐色，体背有暗红色。

蛹茧　茧长7～8毫米，外粘土粒。蛹长6毫米，初淡黄色，后变黑色，裸蛹。

（二）发生规律

李实蜂广泛分布于华北、华中、华东及西北各李产区。以幼虫蛀食幼果，虫果率常达60%～90%，引起幼果大量脱落，是李果实最重要害虫。在我国各地均一年发生1代，以老龄幼虫入土结茧过夏越冬。翌年李树萌芽时化蛹，李树开花期羽化出土。晴天气温高时，上午11时至下午4时上树交尾、产卵，早、晚或阴雨天在花中或花萼下静伏，取食花蜜、花粉。产卵于花萼或花托表皮下。幼虫孵出后，自幼果顶部蛀入，蛀入孔外为一小黑点，稍陷。幼虫直达果核内蛀食，取食核仁及果肉，果内积满虫粪。幼虫期26～31天。受害幼果停止生长，一摇动或大风吹动即落地，幼果受害率常达90%。幼虫老熟后脱果落地，多在树盘下表土结茧休眠化蛹。

（三）生物防治措施

田间防治试验表明，李实蜂老熟幼虫脱果入土期，每$米^2$灌注芫菁夜蛾北京品系斯氏线虫 11 万条，防治效果达 80.3%，虫果率为 9.7%，而对照虫果率为 49.5%。在 3 月 15 日越冬幼虫化蛹羽化前和 5 月 30 日当年老熟幼虫脱果入土结茧后防治效果很差，分别为 42.4%和 15.3%。

八、桃红颈天牛

Aromia bungii Fald.

又名红脖子天牛。属鞘翅目，天牛科。

（一）形态特征

成虫 体长 26～37 毫米，体黑色，有光泽，前胸大部分棕红色，少数黑色。前胸两侧各有一刺突。触角黑色，细长，鞭状，雌虫触角长于体长，雄虫触角短于体长。头顶两复眼间深。雌虫前胸腹面无刻点，但密布横皱纹；雄虫前胸腹面密布刻点，身体两侧各有一分泌腺，受惊动时放射出白色液体，具有恶臭味。

卵 乳白色，长椭圆形，长约 1.5 毫米。

幼虫 初龄幼虫乳白色，老熟时淡黄色。体长 42～50 毫米，头部小，黑褐色，上颚坚硬，前胸宽阔。身体前半部分各节略呈长方形，后半部分各节圆筒形。前胸背板前缘中间有一棕褐色长方形突起。

蛹 初期淡黄白色，渐变为黄褐色至黑色，体长 32～45 毫米。前胸背板上有两排刺毛，两侧各有一刺状突起。

（二）发生规律

桃红颈天牛广泛分布于辽宁、河北、山西、内蒙古、山东、陕西、甘肃、河南、江苏、湖北、浙江、福建、广东、广西及四川等省、自治区。主要危害桃、杏、李、梅及樱桃等,还危害苹果和柳树。幼虫蛀食枝干,造成枯枝死树。

桃红颈天牛在北方2～3年完成1代,以不同龄幼虫在蛀道内越冬,翌年4月上中旬幼虫继续活动取食,6月中旬前危害最烈,老熟幼虫化蛹,6月下旬羽化出穴,羽化历期可延至8月份。雌虫遇到惊动迅速飞翔,雄虫多爬行逃避掉落,成虫寿命一般10天,交尾后多在桃树主干或主枝分杈缝隙处产卵,卵期10天左右。幼虫孵出后先在皮层下蛀食危害,蛀道随幼虫生长逐渐扩大和加深,当年幼虫只在树皮下韧皮部和木质部之间危害,第二年幼虫体长达到30毫米时开始蛀入木质部危害,由上向下蛀食成弯曲的蛀道,并向外咬一排粪孔,向外排出木屑、虫粪和流胶,堆集在树干基部地面。幼虫一生蛀道长约50～60厘米,树干、主枝受害阻碍树液流通,引起树势衰弱以至枯死。幼虫老熟后用分泌物粘结木屑堵住蛀道口,在蛀道中化蛹,蛹期10天左右,6～7月份羽化成虫,先在蛹室停留3～5天,然后钻出蛀道,经2～3天后交尾。

(三)生物防治措施

1. 昆虫病原线虫的利用 刘奇志等1990年以来,从事昆虫病原线虫防治桃红颈天牛的试验研究,目前已研究出一整套防治技术,防治效果在80%以上。

筛选出斯氏线虫(*Steinernema feltiae* Beijing)品系(*S. carpocapsae* Agriotise)及[Mes-kapow (M.K)],对桃红颈天牛各龄幼虫侵染效果,30天后达到58.3%～100%,翌年持续防治效果达到80%～100%。

防治使用技术:北方防治季节,5～8月份及9～10月份,气温20℃～30℃适宜,每天上午7时至下午7时,以晴天为好,使用线虫量为3万～4万条/毫升,使用方法以注射昆虫病原线虫法，使天牛蛀道内充满线虫悬浮液，至从蛀道口外流为止。注射前应先掏出蛀道内粪屑。线虫在蛀道能主动寻找寄主寄生，在寄主幼虫体内繁殖新一代线虫，这些线虫又继续侵染其他寄主。繁殖贮存的线虫30天的防治效果为91.3%～91.6%，贮存一年的防治效果只有64%～78.3%。

2. 肿腿蜂的利用 张蕴华等(1991)进行管氏肿腿蜂防治桃红颈天牛田间试验，寄生率为10.5%～31.2%，对皮层幼虫寄生率低，对进入木质部危害的幼虫寄生率高。对蛀入木质部幼虫体长5～30毫米，按蜂比1∶3，寄生率达68.3%，有一定利用价值。

第二节 核果类果树病害生物防治

一、果树根癌病

Agrobacterium spp.

又名冠瘿病。属细菌类土壤杆菌病害。

(一)症　状

根癌病主要发生在根颈部，也发生在侧根和支根上，嫁接处较为常见，有时发生在茎部，故称冠瘿病，葡萄蔓上常有发生。根癌病症状初期根癌幼嫩，后期木质化，一般木本植物寄主的癌瘤大而硬，小的如豆粒，大的如核桃或拳头，最大的直径可达数十厘米；草木植物上的癌瘤小而软，肉质。癌瘿的形状通常为球形或扁球形，也有互相愈合成不规则形的。癌瘤的数目少的1～2个，多的一株寄主上有10多个。苗木上的癌瘤绝大多数发生在接穗与砧木的愈合部分。初期癌瘤乳白色或略带红褐色，光滑、柔软，后逐渐变为褐色至深褐色，表面粗糙不平，木质化而坚硬。

（二）病原体

根癌土壤杆菌（*Agrobacterium tumefaciens*）为短杆状细菌，单生或链生，具1～6根周生鞭毛，有荚膜，无芽孢。革兰氏染色阴性。在琼脂培养基上菌落白色，圆形，光亮透明，在液体培养基上微呈云状浑浊，表面有一层薄膜。不能使明胶液化，不能分解淀粉。发育最适宜温度25℃～28℃，最高37℃，最低0℃，51℃时10分钟致死。发育最适pH值为7.3，范围为5.7～9.2。

（三）发病规律

根癌土壤杆菌是世界性病害，我国中北部明显受害的有樱桃、桃、李、杏、葡萄、苹果、梨、海棠、山楂、玫瑰、毛白杨、啤酒花、樱花、玫瑰等。受害较重的有桃、樱桃、葡萄、梨、苹果等。北方以葡萄发病最重，南方以桃树发病较普遍。重茬苗圃，果园发病率在10%～90%不等。受害果树树势弱，生长缓慢，产量低，寿命缩短，严重影响果树产量和果品质量。

根癌土壤杆菌在根癌瘤组织的皮层内越冬，也有在癌瘤破裂破皮后进入土壤中越冬，细菌在土壤中可存活1年以上。雨水和灌溉水是传病的主要媒介，地下害虫蛴螬、蝼蛄、线虫也有一定传播作用。嫁接或人为造成的伤口，是病菌入侵的主要通道，苗木带菌是远距离传播的重要途径。

根据在番茄上接种试验，癌瘤形成以22℃为最适温度，18℃～26℃时形成的癌瘤小，28℃～30℃癌瘤不易形成，30℃以上几乎不能形成，5月中旬前和9月中旬以后，旬平均气温在17℃以下癌瘤不发生。6～8月份旬平均气温20℃～23℃时癌瘤大发生。在土壤pH值6.2～8范围内病菌保持致病力。当pH值达到5或更低时不能发生病害。土壤粘重，排水不良的果园发病重，土质疏松、排水良好的砂质壤土发病少。在苗圃中切接伤口大，愈合较慢，嫁接后培土，伤口接触土壤时间长，染病率高。地下害虫或线虫伤害根部，有利于病菌侵入。

（四）生物防治措施

澳大利亚 Kerr 等发现放射土壤杆菌 K84，它是一种根际细菌，在植物根部生长繁殖，并产生特殊的选择性抗生素——土壤杆菌素 K84。这种抗生素是核苷酸类细菌素。用来防治桃树根癌病有效，但对葡萄根癌病无效。用 K84 防治桃根癌病，菌液浓度为 10^6 个/毫升。2 月份将菌液稀释 30 倍液浸泡山桃核 5 分钟，然后播种，并将剩下的浸泡过的 K84 液均匀浇灌苗床，12 月份起苗时检查，发病率 8.5%，对照发病率 67.7%。3 月下旬桃苗定植前用 30 倍 K84 药液浸根 5 分钟后定植，10 月下旬检查，防病效果为 95.8%，苗木生长健壮。采用固体和液体培养的 K84 菌没有明显差异。采用 WY 培养基（王慧敏 1995）与 M-YEM 和 YEB 培养基没有明显差异，可作为生产培养基。草炭制剂在 4℃～20℃条件下至少可保存 120 天，而液体贮存只有 15 天。

葡萄根癌病的生物防治：谢学梅等（1993）分离筛选放射土壤杆菌 E-26，用灭菌生理盐水配制成 10^8～10^9 个/毫升细菌悬浮液，浸泡无根癌瘤病葡萄苗，然后定植在根癌病严重的土壤中，防治葡萄根癌的效果为 65.6%。

在利用生防菌防治果树根癌病前，应先测定致癌病菌质粒生物型，再选择一种生防菌和多种生防菌混合使用，才能取得好的防治效果。

二、桃软腐病

Rhizopus stolinifer Vuill

又名黑霉病。属结合菌亚门，根霉菌。

（一）症　状

危害成熟果实，病斑初为淡褐色，不规则水渍状，迅速扩展，全果变褐色、软腐，表面长出大量白色至灰色的绵毛状菌丝，其上密生点黑霉，即病原菌的子实体——孢子囊。烂果常有酸味，后期流水。

（二）病 原 体

病原菌为结合菌的匍枝根霉，菌丝体繁茂，白色，孢子囊梗长 1～1.5 毫米，淡褐色，无隔膜，壁光滑，3～5 根自匍匐菌丝生出，与假根相对。孢子囊近球形，基部略扁平，黑色。孢囊孢子近圆形或多角形，淡褐色，表面有纵纹。接合孢子球形，靠配囊柄处稍扁平，黑褐色，厚壁，表面有疣状突起。

（三）发病规律

病菌广泛生存于土壤、空气中及各种残体、各种工具上，温度低的地方，可以接合孢子及厚壁孢子越冬，自伤口侵入成熟果实，孢子萌发后并不直接侵染，必须生长至一定量时才能危害寄主。潮湿情况下果面长出的孢子囊生出孢子，经风雨气流、昆虫爬动进行传播再侵染，病害的蔓延都是表面生长的菌丝体继续延伸，菌丝体分泌果胶酶溶解细胞间的果胶层，引起组织崩解，细胞间隙处聚集了果汁引起流水。影响发病的主要因素：桃果成熟果面有伤口，温度 0℃条件下不侵染，5℃条件下只能缓慢侵染引起烂果，15℃～23℃有利于匍枝根霉发生侵染；相对湿度 70%～90%时有利于病菌萌发侵染，相对湿度过高（95%以上）和过低（60%）都不利于病害发生。

(四)生物防治措施

秦国政等(2000),利用酵母颉颃菌(*Pichia membranefacien* Hansen)在北京市进行防治试验,绿化3号桃八成熟采回在0℃条件下贮存10天后,用2%的次氯酸钠溶液消毒2分钟,用自来水冲洗后晾干,用针在果实腰部刺4毫米×3毫米伤口,接种30微升1×10^8酵母菌悬浮液,4小时后再接种软腐病菌悬浮液15微升,在25℃,相对湿度95%条件下贮存,和只刺伤接种5×10^4/毫升软腐病原菌作对照。对照处理72小时病果率53%,病斑直径50.4毫米,96小时后病果率100%,病斑直径83毫米。颉颃酵母菌处理的72小时病果率20%,病斑直径5毫米。96小时病果率45%,病斑直径45毫米。进一步分析接种颉颃酵母菌液果肉多酚氧化酶(PPO)和苯丙氨酸解酶(PAL)的活性升高,一直保持较高水平,表明颉颃作用明显。

三、桃褐腐病

Monilinia fructicola (Wint.) Rehm

又名菌核病。病原体属子囊菌亚门,盘菌属。

(一)症　状

果实在整个生育期均可被害,但以成熟期和贮藏期受害严重。受害初果面产生褐色圆形病斑,几天内迅速扩展到整个果面,病部果肉腐烂呈褐色,表面产生白色或褐色绒状霉层,初呈轮纹状排列,逐渐布满全果。后期病果全部腐烂,失水后变成僵果,初为褐色,后变为黑褐色,常挂在枝上久不落。

花器受害先从花瓣和柱头开始,产生褐色水渍状斑,逐渐蔓延到萼片和花柄上。在潮湿条件下病花迅速腐烂,表面生灰色霉状物;在干燥条件下,病花干缩,残留于枝上。

嫩叶染病多自叶缘开始，产生褐色水渍状病斑，以后扩展到叶柄，使全叶枯萎。通过病花、病叶蔓延嫩枝条，形成圆形溃疡斑，病斑边缘紫褐色，中央灰褐色、凹陷、流胶，受害重时枝条枯死。

（二）病 原 体

有性阶段属子囊菌亚门链核盘菌，果生核盘菌。无性阶段属半知菌亚门丛梗孢菌属。分生孢子卵圆形，无色、单胞，呈长链状。

（三）发病规律

病菌以假菌核（僵果）或菌丝体在病枝上越冬，翌年产生大量分生孢子进行初侵染。经风雨、昆虫进行传播，经柱头、蜜腺侵入花器引起花腐，经皮孔、虫伤口侵入果实引起果实腐烂。病果在贮藏中，若环境适宜则长出大量分生孢子进行侵入危害。

桃开花期及幼果期低温多雨，常引起花腐和果腐发生。果实成熟期多雨高温，有利于病害蔓延。在22℃～24℃高温条件下，24小时侵染发病，30小时分生孢子产生，3天果实可烂掉。果园低洼积水，树势衰弱，通风透光差，食心虫及桃蛀螟危害重，常诱发褐腐病大发生。果皮厚、汁少、耐贮品种病害轻。

（四）生物防治措施

Wilson 和 Pusey（1985）利用枯草杆菌（*Bacillus subtilis* Ehrenbeg）的一个菌株 10^3 个/毫升处理贮藏桃果，可以防治桃褐腐病。

曹若彬等（1997）在果树病理学中，提出用枯草芽孢杆菌 1×10^8～3×10^8 个/毫升，处理贮运期桃果实，防治桃褐腐病。

第五章　干果类果树病虫害生物防治

第一节　干果类果树害虫生物防治

一、核桃举肢蛾

Atrijuglans hetauhei Yang

又名核桃黑。属鳞翅目，举肢蛾科。

（一）形态特征

成虫　雌蛾体长5～8毫米，翅展13～15毫米；雄蛾体长4～7毫米，翅展12毫米。黑褐色，有金属光泽。头部褐色被银灰色大鳞片；下颚须内侧白色，外侧淡褐色；触角黑褐色密被白毛，丝状；下唇须向前突出弯向内方；复眼朱红色。胸背黑褐色，中胸小盾片被白鳞毛。前翅狭长，黑褐色，翅基1/3处有圆形白斑，翅端1/3处有一内弯半月形白斑，缘毛黑褐色，后翅披针形，黑褐色，有金属光泽。腹背黑褐色，第二至六节密生横列的金黄色小刺。后足胫节和跗节有黑色毛束。

卵　长椭圆形，长0.3～0.4毫米，初产乳白色，后渐变黄白色、红黄色。

幼虫　初孵幼虫体长1.5毫米，乳白色，头部黄褐色。老龄幼虫体长8～13毫米，头部棕褐色，体淡黄白色，体背有紫红色斑点，腹足趾钩单序环，臀足趾钩单序横带。

茧　茧长椭圆形，略扁平，褐色，密粘细土粒，较宽的一端有黄白色丝缝为成虫羽化口。

蛹　长5～6毫米，纺锤形，初为黄色，后变为深褐色，藏于茧内。

（二）发生规律

核桃举肢蛾在河北、山西、山东等地一年发生1代，在河南、陕西的南部和四川等地一年发生1～2代。尤以河北、山西、陕西、四川的山区等地发生危害严重，幼虫蛀食核桃青皮和核仁，受害早期幼果脱落，硬核后青皮变黑，果仁发育不良、干缩，影响核桃产量和质量，受害严重时果实蛀害率60%～80%，一般年份20%～30%，是山区核桃主要害虫。该虫以老龄幼虫在树盘下土壤里越冬，入土深度1～4厘米占71%～88%，最深不超过9厘米，越冬茧水平分布以根茎外2～4米处居多，占80%。化蛹起点温度9.4℃，发育积温276.3日度。成虫羽化起点温度10.4℃，发育积温196.3日度。土壤含水量3%时，越冬幼虫化蛹率为24.6%，成虫羽化率只有23.3%，土壤含水量低于3%时只有少量化蛹，没有成虫羽化，说明干旱、半干旱地区核桃举肢蛾只发生在阴坡、荒山背阴处。在河北省太行山区，越冬幼虫化蛹盛期为6月中下旬，成虫羽化盛期6月下旬至7月上旬，幼虫蛀果危害在7月上旬至8月上旬，自7月下旬幼虫老熟开始脱果入土越冬。在陕西省商洛地区丹凤县在县北海拔1 200米的庾家河，5月下旬开始化蛹，6月下旬开始羽化，7月上中旬为羽化盛期，7月中旬至8月中旬幼虫蛀果危害，8月下旬幼虫老熟脱果入土结茧，一年发生1代。在丹凤县中部铁峪铺海拔400米处，一年发生2代，4月中下旬越冬代幼虫化蛹，5月中旬成虫羽化并产卵，5月中下旬幼虫蛀果，6月上旬引起受害幼果落果，6月下旬幼虫脱果化蛹。7月上中旬当年第一代成虫羽化、产卵，7月上旬至8月上中旬幼虫蛀果危害，8月下旬幼虫老熟脱果入土越冬，发生第二代。老熟幼虫脱果迟早和整齐度受降水影响很大。一般中大雨过后1小时，老熟幼虫即开始大量脱果入土，如遇干旱少雨，幼虫迟迟不脱果。脱果幼虫入土结茧越冬。成虫略有趋光性，白天多栖息叶背，前中足固定在植物上，后足上举并不停作划船状摇动。傍晚开始飞翔交尾产卵，卵多产在两果交缝处、果柄基部凹陷处、果顶残存柱头处等。一般在一果上产1～4粒卵，也有多达7～8粒的。每雌产卵35～40粒，卵期4～6天孵化，初孵化幼虫在果面爬行1～3小时，寻找适当部位蛀入青皮，入果孔外流出水珠。幼虫先在青皮蛀食，后蛀入果核内取食，引起幼果脱落。发生迟的核桃已硬核时，幼虫只在青皮下纵横蛀食，引起青皮变黑皱缩，果仁干缩不饱满。幼虫蛀果期30～45天老熟，脱果入土越冬。蛹期7～10天。一般深山区受害重，浅山川地受害轻；阴坡受害重，阳坡受害轻；荒坡地比农耕地受害重；5～6月份干旱年份发生轻，5～6月份降水多的年份发生重。

（三）生物防治措施

1. 利用斯氏线虫防治核桃举肢蛾　孙益知、王永宏等(1989，1996)在陕西省丹凤县核桃产区，对利用斯氏线虫防治核桃举肢蛾进行了系统深入研究。核桃举肢蛾幼虫感染斯氏线虫(*Steinerema feltiae Agriotos*)后3天全部死亡，幼虫变粗，增长2～3毫米，变软，体内充满大量活线虫。还进一步试验了*S. feltiae Beijing*品系、S. f. CB-2y品系、S. f. *mexican*品系和异小杆线虫(*Heterorhabditis* spp.)有82%～100%致死率。田间试验表明，核桃举肢蛾6月下旬和8月下旬，树盘每1米^{2}喷洒11万头斯氏线虫，防治效果分别为55.6%～66.8%和73.5%～75.0%，6月下旬和8月下旬喷2次斯氏线虫的防治效果为79.3%～80.9%。打孔灌注法、地面泼浇法和喷雾法防治效果分别为70.1%、71.4%和73.1%，没有显著差异。

2. 利用苏云金杆菌防治核桃举肢蛾 在核桃举肢蛾成虫羽化初、盛、末期后4～5天，幼虫孵化蛀果前期，喷施苏云金杆菌、青虫菌、杀螟杆菌和7216菌，浓度为2亿～4亿孢子/毫升，保果率分别为79.3%～80.2%，84.4%～86.8%，73.3%～88.4%和82.6%～84.9%。

3. 利用白僵菌防治初孵化幼虫 在核桃举肢蛾成虫羽化后、幼虫初孵化蛀果前喷白僵菌，浓度为2亿～4亿孢子/毫升，在空气湿度80%左右，保果效果为65%～80%。特别适宜在阴坡、阴沟处使用。阳坡不宜使用。

4. 喷施除虫脲防治初孵化幼虫 河北省灵寿县自1989～1991年连续3年，在核桃举肢蛾成虫羽化后、幼虫孵化蛀果前喷20%除虫脲胶悬液5 000倍液，每隔7天喷1次，连喷2～3次，保果率95%～97%。

二、核桃长足象

Alcidodes juglns Chao

又名核桃果象、长棒象。属鞘翅目，象虫科。

(一)形态特征

成虫 体长9～12毫米，体黑褐色，略有光泽，头部延伸成管状，触角膝状，着生于头管两侧。前胸宽大于长，近圆锥形。鞘翅基部显著向前突出，每一鞘翅上有10条刻点沟。足腿节膨大，各有一齿状突起。

卵 长椭圆形，长1.2～1.4毫米，初产乳白色，后变为黄褐色或褐色。

幼虫 老龄幼虫体长9～14毫米，体乳白色，头部黄褐色，体弯曲无足。

蛹 体长12～14毫米，黄褐色，胸腹背面散生许多小刺，腹末有一对臀刺。

（二）发生规律

核桃长足象分布于陕西省汉中市、安康市，河南省伏牛山南麓，四川省的广元市、绵阳市、万源市，重庆市及湖北省西北部核桃产区。早在1964年陕南10县核桃长足象大发生，受害株率达80%，果实受害率达50%，至今仍是陕南、鄂西、川西北和重庆市核桃最重要害虫。

该虫一年发生1代，以成虫在核桃枝杈、树盘下向阳土石缝、落叶草丛处越冬。冬季气温下降至－15℃死亡率达66.7%，下降到－20℃大部分成虫死亡。翌年气温上升至10℃，核桃萌芽的4月上旬，越冬成虫开始出蛰上树啃食嫩芽、嫩梢补充营养，5月上中旬气温达16℃时，开始交尾产卵，5月中旬至6月上旬，核桃果实长到直径25～35毫米为产卵盛期，每头雌虫产卵110～180余粒，1个果上产1粒卵的占81.3%，产2粒卵的占11.2%。卵经4～8天孵化出幼虫后，先在果皮蛀食3～4天，后再蛀入果核内取食核仁，并不断从蛀入孔向外排出黑褐色虫粪，种仁开始腐烂，引起大量落果。幼虫期17～28天，平均22天。幼虫老熟后停止取食，在蛀果内化蛹。蛹期6～10天。6月中旬开始化蛹，6月下旬为化蛹盛期。

当年成虫羽化始期6月27日，7月上中旬为羽化盛期，7月下旬为羽化末期，羽化率为21.2%～29.2%。当年羽化成虫不交尾产卵。蛀食核桃混合花芽，严重影响第二年核桃开花坐果，食害雄花芽，还啃食嫩梢、叶柄表皮，引起枯枝落叶。成虫不善飞，飞行距离7～25米，善爬行，有一定趋光性。成虫在田间树体呈聚集分布，树体阳面成虫多于阴面，树冠上部多于下部，果实多于芽、叶。11 月中旬低温来临开始休眠。

（三）生物防治措施

利用白僵菌防治：景河铭等 1996～1997 年在四川省平武地区，于 5～7 月份日平均气温 22℃，相对湿度 80%，在核桃树上喷施白僵菌防治核桃长足象成虫，每毫升含 5 亿孢子量，喷药液后第十五天，死亡率达到 90%～100%。

杨世璋等 1999 年在重庆市城口县，对从核桃长足象白僵菌致死虫体上筛选的 B20.1 菌系和榆蓝叶甲致死白僵菌及银杏大蚕蛾白僵菌，用每克含孢子量分别为 1.85×10^{10}、1.80×10^{10}、1.10×10^{10}，按每毫升孢子含量 2×10^{8} 个，并各加入 0.05%洗衣粉，在 6 月下旬至 7 月中旬，进行田间挂笼试验，当时气温 22.7℃，相对湿度 75.6%，处理后 2 天下雨，其间小雨 7 次，中雨 2 次，暴雨 1 次，仍获得很好防治效果，处理 4 天后患病虫体行动迟缓，蛀食量减少，虫体微缩僵硬，由腹节长出白色菌丝僵死。25 天 3 种菌校正死亡率分别为 68.97%、55.39%、34.71%，30 天校正死率分别为 93.22%、86.1%和 62.19%，说明从长足象僵死虫体上分离的菌株（B20.1）的致病性明显高于其他昆虫感病菌株防治效果。在上述时间里如喷其他杀虫剂（有机磷、菊酯类杀虫剂），因降雨防治效果将很差。

三、银杏大蚕蛾

Dictyoploca japonica Moore

又名白毛虫、白果蚕等。属鳞翅目，大蚕蛾科。

（一）形态特征

成虫 雌蛾体长 30～35 毫米，翅展 111～143 毫米，触角双栉齿状；雄蛾体长24～40毫米，翅展106～130毫米，触角羽毛状。体、翅灰褐色、黄褐色或橙黄色，前翅内横线紫褐色，外横线暗褐色，近后缘处两线相近，中间有较宽的浅灰色区，中室端部有半月形透明斑，翅反面的透明斑成黑色眼珠形。后翅中室端部有一大圆形黑色眼状斑。

卵 圆柱形，灰褐色，长径2.1～2.5毫米，短径1.2～1.5毫米。一端有圆形黑斑，表面有黑褐色胶质将多粒卵粘成块状。

幼虫 蜕皮6次，7龄。1龄幼虫黑色，体长4～10毫米，气门黄白色，气门下线灰白色，毛瘤黑色，有6根短刺毛。2龄幼虫体黑色，体长11～16毫米，气门淡黄色，气门下线淡绿色，毛瘤黑色，中央有1～2根白色长毛。3龄幼虫体黑色，体长16～35毫米，气门蓝色，气门下线黄绿色，体上散生白长毛，毛瘤黑褐色，上有黑色和黑褐色毛。4龄幼虫分化为绿色型和黑色型，体上长有黑色、白色长刺毛，体长35～55毫米。5龄幼虫体长55～80毫米。6龄幼虫体长80～100毫米。7龄幼虫体长100～110毫米。

茧 茧长50～70毫米，宽25～30毫米，椭圆形，网状，褐色，较硬。

蛹 雌蛹体长45～60毫米，雄蛹体长30～32毫米，暗褐色。

（二）发生规律

银杏大蚕蛾在我国分布很广，北起黑龙江省，南至台湾、云南省，西至四川、陕西、内蒙古等25个省、市、自治区都有分布。但危害成灾的只有部分省的局部县（市）。1957～1995年广西壮族自治区桂林市银杏等受害。1984～1985年云南省泸水县核桃等受害。1977年辽宁省宽甸县板栗等受害。1991～

1993 年四川省南充市香樟、喜树等受害。1977～1992 年湖北省西部 12 县、市的核桃、漆树受害。1988～1998 年陕西省南部 10 余县 9.6 万公顷核桃、板栗、漆树等受害，每年损失 1 000余万元。

银杏大蚕蛾各地均一年发生 1 代，以卵在核桃树等枝干树皮缝越冬。在陕西省佛坪县翌年 4 月中下旬越冬卵孵化，4 月下旬至 5 月中旬，1～3 龄黑色幼虫群集核桃树冠内膛叶背危害，取食量少，5 月中旬至 6 月下旬为 4～7 龄幼虫分散大量取食期。6 月中旬至 9 月中旬为蛹期，8 月中旬至 9 月中旬为成虫羽化交尾产卵期，雌虫略多于雄虫，每头雌蛾平均产卵 290 粒。

成虫寿命 4～21 天，有一定趋光性，雌蛾每次飞迁 58～80 米，雄蛾可飞迁 500 米。成虫最喜选择核桃、板栗、漆树、杨树等产卵，核桃枝干 1～2 米处产卵最多，占着卵量的 50%，1 米以下处占 15%，2～3 米处枝干占 28%。10 年生以下因树皮光滑产卵量少，15 年生以上核桃树产卵多。

卵期 178～193 天，孵化多在上午 7 时至下午 3 时，尤以上午 10～12 时最多。幼虫取食 40 多种植物，但 3 龄前幼虫只有取食核桃、杨树、银杏等少数植物才能存活，与成虫产卵植物相一致。1～2 龄幼虫取食量占幼虫总食量的 1%～2%，3～4 龄幼虫占 12%～18%，5～7 龄幼虫占 80%。幼虫历期 55～77 天。一直在核桃、漆树上取食的幼虫为黑色型，在加拿大杨取食的幼虫为绿色型。老龄幼虫多爬到地面 0.5～3 米枝干处结茧化蛹，预蛹期 8～10 天，蛹期 60～80 天。

8～9 月份降水量在 150 毫米左右时，有利于化蛹、羽化，8～9 月份干旱少雨成虫羽化率低、产卵量少。

（三）生物防治措施

1. 贪食亚麻蝇（*Parasarcophga horpas* Pandelle）的利用 贪食亚麻蝇成虫体长12～16毫米。体黑色，密布灰白色粉被。颊被黑色，单眼棕色，排列成三角形。眼后鬃后方有1～2行黑毛。触角基部膨大。触角芒基部至1/2处呈羽毛状，端部裸。胸部有3条纵带，前胸侧板中央凹陷，裸，小盾片半圆形，两侧具鬃1对，向后延伸。后足胫节具长缨毛。足的爪垫大，长于第五跗节。翅宽，前缘发达、透明。胸部长椭圆形，背板有黑色带状纹，端部略向下弯。后背中鬃5～6对，前者小，向后逐渐增大。幼虫蛆式无足，初龄幼虫长3～4毫米，老熟蝇蛆长15毫米，头部楔形，尾部尖削。蛹初为浅红色，后变黑褐色，两端尖，体上有棱。

据赵明晨（1981）观察，贪食亚麻蝇在吉林省辽源市每年发生2代，以蛹在土壤里越冬。翌年5月下旬开始羽化，6月上旬为羽化盛期，一直延续到7月下旬。第一代幼虫6月下旬开始化蛹，7月末出现当年第一代成虫，8月上旬第二代幼虫出现，8月下旬至9月上旬以蛹入土越冬。幼虫3个龄期，幼虫期15～20天，蛹期20～25天（生长期），成虫寿命30～40天。

成虫飞翔力强，寻找花蜜补充营养，早、晚静伏，白天喜欢在潮湿向阳林地和果园内活动，交尾持续时间2～3小时，交尾后7天开始产蛆，每头雌蝇产蛆19～98条，寻找银杏大蚕蛾蜕皮幼虫，在幼虫腹部两侧的皱褶处缝内产蛆，或在刚化蛹的蛹体产蛆，蛆从节间膜、口器等处侵入寄主体内，被寄生的银杏大蚕蛾幼虫最初还可正常取食，随蝇蛆的发育，寄主腹部逐渐膨大，停止取食死亡。被寄生的蛹变硬发脆死亡，发出腥臭味。银杏大蚕蛾幼虫和蛹被寄生的达到70%左右，对控制银杏大蚕蛾有重要作用。该蝇还寄生落叶松毛虫和舞毒蛾蛾幼虫。该蝇已知在国内分布于吉林、黑龙江、辽宁、内蒙古、山西、山东和北京等地。

保护利用措施：我国南部可从东北引进贪食亚麻蝇寄生的银杏大蚕蛾、落叶松毛虫和舞毒蛾幼虫和蛹，放进养虫笼内，底部有土壤以利入土化蛹，成虫羽化后可放入果园林区，任其繁殖寄生。还可大量人工饲养。人工饲料配方有：①鲜猪肝 5 份，玉米粉 5 份，10%葡萄糖液适量；②鲜猪肝 10 份，10%葡萄糖适量。将饲料捣成糊状，高压灭菌 30 分钟，冷却、发酵备用。成虫用蜂蜜喂养，幼虫取食人工饲料，发育良好，贪食亚麻蝇羽化率 98%～100%。人工繁殖成虫释放到银杏大蚕蛾发生区，逐步扩散寄生于银杏大蚕蛾。

2. 银杏大蚕蛾核型多角体病毒的利用 孙琼华(1988)在湖北省竹溪县、孙发仁(1988)在山东省泰安市先后发现报道银杏大蚕蛾核型多角体病毒，自然罹病死亡率达 77.3%。银杏大蚕蛾 4～5 龄幼虫取食沾有病毒核桃叶后，两天后取食减少，行动迟缓，进而身体肿胀，体毛脱落，体色变淡红色，8～9 天大量幼虫死亡，臀足侧挂枝叶上，也有用腹足倒挂在枝叶上成倒“V”形，虫体液化。幼虫期树冠喷施 3.3×10^6～3.6×10^7 多角体/毫升，6 次试验，2～3 龄幼虫平均死亡率 86.3%。人工收集罹病尸体捣碎稀释，树上喷雾防治，能长期控制银杏大蚕蛾危害。用 1×10^8 多角体/毫升病毒防治 2～3 龄幼虫，防治效果 100%。

3. 苏云金杆菌和白僵菌的使用 田间试验：苏云金杆菌悬浮液 500 倍液，2 天死亡率 98%；喷 1 000 倍液，2 天死亡率 94%。喷青虫菌 6 号 1 000 倍液，死亡率 73.3%。喷白僵菌 2×10^8 孢子/毫升，幼虫至蛹死亡率 96.7%，中毒致死时间为几十天到104天。如果把核型多角体病毒1×10^8多角体/毫升和白僵菌1.6×10^8孢子/毫升混合施用,死亡率达100%。

此外,幼虫期喷25%灭幼脲500倍液,4龄幼虫死亡率100%;25%灭幼脲1 000倍液,3天死亡率52%,10天死亡率89%。

四、栗实象

Curculio davidi Fairmaire

又名板栗象鼻虫、栗蛆。属鞘翅目,象虫科。

(一)形态特征

成虫 雌虫体长(不计头管)7.2~9毫米,头管长超过体长。全体黑褐色,被有白色鳞片。头管漆黑色,触角着生在头管基部1/3处。触角肘状,11节,端部3节略膨大。前胸背板后缘两侧各有一白斑纹。鞘翅黑色,近肩角处和中部各有一白色横带。雄虫体长7~8毫米,头管长略短于体长,触角着生头管1/2处。

卵 长约0.8毫米,椭圆形,具短柄,表面光滑,初产时白色、透明,孵化前乳白色。

幼虫 老熟幼虫体长8.5~11.5毫米,乳白色,头部黄褐色,无足,体肥胖,多横向褶皱,疏生短毛,体常呈"C"形弯曲。

蛹 体长7.5~11.5毫米,初乳白色,后期变黑褐色,裸蛹,头管弯向腹部下方。

(二)发生规律

栗实象在我国分布普遍,东北、华北、华中、华东、西南和西北大部分省、市、自治区板栗产区都有分布。寄主有板栗、茅栗、麻栎类。幼虫蛀食栗实,使栗实内部充满虫粪,失去食用价值和发芽能力。我国北部受害轻,中部和南方受害严重时虫果率常达60%以上。

栗实象在云南等地一年发生1代，在河南、山东、江苏、陕西等地两年发生1代。以老龄幼虫从10月初至11月中下旬脱果入土，作一椭圆形土室滞育，入土深度以4～12厘米为多。第二年6月中旬至7月份化蛹，蛹期17～22天。成虫于7～8月份陆续羽化，先在蛹室静伏5～10天，遇到降雨土壤湿润疏松，雨后成虫出土上树，取食嫩枝、栗苞果皮、子叶补充营养。雄虫寿命18天左右，雌虫寿命21天左右，多在上午6～10时和下午3时至晚上9时在树冠飞翔，取食、交尾。8月中旬至9月上旬为产卵盛期。成虫先用头管啃食栗苞壁和种皮，蛀成深约2毫米卵槽，然后倒转身体将产卵管插入卵槽，产卵后啃食皮屑堵塞卵槽。每头雌虫产卵2～18粒，多选择栗苞刺稀处产卵。卵期8～12天。幼虫蛀食栗实，虫粪充塞在虫蛀道内。一般蛀食13～37天，幼虫老龄开始脱果入土。滞育600余天。

山地栗园受害重于平原。早熟品种受害轻，晚熟品种受害重。茅栗和板栗混栽受害重。

（三）生物防治措施

吴益友等自1995年至1998年在武汉市对灭幼脲类杀虫剂防治栗实象进行了试验。施用5%卡死克乳油1 000倍液对栗实象产卵抑制率66.4%，抑制卵孵化率80.7%，综合抑制率达到93.5%。25%灭幼脲3号1 000倍液，产卵抑制率为71.1%，抑制卵孵化率64.9%，综合抑制率89.9%。5%抑太保乳油100倍液，产卵抑制率32.9%，抑制卵孵化率66.7%，综合抑制率77.6%。

在田间试验，施用灭幼脲3号虫果率5.4%，卡死克虫果率3.7%，抑太保虫果率7.5%，对照未喷药虫果率54.9%～

53.4%，防治效果显著。

五、栗瘿蜂

Dryocosmus kuriphilus Yasumatsu

又名栗芽瘿蜂、栗瘤蜂。属膜翅目，瘿蜂科。

（一）形态特征

成虫 体长2.5～3.0毫米，体黑褐色，具金属光泽。触角丝状，14节，柄节、梗节黄褐色，鞭节褐色。前胸背板有4条纵线，小盾片钝三角形，向上突起。翅透明，翅面有细毛。足黄褐色，跗节末节及爪深褐色。无雄蜂。

卵 椭圆形，具长柄，卵长0.1～0.2毫米，柄长0.6毫米，末端略膨大。

幼虫 乳白色，近老熟时为黄白色，体肥胖，无足，尾部钝圆，头部略尖，口器先端淡褐色，老熟幼虫体长2～3毫米。

蛹 体长2.5～3.0毫米，初乳白色，渐变黄褐色，羽化前为黑褐色，复眼红色。

（二）发生规律

栗瘿蜂在我国分布很广，辽宁、河北、山东、陕西、河南、安徽、江苏、浙江、福建、湖北、湖南、江西、广东、广西、云南、四川、重庆等地都有分布。寄主有板栗、茅栗及锥栗。幼虫侵害嫩芽，受害芽形成叶瘿、枝瘿和无枝瘿，枝叶畸形枯死，受害严重的结果枝被害率高达40%～50%，严重影响板栗产量。

栗瘿蜂一年发生1代，以初龄小幼虫在嫩芽组织内形成的小虫室内越冬。翌年4月上旬栗芽萌发时，幼虫开始取食活动，新梢长到2厘米左右时出现小虫瘿，幼虫在虫瘿内继续危害，5月初至6月底化蛹，蛹期约15天。6月上中旬至7月上中旬成虫羽化。成虫羽化后在瘿内停留10～15天开始咬孔出瘿。飞翔力不强，无趋光性，不补充营养时寿命3～5天。孤雌生殖，卵产于当年生枝条上部的新芽内，一般每芽2～3粒，最多15粒，每雌产卵约200粒。卵期约30天。幼虫孵化后在芽的花、叶组织上短期取食，形成小虫瘿，每个瘿内有幼虫1～3头，一虫一室隔离寄居，9月下旬开始越冬，幼虫活动期约120天，越冬期约185天，整个幼虫期300余天。翌年被寄生芽形成栗瘿，随萌芽新梢生长，3～5天内形成大的栗瘿，呈不规则球形或卵形，长径7～20毫米，短径4～15毫米，浅绿色至赤褐色。7月下旬栗瘿开始干枯，9月下旬栗瘿全部干枯，在自然情况下1～2年内干枯栗瘿不脱落。按栗瘿的着生位置分为叶瘿、枝瘿和无枝瘿。

一般向阳坡地、地势低洼、老栗园栗瘿蜂发生重，幼树和强壮树发生轻。成虫羽化出穴期如遇多雨天气或大暴雨，可造成大量成虫死亡，抑制栗瘿蜂的寄生产卵。风对栗瘿蜂的传播有一定影响，一般顺风向扩散。栗瘿蜂的寄生蜂有30余种，寄生率经常在70%～90%。其中中华长尾小蜂为优势蜂种，对栗瘿蜂的控制作用十分重要。

（三）生物防治措施

中华长尾小蜂（*Torymus sinensis* Kamijo）的保护利用　长尾小蜂雌成虫体长1.9～2.7毫米。全体蓝绿色，带有古铜色或青铜色光泽，头部宽为长的2倍多。复眼褐色，眼距为头（长）的1.1倍。触角柄节短，黄褐色，顶端色较深。梗节黑色，具金属光泽，长为宽的1.5倍；鞭节深褐色，为头宽的1.1倍，感觉器在每一节上排成1行。足基节、腿节深蓝色，前足和中足胫节黄褐色，后足胫节褐色到全绿色。胸部长为宽的1.5～1.6倍，小盾片的长大于宽，刻点多，密布长毛。并胸腹节有轻微刻纹，亚中隆线明显，中部明显弯曲。中胸后侧片下部淡褐色。翅基片蓝绿色，翅透明，翅脉及毛为黄褐色。腹部几乎与胸部等长，产卵鞘长于头胸部。雄虫体长1.7～2.1毫米，触角柄节黑色，有金属光泽，第一索节长为宽的1.6倍，每节上的感觉器排成2～3行。足胫节色较深，具金属光泽。并胸节具亚中隆线，中部弯曲不明显，腹部明显短于胸部。

中华长尾小蜂一年发生1代，以老熟幼虫在当年生栗瘿蜂干枯虫瘿内越冬。翌年3月中下旬至4月上旬化蛹，蛹期16.7天。在山东省泰安市成虫于4月上中旬羽化，先在虫瘿内停留2～3天，当旬气温达到13.7℃时成虫开始飞出虫瘿，平均出蜂历期近10天，每天在上午10时至晚8时出蜂，占出蜂总量的80%～90%。出蜂后当天下午至傍晚交尾，多数只交尾1次，在1分钟完成交尾。雌蜂寿命平均4.7天，雄蜂寿命3天左右。成虫取食蜂蜜水寿命可延长，交尾次数增加，产卵量也增加。雌、雄比例为1∶0.9，雌虫携卵量18.6粒，喂20%蜜水雌虫携卵量26.4粒。成虫有趋光性，在林间，白天常栖息在有阳光的叶片上。气温低于15℃时常静伏不动，在18℃以上即正常活动。当栗芽萌发不超过3厘米、栗瘿蜂虫瘿尚未完全形成时，成虫先用触角快速敲打每个栗芽，探测到寄主幼虫新鲜还未被其他天敌寄生时，伸出产卵器刺入虫瘿中，于寄主幼虫体内注入毒液，再产1粒卵于寄主幼虫体表或虫瘿内壁上，正常情况下在一头寄主上只产1粒卵。但当寄主幼虫数量不足时，会出现过寄生现象，1头寄主幼虫可能有2～5粒卵，过量卵孵化出的多头幼虫，因营养不足而中途死亡。初孵化的幼虫很少活动，附着在寄主幼虫体表吸食其体液。幼虫取食10多天后即进入老熟阶段，可取食虫瘿内壁较松软的组织。老熟幼虫极为活跃，受触动时跳动，在干枯虫瘿内的幼虫自然死亡率很低。6～7月份幼虫老熟，在栗瘿蜂虫瘿内过夏越冬。

栗瘿蜂的天敌有30余种，有寄生的也有重寄生的，形成一个复杂的寄生群落，中华长尾小蜂是该群落的优势种群，其寄生率占总寄生率的60%以上。影响中华长尾小蜂种群数量变动的因素主要有性比、过寄生、重寄生、幼虫期死亡及成虫羽化期死亡等。在栗瘿蜂大发生年份，有利于长尾小蜂的生长和繁殖，种群数量不断增加，寄生率不断升高到70%～90%，栗瘿蜂危害大幅下降到3%～5%，栗瘿蜂发生数量衰退，由于过寄生、重寄生，幼虫期、成虫期自然死亡上升，长尾小蜂种群数量下降，山东省泰安市每6～8年出现一次周期变动。

河北省迁西县干柴峪大队，长尾小蜂寄生率由1978年的7.1%上升到1980年的81.2%，栗瘿蜂危害率由9.3%降到1.9%。北京市长尾小蜂寄生率一般50%左右，最高达到90%以上。在冬季修剪时，将剪下的栗瘿蜂虫枝放在背风处，用树叶秸秆覆盖30厘米，存活率92.7%～100%，这对1月份平均气温－12℃，年平均气温7.6℃地区尤为重要。翌年，当栗芽萌发不超过3厘米、平均旬气温13.7℃时，将带栗瘿的枝条均匀放到栗园里，在枝条上喷20%蜂蜜水，供雌虫补充营养，以提高产卵数量，持续2～3年即可控制栗瘿蜂的危害。

六、柿蒂虫

Kakivoria flavofasciata Nagano

又名柿实蛾、柿钻心虫。属鳞翅目，举肢蛾科。

（一）形态特征

成虫　雌蛾体长7毫米，翅展15～17毫米；雄蛾体长约5.5毫米，翅展14～15毫米。头部黄褐色，复眼红褐色，全体紫褐色，胸部中央黄褐色。触角丝状。前、后翅狭长，翅端和后缘具长缘毛。前翅近顶角处有一黄色条斑。后足长，静止时向后上方伸举，足和腹末呈黄褐色。

卵　乳白色，椭圆形，长径 0.5 毫米，短径 0.36 毫米。卵壳表面有细微小纵纹，上部有白色短毛。

幼虫　老龄幼虫体长 10 毫米，头部黄褐色，前胸背板及臀板暗褐色，胴部各节背面呈淡暗紫色。中后胸背面有"X"形纹，并在中部有一横列毛瘤，毛瘤上有 1 根白色细长毛。胸足浅黄色。

蛹　全体褐色，体长 7 毫米，外有污白茧。

（二）发生规律

柿蒂虫主要分布于河北、山西、山东、河南、陕西、甘肃、安徽及江苏等省。是太行山区和关中地区柿子最重要害虫。幼虫蛀食果蒂，引起"柿烘"、"旦柿"、"黑柿"，早落，一般年份受害果率 10%～20%，严重时高达 90%以上，造成绝收。

柿蒂虫一年发生 2 代，以老龄幼虫在树皮裂缝及柿蒂内结灰白色茧越冬，也有在根颈附近土壤里越冬的，以主干及主枝裂缝处为多，占 90%以上。在陕西省关中地区，翌年 5 月下旬至 6 月中旬化蛹，蛹期 13～15 天。成虫在 6 月中下旬羽化，每一雌虫产卵 19～60 粒，卵期 5～6 天。6 月下旬至 7 月上旬第一代幼虫蛀果危害期，幼虫期 30 天左右。7 月下旬至 8 月上旬幼虫化蛹，蛹期 6～8 天。当年第一代成虫羽化在 8 月上旬，幼虫蛀果危害至 9 月上旬，陆续脱果越冬。成虫飞翔力弱，一次飞迁 15 米，白天静伏叶背阴暗处，趋光性弱，晚上 9 时前后交尾产卵，卵多产在柿蒂间缝处，成虫寿命 9～11 天。初孵化幼虫先吐丝将果柄柿蒂缠绕，将果柄咬一圆洞，自果柄洞下蛀入果肉，围绕柿蒂和果柄蛀食，不断将虫粪推出蛀孔外。当被害柿果变黑发软，引起早落，或干缩挂在树上，幼虫夜里转移邻近柿果危害。第一代幼虫转移危害5～6果，在最后一个受害果内结茧化蛹。第二代幼虫蛀食柿蒂后，引起柿果提前“变黄”、“变红”、变软，俗称“烘柿”、“旦柿”，早落，对柿子产量影响很大，满树柿子常因柿蒂虫危害，采收前大部分早落，甚至绝收。

（三）生物防治措施

1. 柿蒂虫缺沟姬蜂（*Lissonota* sp.）的保护利用 柿蒂虫缺沟姬蜂雌性体长6.5～7.2毫米，翅展9.3～9.6毫米，触角34节，产卵器长2.4毫米；雄性体长6～7毫米，翅展9～9.4毫米，触角36节。触角柄节、梗节及鞭节前3节为黄褐色，其余各节黑褐色。体、复眼黑色，复眼眶、颜面及口器黄色，单眼座及后头黑色。后头缘基完全。胸背赤褐色以至深褐色。中胸盾片有4条黄色纵纹。前胸板、中、后胸侧板、翅基片及小盾片为黄色。无前沟缘脊，有胸腹侧脊及中胸侧缝，无腹板侧沟。并胸腹节只有2纵脊，两侧各有侧脊，两侧缘黄色。胸部腹面黄褐色。翅透明，翅痣及翅脉黑褐色，无小翅室。足黄色，前足胫节末有1距，中、后足胫节末各有2距。幼虫为无头、无足型，体长6.8毫米，体两侧各有2条深色条纹，体白色。蛹为离蛹，体长6.4毫米，雌蛹产卵器弯曲至头顶。初期乳白色，后期变黑褐色（图5-1）。

据孙益知、花蕾等观察，该蜂一年发生2代，以幼虫在寄主幼虫体内越冬，在寄主幼虫化蛹前食尽其体内物质而发育老熟，咬破寄主幼虫体壁蠕动而出，在寄主茧内再结一长棒形茧化蛹，在22.5℃温度下，前蛹期10天，蛹期15天。羽化期6月中下旬与柿蒂虫羽化期基本吻合，略晚几天。当年第一代成虫羽化期8月中下旬，略晚于柿蒂虫。成虫羽化集中在上午7～12时，其中8～11时羽化占82.6%。雌、雄比例为1.5：

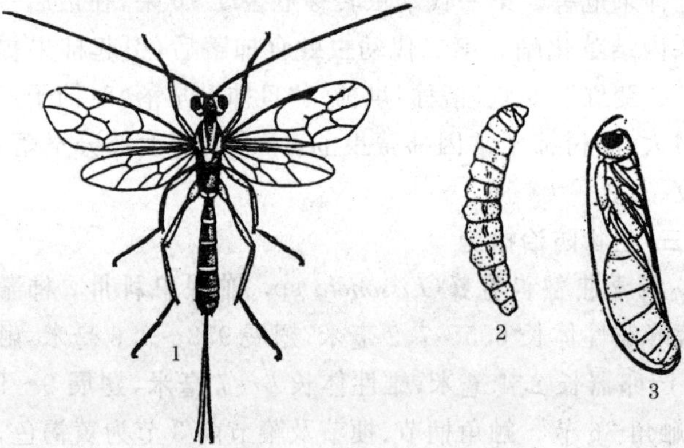

图 5-1 柿蒂虫缺沟姬蜂

1. 雌虫 2. 幼虫 3. 蛹

1,雄虫羽化较雌虫早 1～2 天。成虫寿命最长 20 天,最短 5 天,平均 13.3 天。饲喂 10%蔗糖水可延长 3～5 天。成虫多在上午 11 时前后产卵。缺沟姬蜂是控制柿蒂虫周期性 7～8 年大发生的重要因素。

1982 年陕西省乾县柿蒂虫果率 50%～70%。1983 年柿蒂虫缺沟姬蜂第一代寄生率 82.9%,第二代寄生率 93%,柿蒂虫果率降至 3%以下,持续 10 余年柿蒂虫果率在 1%～2%。

保护利用措施:没有柿蒂虫缺沟姬蜂的地方要引进该蜂,寄生率低的地方要采取保护措施,提高寄生率。

2. 白僵菌的保护利用 可在柿蒂虫危害严重树干,喷白僵菌液。最好在阴雨天湿度大时喷。

七、舞毒蛾

Lymantria dispar L.

又名秋千毛虫、柿毛虫。属鳞翅目,毒蛾科。

(一)形态特征

雄虫 体长约20毫米,翅展约45毫米,全体茶褐色。触角双栉齿状。前翅有4～5条波状横带,翅外缘色深宽带状,中室中央有一黑褐色点,外端横脉上有一横“人”字形黑褐色纹。后翅外缘深褐色。前、后翅反面为均黄褐色。

雌虫 体长约25毫米,翅展70毫米,全体白色,前、后翅外缘每两条脉间有一黑褐色斑点,前翅中室内、外有黑褐斑纹。触角双栉齿状,较雄虫细长。腹部粗大,腹末有黄褐色毛丛。

卵 圆形,稍扁,直径1.3毫米,初产杏黄色,后变褐色,数百粒至上千粒卵集成卵块,其上覆盖很厚的黄褐色鳞毛。

幼虫 老龄幼虫体长50～70毫米,头黄褐色,有“八”字形灰黑色纹。胴部暗灰色,背线黄褐色,每体节有6个毛瘤,以背面中央的一对毛瘤色泽最鲜艳,前胸至腹部第二节的毛瘤为蓝色,腹部第三至九节的7对毛瘤为红色,这些毛瘤上还生有棕黑色短毛。各节两侧的毛瘤上生有黄褐色长毛。

蛹 体长19～34毫米,红褐色或黑褐色,外有黄色毛丛。

(二)发生规律

舞毒蛾在我国分布于黑龙江、吉林、辽宁、内蒙古、山西、河北、陕西、宁夏、甘肃、青海、新疆、山东、河南、湖南、四川、江苏、贵州和台湾等省、自治区。在欧洲、北美洲以及朝鲜半岛和日本等都有分布,为世界性害虫。主要分布在北纬20°～58°之间。寄主植物500多种,有柿、苹果、梨、栗、核桃、桃、李、杏、樱桃、山楂以及杨、柳、榆、桦、刺槐、桑、悬铃木、栎、云杉、槭、椴、紫藤等。我国东北地区常呈局部大发生，1974～1976 年在辽宁省南部 11 县、市，1981 年在辽阳市大发生，对果树、养蚕及树木造成很大损失。

舞毒蛾一年发生 1 代，以完成胚胎发育的幼虫在卵壳内越冬。翌年 4 月下旬至 5 月上旬，幼虫孵化吃掉卵壳，群集枝干爬到嫩芽、叶片取食。白天静止，夜晚取食叶片成孔洞，受惊动吐丝下垂，随风吹传播。幼虫共 6～7 龄，危害 45 天左右，食量大，常食光树叶。6 月上中旬幼虫老熟，多在树皮裂缝处结薄茧化蛹，蛹期 10～14 天，6 月下旬至 7 月上旬羽化。雌蛾多在稀疏果树林木上产卵。每只雌蛾产卵 400～1 200 粒，卵块盖有一层鳞毛。研究表明，舞毒蛾大发生周期 8 年左右。天气干旱，发生周期常缩短。前苏联资料，如果每米^2 有卵 500 粒以上，将会大发生，如果卵块的卵粒大多在 1 000 粒以上，预示猖獗期的到来。

（三）生物防治措施

1. 舞毒蛾核型多角体病毒的利用　舞毒蛾核型多角体病毒侵染 7 天左右幼虫即死亡。1997 年开始进行大面积防治，用新增殖的 NPV 液稀释成 8.2×10^5～3.2×10^6 多角体/毫升病毒液，防治 1～3 龄幼虫，平均防治效果 92.25%。1982 年黑龙江省迎春县用航空喷洒 NPV，0.6×10^7 多角体/毫升，800 升加 2 千克活性炭，采用低容量喷雾，杀虫率稳定在 85%～90%范围内。

2. 苏云金杆菌制剂利用　国内外试验证明，苏云金杆菌可用于防治舞毒蛾幼虫。福建农林大学筛选出 B.t.d61 株系发酵液，稀释 350 倍液，6 天幼虫死亡 85%。东北林业大学试验苏云金杆菌粉加入苏云金杆菌液体培养物上清液粉，可明显提高杀虫活性，增效达13%。和灭幼脲3号混合可提高防治效果20%。和核型多角体病毒混合使用也可提高防治效果。国外研究利用舞毒蛾小茧蜂寄生幼虫，传播苏云金杆菌防治舞毒蛾幼虫。

中国林业科学院林业研究所李明亮等(2000)转B.t.基因于杨树，转移B.t.单一基因杨树，舞毒蛾幼虫取食叶片10天后死亡率达40%以上。转B.t.双基因杨树，幼虫取食叶片10天，死亡率达到100%。

3. 舞毒蛾寄生天敌昆虫的利用

(1)舞毒蛾黑瘤姬蜂(*Coccygomimus disparis* Vicreck) 雌成虫体长9～16毫米。体黑色，触角节端部赤褐色，后足腿节端部及转节黑色，其他足赤黄色。前翅长11～14毫米，透明，翅痣、翅脉黑褐色，小翅室非正菱形。中胸盾片稍隆起，密布刻点。腹部被刻点，有光泽，产卵管褐色，伸出部分约为腹部长的1/2。卵乳白色，长0.2毫米，宽0.35毫米，一端圆，另一端为锥形。幼虫淡黄色，体扁宽，老龄幼虫体长11毫米，宽4.5毫米，头内缩，背腹板两侧纵褶。蛹为离蛹，长12～13毫米，黑褐色。在山东省烟台市一年发生4～5代。以幼虫在舞毒蛾等幼虫或蛹内越冬。翌年3月下旬至4月上旬化蛹，蛹期27天，4月下旬羽化，产卵于寄主幼虫和蛹内，5月底至6月上旬羽化第一代成虫，此后在7月中下旬、8月中下旬及9～10月份均有成虫。可寄生卷叶蛾、梨星毛虫、桃蛀螟、菜粉蝶、大袋蛾等。该蜂分布近20多个省、市、自治区。在烟台市舞毒蛾被寄生率达70%～80%。

(2)卷叶蛾瘤姬蜂(*Itoplectis altenrans spectabilis* Matsumura) 雌成虫体长7～10毫米，全体黑色，翅基片黄色。触角26节，赤褐色，柄节黑色。翅透明，翅脉赤褐色，翅痣淡黄褐色，小室菱形，足大部赤黄色，胫节、跗节黄白色，后足胫节基部及先端、跗节各节前半部及爪黑色，腹部刻点明显粗。腹部各节后缘褐色或黄色。产卵器长2毫米，赤黄色，鞘黑色。雄虫体长6～7毫米，后足基节黑色。该蜂以幼虫或蛹在寄主蛹内越冬，寄主有卷叶蛾类幼虫、舞毒蛾、松毛虫、榆卷叶蛾等。4月下旬至5月上旬越冬代成虫羽化，产卵于寄主预蛹体内。6月上旬至下旬发生第一代成虫，7～8月份发生第二代成虫，9～10月份发生第三代成虫，10～11月份在榆卷叶蛾等预蛹内越冬。我国东北、华北各有分布。和舞毒蛾黑瘤姬蜂一起，对舞毒蛾寄生率可高达90%。

(3)舞毒蛾平腹小蜂(*Anastatus disparis* Rusch)　雌成虫体长2.6～3.4毫米，翅展4.2～5.4毫米，头扁，体绿色，有光泽，复眼褐黑色，触角13节，中胸盾板两侧片墨绿色，中片之后紫蓝色，小盾片三角形，略带绿色。前翅褐色，近基部透明，无色，后翅透明无色。足黄褐色，腿节、胫节上面黑褐色，跗节浅黄色，爪黑褐色。腹部短于胸部，墨绿色，产卵管黄褐色。雄虫体长1.8～2.4毫米，较雌略小。在山东省烟台市一年发生3代，以幼虫在寄主卵中越冬。翌年5月中旬至6月成虫羽化，产卵于水青蛾、枯叶蛾卵中，成虫寿命30余天，每头雌蜂产卵200粒左右。7～8月份羽化的成虫产卵于舞毒蛾、松毛虫、水青蛾的第二代卵中。舞毒蛾卵寄生率30%～40%。和舞毒蛾卵跳小蜂(*Ooencyrtus kuwanae* Howard)一起，卵寄生率可达60%～70%。

在烟台市还有广大腿小蜂(*Brachymeria obscurata* Walker)和毛虫追寄蝇(*Exorista amoena* Mesnil)等寄生舞毒蛾幼虫。

1980年在烟台市选择柿、核桃、杏、桃、苹果及石榴等80

多株，每年 6 月中旬及 7 月上旬各喷 1 次 80%敌敌畏乳剂 1 500倍液，防治舞毒蛾危害叶。附近 300 米处有柿、核桃、桃、李、石榴等 80 多株，长年未喷杀虫剂，每年 11 月采集舞毒蛾的卵块放养虫笼内，翌年 4 月份将卵块分别放入碗中，将碗放入水盆中，以防未被寄生的舞毒蛾幼虫爬出。每 40 株放 1 个天敌饲养笼，放 10 个水盆。药剂防治的叶片受害率 1980 年为 25%，1987 年为 17%，1988 年为 21%。生物防治的，受害叶率 1980 年为 17%，1987 年为 9%，1988 年为 7%。充分证明保护利用天敌昆虫基本可以控制舞毒蛾的危害。

4. 性信息素的利用　舞毒蛾性信息素为顺-7.8-环氧-2-甲基-十八烷，每个诱芯含 10～100 毫克，可诱集 50～100 米远处的雄蛾，诱芯下放一个水碗诱捕器，平均每天诱雄蛾 1～2.6 头，在害虫密度为 300 头/公顷时，可有效控制虫害。密度大时效果不好，单位面积诱雄蛾百分率与整个群体雄蛾总数成反比。

八、枣尺蠖

Chihuo zao Yang

又名枣步曲。属鳞翅目，尺蠖蛾科。

（一）形态特征

雄蛾　体长 10～15 毫米，翅展约 30 毫米，鼠灰色。触角双栉齿状。喙极小，下唇须短，多长毛。胸背有一条黑细横线。前翅灰褐色，内、外横线波状，黑色，中室端部有一黑纹。后翅灰色，有一条波状黑色横线，中室端部有一黑斑。

雌蛾　无翅，体长 12～17 毫米。头小，体纺锤形。触角丝状。喙退化。胸部后缘有一黑色横纹，腹部各节背面均有一对小黑点。腹末有一丛黑色鳞毛。

卵　长椭圆形，长 0.9～1.0 毫米，初产黄绿色，有光泽，近孵化时变灰黑色。常数十粒或几百粒结成卵块。

幼虫　共 5 龄，初孵化幼虫黑色，胴部有 6 条白色横环纹。2 龄幼虫深绿色，有 7 条白色纵条纹。3 龄幼虫灰绿色，有 13 条黄、灰相间纵条纹。5 龄幼虫灰褐色或青褐色，有 25 条灰白色纵条纹，体长 45 毫米，腹足 2 对。

蛹　体长 14～18 毫米，纺锤形，红褐色。腹末臀刺交叉，基部两侧各有一小突起。

（二）发生规律

一年发生 1 代，有极少数个体两年发生 1 代。以蛹在树盘土壤中越夏越冬，距根颈 1 米内越冬蛹占 68.4%，入土深度 0～13 厘米，入土 7 厘米左右处占 61.4%。越冬死亡率平均为 59.9%。蛹需经过 3 个月以上的低温才能解除滞育，一般在 1 月下旬解除滞育。当春季候平均气温高于 7℃时，成虫开始羽化出土，候平均气温为 11℃～15℃时为成虫羽化出土高峰期，候平均气温超过 17℃时羽化终止。成虫寿命一般 5～6 天。雌蛾出土后当晚爬上枣树，等待雄蛾交尾。交尾一天后开始产卵，第二、三天为产卵高峰期，卵产于枣树主干主枝、枣股粗皮裂缝处，外盖尾部鳞毛。平均每雌产卵 5.5 块，一般产卵 1000 粒，最多 1800 粒卵。卵期平均 22 天，枣树发芽时幼虫开始孵化，5 月上中旬展叶期为孵化盛期。初孵化幼虫，喜向上爬至树冠觅食，遇惊动吐丝下垂，随风飘荡。幼虫期 32～39 天。一头幼虫一生平均食枣叶 150 余片，食枣花 599 朵。5 月下旬至 6 月中旬幼虫老熟，沿树干下爬至树冠下土壤入土作土室，经 6～7 天化蛹后越夏越冬。

枣尺蠖发生在我国枣产区，北方枣区受害最重，大发生年份若防治不力，可将枣叶食光，是枣树最重要害虫。还可转移到苹果、梨、桃树上危害。当每百枣股平均幼虫 7.5 头时必须防治。

(三)生物防治措施

1. 苏云金杆菌剂的利用 在枣尺蠖 3 龄前幼虫，喷洒苏云金杆菌、杀螟杆菌、青虫菌、7216 等，浓度为每毫升稀释液含孢子 0.5 亿左右 2000 倍液。

2. 枣尺蠖核型多角体病毒的利用 张兆义等(1979)从山东省无棣县枣尺蠖幼虫自然感病尸体中发现的。室内试验和田间大面积防治试验表明，对 2～5 龄枣尺蠖幼虫致病性都很强，病死虫尸浸提液 100～1 600 倍或每毫升病毒液含多角体 5×10^4～5×10^8，杀虫效果均在 80%～100%。每公顷枣树用 105 头病死虫尸浸提液即可防治枣尺蠖幼虫危害。病毒增殖方法，宜用纱笼饲养枣尺蠖幼虫，接种病毒，感病幼虫尸体在液化后收尸贮藏(干燥后贮存，或冰箱 0℃左右湿存备用)。在田间大量捡拾感病虫尸贮存备用。

3. 步曲轭姬蜂(*Barylypa* sp.)的利用 步曲轭姬蜂是枣步曲蛹期重要天敌。成虫体长 14～16 毫米，体黑色，头胸部有细毛。上颚具 2 齿，上齿长于下齿。触角 42 节，柄节长为梗节的 3.6 倍。前胸背板缺盾纵沟，胸腹部侧脊弯曲，其上端与侧板的前缘在前胸背板的下角处相遇。中胸盾片无横沟。翅痣及翅脉褐色。足基节、转节黑色，其他节黑褐色，爪黄褐色。前足胫节有 1 个距，后足胫节有 2 个距，跗节不膨大。并胸腹节黑色，具网状皱褶。腹部第二节背板折缘较窄，以 1 个脊与背板分离。第二腹节明显长于第三节。产卵器短，长约 1.3 毫米。卵一端钝圆，另一端尖削，长约 0.2 毫米。幼虫白色、透明，1 龄幼虫体长 2.1 毫米，老龄幼虫体长 10～15 毫米，两端尖削，中部几节肥大，无足。蛹长 12 毫米，初期白色，后期头胸变成黑色。

朱海清(1982)报道,枣步曲瓶姬蜂在天津市每年发生1代,以幼龄幼虫在枣步曲蛹内越冬。翌年3月上旬随气温转暖在蛹内发育,4月中旬幼虫老龄,开始化蛹,5月下旬成虫开始羽化,6月中旬为羽化高峰期,一直延续到6月下旬结束。该蜂羽化期正值枣步曲幼虫老龄化蛹期,产卵于枣步曲预蛹内,待幼虫孵化后,以1～3龄幼虫在枣步曲蛹内越冬。

成虫交配多在晴天上午9～11时进行,1头雌蜂可产卵280粒,成虫在喂蜂蜜水情况下可生活14天,最长25天。1头枣步曲蛹可同时被2～7头寄生蜂寄生,但最后只能育出1头寄生蜂成虫。1龄寄生蜂幼虫寄生在枣步曲蛹的头胸部,3龄幼虫转移到寄主蛹的腹部取食。枣步曲蛹被寄生后,发育停止,春季姬蜂幼虫继续发育到6龄时,将寄主体内组织器官全部食尽,在寄主预蛹内壁分泌一层薄丝开始化蛹,成虫羽化时在寄主蛹的前端咬一圆形羽化孔爬出。枣步曲蛹被寄生率约在25%左右。

枣步曲幼虫老龄期不喷杀虫剂,保护寄生蜂。收集被寄生枣步曲蛹释放田间。

九、枣镰翅小卷蛾

Ancylis sativa Liu

又名枣粘虫、枣实蛾。属鳞翅目,小卷叶蛾科。

(一)形态特征

成虫 体长6～7毫米,翅展13～15毫米。越冬代体灰褐色,夏秋各代黄褐色。触角丝状,复眼暗绿色。前翅顶角尖伸,下缘弯曲成镰刀状,翅前缘有黑褐色短斜纹10余条,自翅基部有2条深褐色纵纹伸向外缘。外缘色略深,密生细长缘毛。

后翅暗灰色，缘毛较长。足黄色，跗节具黑褐色环纹。

卵 扁椭圆形，长径0.4～0.6毫米，表面有网纹。初产时透明，黄白色，后变为黄红色或橘红色。

幼虫 初龄幼虫头黑褐色，体黄褐色，取食后体变黄绿色，前胸背板及臀板褐色，胸足黑褐色。老龄幼虫体长12～15毫米，黄白色，头部红褐色至暗褐色，其两侧有黑纹和紫色斑，前胸背板和臀板褐色，后者有赤褐色“山”字形斑纹。各体节疏生细毛。腹足趾钩双序环，臀栉3～6齿。

蛹 纺锤形，长6～8毫米，黄褐色，各腹节有2列刺突，腹末有8根弯曲的刚毛，蛹外有白色薄茧。

（二）发生规律

枣粘虫发生于我国各枣产区。幼虫食害嫩芽、嫩叶、花蕾、幼果，后期吐丝将果叶粘合在一起，严重影响枣的产量和质量。还危害酸枣。

枣粘虫在我国北方枣区一年发生3代，江苏、浙江省一年发生4～5代。以蛹在枣树主干、主枝粗皮裂缝中越冬，在北方翌年3月下旬成虫开始羽化，4月上中旬达羽化盛期，5月上旬为羽化末期。雌雄比例约为1∶1。成虫寿命7天左右。第一代成虫羽化期在6月中下旬，第二代成虫羽化期在7月中下旬至8月中旬。成虫有强趋光性，早、晚活动，越冬代雌虫产卵于一、二年生枝条和枣股上，第一、二代雌虫产卵多在叶面中脉两侧，卵散产。卵期6～7天，第一代卵期13天。第一代幼虫正值枣树发芽期，取食新芽和嫩叶；第二代幼虫发生于枣树开花期，幼虫食害叶、花蕾和幼果，严重影响坐果率；第三代幼虫发生在枣果着色期，除食害枣叶外，还吐丝粘合叶、果，啃食果皮，蛀入果内绕核取食果肉，并排出虫粪，引起大量落果。第一、二代幼虫老熟后在被害叶中结茧化蛹，蛹期9天。第三代幼虫老熟后，于9～10月树皮裂缝结茧化蛹越冬，蛹期180余天。

（三）生物防治措施

1. 性信息素的利用 枣粘虫性信息素由反、顺-9-十二碳烯醇酯按80∶20或83∶17的比例配合而成，对雄蛾引诱作用强。在成虫羽化期，每公顷挂水碗式诱捕器45个，诱杀雄蛾，卷叶率降低77%，幼虫数减少84.3%。若用迷向法防止雄蛾交配，则每株需用1 500微克性信息素，迷向率在60%～95%。

2. 利用苏云金杆菌制剂防治 在幼虫孵化盛期，喷洒苏云金杆菌、青虫菌、杀螟杆菌制剂100～200倍液，杀死低龄幼虫。

3. 释放松毛虫赤眼蜂防治 李连昌(1980)在山西省交城县，在枣粘虫第二代成虫产卵盛期6月中旬，每株放赤眼蜂700～750头，10天后检查寄生率平均为83%。同时在田间集团式放蜂，每株放蜂3 000～7 000头，平均寄生率为88%。试验表明，赤眼蜂迁移力弱，应采取每株放蜂的方法，不但放蜂总量减少，而且效果好，经济实用。

十、褐边绿刺蛾

Parasa consocia Walker

又名褐缘绿刺蛾。属鳞翅目，刺蛾科。

（一）形态特征

成虫 体长15～17毫米，翅展38～40毫米。雌蛾触角丝状，雄蛾触角栉齿状。头和胸背绿色，中央有棕色纵线，前翅绿色，基部有暗褐色大斑，外缘为黄色宽带，其上散有暗褐色小点和细横线，宽带内外缘各有一暗褐色波状纹。后翅与腹部灰黄色。

卵 扁平，椭圆形，长1.9～2.2毫米，黄绿色或蜡黄色。卵块鱼鳞状排列，每卵块有2～13粒卵。

幼虫 共8～9龄。初龄幼虫黄色，老龄幼虫黄绿色，体长25～28毫米，体宽7～9毫米，背线蓝色，气门上线及气门线呈蓝、黄色纵带。前胸背板有一对黑斑。自中胸至第八腹节各有4个刺突，丛生黄色刺毛。腹末有4个蓝黑色绒球状毛丛。胸足小，退化为吸盘状。

蛹 长13～17毫米，淡黄褐色。

茧 椭圆形，长15～19毫米，棕褐色似树皮色，腹面凹陷。

（二）发生规律

国内各地多有发生，寄主植物有枣、苹果、梨、杏、桃、李、梅、樱桃、山楂、柑橘、柿、核桃、石榴以及林木50余种。以幼虫蚕食叶片，导致树势衰弱而减产。

褐边绿刺蛾在东北、华北和西北等地区一年发生1代，在河南省以南一年发生2～3代。均以老熟幼虫结茧越冬。在北方，越冬茧多在树盘草丛浅土层内或树根处。翌年5月中下旬越冬幼虫开始化蛹，6月中下旬成虫羽化产卵，7～8月份为幼虫发生危害期，8月下旬至9月下旬幼虫陆续老熟，下树寻找适宜场所结茧越冬。在南方，越冬茧除在树下浅土层中越冬外，还可在落叶下、树上主枝和侧枝的树皮上结茧越冬。越冬幼虫4月下旬至5月上旬化蛹，5月末至6月上旬越冬代成虫羽化。6～7月份幼虫危害，8月中下旬第一代成虫羽化，8～9月份幼虫危害，10月上中旬幼虫老熟结茧越冬。成虫有趋光性，夜间交尾。卵多产在叶背面，常数十粒聚集成块，呈鱼鳞状排列。每雌产卵约150粒。卵期5～7天。初孵化幼虫先取食卵壳，群栖叶背取食叶肉，受害叶片呈网眼状，2～3龄幼虫分散危害，蚕食叶片成缺刻，危害严重时可将叶片吃光，只残留叶柄，还可向附近树迁移危害。幼虫体上的刺毛含有毒腺，人体皮肤接触后肿胀奇痛，故又称"洋辣子"。

（三）生物防治措施

1. 褐边绿刺蛾颗粒体病毒（PCGV）的利用 山东省惠民地区农业科学研究所1976年在山东省无棣县枣树区发生大量自然罹病死亡的褐边绿刺蛾幼虫，经鉴定为首次发现的褐边绿刺蛾颗粒体病毒所致。幼虫感病后停食，行动迟缓，7～9天后大批死亡。虫尸体肿胀透明，皮肤脆弱易触破，流出黄褐色液体，无腐臭味，时间稍长呈烂泥状。1979年山东省无棣县农业局，用50毫升典型病毒虫尸粗制品，加水50～70升，防治3 000株枣树低龄褐边绿刺蛾幼虫，虽然在喷施病毒液后的当天降雨12.5～33毫米，但20天后虫口下降86%，取得了良好防治效果。

2. 刺蛾紫姬蜂（*Chlorocryptus purpuratus* Smith）的保护利用 刺蛾紫姬蜂是褐边绿刺蛾、桑褐刺蛾、丽缘刺蛾和扁刺蛾的重要寄生蜂。华北、华中、华东和西北都有分布。

雌成虫体长15～20毫米，体紫色，具蓝黑色金属光泽，头横宽，单眼赤黄色，复眼紫褐色。触角丝状，黑褐色。前胸下方及中胸侧板多平行脊纹，中胸盾片有细皱脊，后方有中纵脊。翅透明，翅痣、翅脉黑色，小翅室小，近方形，前、中足腿节蓝黑色，胫节暗黄色。腹部密布细刻点，第二腹节特长。产卵管基部黄色，末端黑，与腹部第二节等长。雄虫较雌虫小。卵乳白色，长椭圆形，长约3毫米。幼虫乳白色，略带浅黄色。老龄幼虫体长10毫米。蛹为离蛹，初乳白色，后变紫黑色，长12～20毫米。

张耀章(1983)报道,该蜂在上海市一年发生2代,以幼虫在刺蛾茧中越冬,翌年6月中旬越冬幼虫化蛹,6月下旬成虫开始羽化,一直延续到8月上旬。第一代成虫8月下旬开始羽化,产卵于褐边绿刺蛾等茧内幼虫,以幼虫在寄主茧内越冬。成虫寿命15~20天,最长30天,卵期和蛹期均为6~8天。成虫产卵期持续7~15天,在一寄主茧内只产1粒卵。

采集越冬刺蛾茧放入粗纱笼中,待姬蜂羽化后放入果园,少喷药以保护寄生蜂。

十一、角斑古毒蛾

Orgyia gonostigma L.

又名赤纹毒蛾、梨叶毒蛾。属鳞翅目,毒蛾科。

(一)形态特征

成虫 雄虫体长8~10毫米,体灰褐色,触角羽状,前翅红褐色,前缘中部有淡黄白色长斑,近顶角处有黄色长斑,后缘角有一新月形白斑。雌虫体长10~12毫米,长椭圆形,灰黄色,体上有深灰色短毛和黄白色茸毛。触角丝状。翅短缩退化。

卵 长约0.8毫米,倒立馒头形,顶部凹陷,灰黄色。

幼虫 老龄幼虫体长40毫米,头部灰黑色,上生细毛。体黑灰色,被黄黑色毛,亚背线有白色短毛,体两侧有黄褐色纹,前胸和腹部第八节背面各有一束黑色长毛,第一至四腹节背面中央各有一黄灰色短毛刷。

蛹 体长11毫米。雄蛹黑褐色,尾端有长突起,腹部黄褐色,背有金色毛。雌蛹灰色。

(二)发生规律

角斑古毒蛾分布于吉林、辽宁、黑龙江、河北、河南、陕西、江苏、四川等地。寄主植物有苹果、梨、山楂、桃、核桃、海棠、悬铃木、柳、泡桐、榆、樱花、红叶李、杨树、花椒、白玉兰、月季、枫杨、美人蕉、花棒等。以幼虫蚕食叶片，发生严重时将整树叶片食光。

该虫在东北一年发生1代，陕西省一年发生2代，南京市一年发生3代，四川省南充市一年发生4代。以幼虫在树干翘皮内、根颈土石缝、落叶草丛中越冬，多以5～30头聚集越冬。卵期7～12天，孵化率53%～96%。幼虫共6～7龄。幼虫生长期22～28天。幼虫老熟后在卷叶中结白色丝网化蛹，蛹期5～8天。成虫寿命5～12天。雄虫略多于雌虫。每雌产卵222～534粒。

（三）生物防治措施

1. 古毒蛾追寄蝇（*Exorista larvarum* L.）的保护利用 古毒蛾追寄蝇成虫体长6～12毫米，体黑色，体被灰白粉。雄虫额宽为复眼宽度的3/4，雌虫额与复眼大致等宽。侧额及颊覆灰黄色粉被，其分布随额鬃下降到侧颜，额密被细毛。翅的前缘脉发达，其长度几乎与径中横脉长度相等。雄虫肛尾叶近长方形，薄片状，上宽下窄，向腹面弯曲，末端具一小齿。幼虫蛆初乳白色，老龄淡黄色，体长7.2～12.8毫米。蛹圆筒形，长7.8毫米，初蛹黄白色，后渐黑褐色。

王新明（1978）在陕西省榆林市观察，以蛹在土壤里越冬。和古毒蛾一样在当地一年发生2代。越冬代成虫于5月上旬开始羽化出土，成虫寿命3～8天。产卵于古毒蛾幼虫体内。一般一头寄主幼虫体内有1～2头寄蝇幼虫，多者4～6头，但最后能发育化蛹的只有1头，个别2头。当年第一代幼虫于6月上中旬开始离开寄主虫体，7月上中旬为幼虫离开寄主化蛹盛期，7月下旬结束。离开寄主时间以上午5～8时最多，入土后经2～5小时化蛹，蛹期9～34天，平均19天。当年第一代成虫6月下旬开始羽化，7月中下旬为羽化高峰期，8月中旬羽化结束。第二代幼虫于8月中旬开始脱离寄主幼虫入土化蛹，9月上旬为化蛹盛期，10月上旬幼虫化蛹结束。古毒蛾追寄蝇成虫羽化期和古毒蛾幼虫孵化期十分吻合，只要不失时机地收集寄生蝇幼虫化蛹，扩大繁殖释放成虫，就能控制古毒蛾的大发生。

2. 广大腿小蜂(*Brachymeria lasus* Walker)的保护利用

广大腿小蜂雌虫体长6～7毫米，雄虫体长3～6毫米。体黑色，翅基片、前、中足的腿节、胫节、跗节为黄色，头部有明显刻点。触角12节，黑褐色。翅透明，密布纤毛，翅脉褐色。后足基节末端内侧具一突起，腿节特别膨大，外侧具11～12个小齿，大部黑色，顶端有黄色斑。腹部短，卵圆形，第一腹节背板光滑。卵浅黄色，长条形，一端稍细。幼虫乳白色至灰白色，头部粗，末端稍细。蛹为裸蛹，初乳白色，后变黄褐色，羽化前黑色。茧极薄，黄褐色，长约5毫米。

该蜂在湖北省一年发生4～5代，以成虫在树皮裂缝、树洞、枯枝落叶、土石缝隙内越冬，第二年4～5月间成虫开始活动，寻找寄主蛹产卵，6～10月份都有成虫出现。在25℃～26℃条件下，完成1代41天，30℃时完成1代24天。在27℃～28℃条件下，卵期1天，幼虫期15天，蛹期9天，成虫寿命4～7天，20℃时成虫寿命30天。成虫羽化后1～2天即交尾，产卵期3～5天，每头雌虫产卵80～100粒。雌虫用触角敲击寄主茧蛹，将产卵器刺入蛹内产卵，在1个蛹上只产1粒卵。卵和幼虫都在寄主蛹内生活。被寄生蛹表面油光，第四至七腹节后缘各有黑褐色环纹。除了成虫羽化不喷杀虫剂保护寄生蜂，还可人工饲养柞蚕蛹繁殖广大腿小蜂。

3. 古毒蛾核型多角体病毒的利用 王新明1977年首次

发现角斑古毒蛾核型多角体病毒，4～5龄幼虫感病尸体呈倒“V”形挂在树枝叶上，体壁极脆，稍触动即流出黄褐色脓液。镜检含大量多角体。多角体近球形，平均直径3.5微米，最大4.6微米。将病毒虫尸液用水稀释50倍喷施，对幼虫7～10天死亡率95.4%。病毒液在0℃～5℃冰箱内保存1年，对古毒蛾毒力丝毫不减。可人工收集古毒蛾幼虫感病尸体，获病毒液用于防治。田间自然感病率84.6%，控制了古毒蛾的大发生。

十二、龟 蜡 蚧

Ceroplastes japonicus Green

又名日本龟蜡蚧。属同翅目，蜡蚧科。

(一)形态特征

雌虫 体长2毫米，宽约1.5毫米，体扁椭圆形，紫红色。产卵时体呈半球形，长2.5～3毫米，宽2～2.5毫米。体背覆白色蜡质介壳，表面有龟状凹纹，周缘有7个突起，似龟甲。体腹面柔软。触角鞭状，5～7节，第三节较长。复眼黑色，位于体前缘。喙棕色，口针细长。足发达，腹部7节，产卵孔位于腹末。胸、腹部横列生4对白色蜡腺。

雄虫 体长约1.3毫米，翅展2.2毫米。虫体淡红色，头和胸部背板褐色。触角鞭状，复眼黑色。翅1对，透明，膜质，有2条翅脉，基部分离。体背覆白色蜡质物，长椭圆形，似星芒状。

卵 长椭圆形，长约0.3毫米。初产橙黄色，半透明而有光泽。孵化前紫红色。

若虫 初孵化若虫体扁平，椭圆形，长约0.5毫米，体紫红色。触角丝状，复眼黑色。爬到叶片上固定12～24小时后，体背开始出现2列白色蜡点；7～10天后体背覆盖蜡层，周缘伸出15个三角形蜡芒，头部的芒长而尖，尾部的芒短。发育40～50天后，雌雄明显可辨。雌若虫体隆起，形似龟甲，周缘有7个圆突。雄虫仍持固有形态。

蛹 只有雄虫在蜡介壳下化蛹，裸蛹，长约1.2毫米，棕黄色，头、触角和胸的颜色较深。翅1对，白色，透明。触角鞭状。

（二）发生规律

该虫分布于我国各地枣产区，其中河北、河南、山东、山西和陕西省枣产区受害比较重。寄主植物主要有枣、柿、梨、桃、杏、苹果、樱桃、柑橘、石榴、葡萄、山楂及多种林木。以成虫、若虫刺吸枝条、叶片汁液，致使叶小、树弱、落果、分泌蜜露，引起叶片、枝干烟霉变黑，并影响光合作用，导致枣头、枣股枯死，甚至绝产。

龟蜡蚧每年发生1代，以受精雌虫聚集在一、二年生枝条上越冬，其中以当年生枣头上最多。翌年3月中下旬树液流动时继续刺吸汁液危害。4月中旬体型迅速增大。在北方枣区，雌虫5月底至6月上旬开始产卵，6月中旬为产卵盛期，每头雌虫产卵1500～2000粒，卵期18天左右，6月中下旬卵开始孵化，6月下旬至7月上旬为孵化盛期，孵化历期30余天。初孵化出的若虫迅速爬向叶片正面或嫩梢吸食危害，遇到大风可借风力爬向邻近枣树。虫口密度大时，枣吊、枣果也有若虫危害。初孵化的1龄若虫多在晴天上午9～10时爬向叶片，若虫期60余天。雄虫若虫于8月中旬化蛹，9月上旬为化蛹盛期，蛹期10～20天。8月下旬雄虫开始羽化，9月中旬为羽化盛期。雄虫白天飞迁活动，在上午11时至下午2时交尾。雄虫寿命3天。雄虫略比雌虫多。雌虫交尾后于8月下旬开始由叶片迁移到一、二年生枝条上，9 月上中旬为雌虫迁枝高峰，10 月上旬迁枝结束。回枝后雌虫固定一处刺吸危害，虫体略有增大，蜡壳逐渐增厚，至落叶树液停止流动时进入冬眠。

（三）生物防治措施

1. 球蚧花翅跳小蜂（*Microterys clausenis* Compere）**的保护利用** 球蚧花翅跳小蜂是日本龟蜡蚧和朝鲜球坚蜡蚧的重要天敌。该蜂雌虫体长 1.5～2.0 毫米，头部橙黄色，额为头宽的 1/4。复眼黑褐色，单眼红色，正三角形排列。触角 11 节，柄节、梗节及第一至四索节浅黑褐色，第五至六索节白色以至黄白色，棒节黑褐色、椭圆形。胸背青蓝色，有光泽，前胸、中胸盾片之侧叶及侧片、腹面、翅基片均为赤黄色。腹部黑褐色。前翅淡黑色，中央有透明横带，翅基后缘至翅中部有一较宽无毛透明纹，中部至肘脉及后缘分叉，翅脉灰褐色。足赤黄色，各跗节之末端褐色。中足稍大，中足胫节之距甚大。胸、腹部背面有细鳞状纹，腹部卵圆形，产卵器突出尾端。雄虫全体青蓝色，有光泽，触角黄褐色，足黄色，翅透明，较雌虫小（图 5-2 之 1）。

章宗江（1981）报道，球蚧花翅跳小蜂在山东省烟台地区一年发生 1 代，以幼虫在寄主体内越冬。翌年 4～5 月份越冬幼虫化蛹，5 月下旬至 6 月中旬羽化，从寄主体背咬一羽化孔飞出。多在上午 7～8 时羽化。成虫白天活动，夜间静伏不动。有趋光性和向枝梢上爬的习性，受惊能弹跳。成虫以蚧虫蜜露为食料时可以生活 15～20 余天，不补充食物寿命只有 6～12 天。6～7 月份雌虫产卵于龟蜡蚧若虫体内，卵有滞育现象。蚧虫越冬雌虫春季取食，体内脂肪增多，丰满肥胖，准备产卵时，寄生蜂幼虫迅速生长，将蚧虫体内组织食尽，只剩下外壳时开始化蛹，5～6 月份羽化出成虫。在一个龟蜡蚧虫体上一般寄生 1～2 头寄生蜂，个别有 4 头的，但羽化出来的寄生蜂体质衰弱。在山东省牟平、莱西等地调查，龟蜡蚧被寄生率高达 90%以上，朝鲜球坚蜡蚧被寄生率一般为 30%～40%。

2. 蜡蚧扁角短尾跳小蜂(*Anicetus ohgushii* Tachikawa)**的保护利用** 蜡蚧扁角短尾跳小蜂雌虫体长 0.8～1.0 毫米，翅展 2～3 毫米，体红黄蜡色。中胸盾片淡紫色，有反光，复眼紫黑色，面部及颊中有一横带，黑褐色，后胸后侧方及腹基褐色至黑褐色。触角黄褐色，柄节下缘与端部黑褐色，棒节扁平。小盾片上有刚毛 22～30 根。前翅除基部 1/3 及端缘无色透明外，余为褐色，近端缘环状部分深褐色，近基部缘脉之下有一列粗大刚毛；后翅无色透明，除基部无毛外，纤毛排列均匀。足黄褐色，胫节具 1 端距，后足胫节具 2 黑褐色斑。腹部短于胸部，产卵器突出。卵椭圆形，乳白色。幼虫蛆状，乳白色，老熟幼虫体长 0.9 毫米。蛹长 0.9 毫米，浅褐色，离蛹，复眼朱红色。

刘增荣等(1981)报道，该蜂在河南省安阳地区一年发生 3～4 代，以幼虫在龟蜡蚧雌虫体内越冬。被寄生的龟蜡蚧介壳扁小，蜡蚧腹膜呈灰黑色。翌年 4 月间，越冬幼虫开始活动取食龟蜡蚧虫体，5 月上旬幼虫老熟开始化蛹，蛹期 15 天，5 月中旬至 6 月上旬成虫羽化。第一代幼虫于 5 月下旬开始出现，6 月中旬至 7 月中旬化蛹，6 月下旬至 7 月下旬第一代成虫羽化产卵。第二代成虫于 8 月中旬至 9 月下旬羽化，前期羽化的成虫产卵后能继续发育，顺利完成第三代，于 9 月中旬至 10 月中旬羽化出第三代成虫。第二代后期羽化的成虫及第三代成虫所产的卵，孵化出幼虫后在龟蜡蚧雌虫体内越冬。成虫羽化多在上午 8 时至下午 4 时，先将蚧咬一圆形羽化孔而爬出，白天活动，夜晚静伏。成虫寿命 2～3 天，饮用蜜水可生活

6～11 天。该蜂可以孤雌生殖，雌成虫羽化后当天产卵，卵产于蚧虫体内，一般在一个蚧虫上只产 1 粒卵，羽化出 1 头蜂。雌虫产卵期 2～3 天，每一头雌蜂平均产卵量，第二代为 22.3 粒，越冬代为 35.6 粒。寄生率为 12.2%～26.34%。

3. 龟蜡蚧长盾金小蜂(*Anysis* sp.)的保护利用　龟蜡蚧长盾金小蜂成虫体长 1.8～2.4 毫米，翅展 2.5～2.6 毫米，体黑色，具蓝色金属光泽，复眼黑色，触角膝状。前翅宽大，后翅狭小(图 5-2 之 2)。卵椭圆形，乳白色，有卵柄。幼虫蛆形白色。

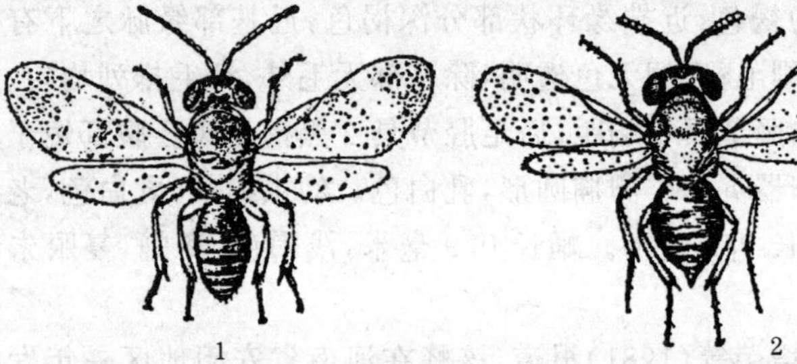

1　　　　　　　　　　　　2

图 5-2　龟蜡蚧 2 种寄生蜂

1. 球蚧花翅跳小蜂　2. 龟蜡蚧长盾金小蜂

据时振亚等(1986)报道，该蜂在河南省新郑、内黄和中牟地区，一年发生 2 代，以初孵化的幼虫在龟蜡蚧腹下越冬。初期寄生蚧虫体外吸食体液，在蚧虫产卵期，雌蜂幼虫以卵为食，发育迅速，5 月下旬至 6 月中旬化蛹，6 月份成虫羽化产卵，6 月中旬第一代幼虫开始出现，6 月中下旬化蛹，7 月上旬第一代成虫开始羽化，7 月中旬为羽化盛期，9 月份仍可见到成虫。8 月上旬开始，第一代小蜂成虫在龟蜡蚧腹下方产卵，卵经2～3 天孵化为幼虫，即在蚧虫腹下越冬。

小蜂幼虫活动能力差，只能在蚧虫卵堆中蠕动取食，一头小蜂幼虫平均吃掉蚧虫卵688粒。老熟幼虫在介壳下化蛹，成虫羽化后在介壳上咬一圆形羽化孔爬出。成虫羽化出壳多在上午6～10时，出壳3天后交尾。雄虫可多次交尾，雌虫交尾当天或第二天开始产卵，每一介壳下通常只产1粒卵，每头雌虫平均产卵11粒。6月中下旬第一代小蜂幼虫出现时，正值龟蜡蚧产卵盛期，幼虫食料丰富，从卵到成虫仅30天左右。该小蜂在福建省邵武、建阳、沙县和蒲田地区也有分布，是 *C. floridensis* Comstock（为另一种龟蜡蚧）的重要天敌。

以上3种寄生蜂羽化期不要喷广谱杀虫剂，应保护利用。

4. 蚧镰孢菌（*Fusarium juruanum* P. Henn.）**的利用** 王辉等（1999）从罹病死亡的龟蜡蚧体中分离到蚧镰孢菌，在多种培养基和自然基物上生长良好，产生大小两种孢子。小孢子梭形或肾形，孢子梗较长，一般单生，20天后开始形成大孢子，由米黄色至黄色胶质物聚集，形成粘孢团。大孢子似线状，两端尖细，稍弯曲，呈镰刀形，聚集时呈浅橘黄色，不产生厚垣孢子。孢子萌发在温度26℃条件下，在0.5%葡萄糖、蔗糖液中比在清水中萌发率高，龟蜡蚧产生的蜜露有利于孢子萌发，3～4天孢子萌发84.8%。蚧镰孢菌对龟蜡蚧越冬雌虫致死率较低，对幼虫致死率高，田间试验，喷施浓度为 2.4×10^{8} 孢子/毫升，8天死亡率为44.5%，10天达到57.4%。

第二节　干果类果树病害生物防治

一、板栗烂果病

又名栗实霉烂病、栗红斑点病。属多种真菌引起的病害。

(一)症　状

栗实霉烂病发生在栗采收后，在运输贮藏过程中，经常有大批栗实霉烂，栗实变褐色、黑色，种仁有褐色或黑色斑，有的干腐，有霉味和苦味。

(二)病 原 体

(1)粉红聚端霉菌(*Trichothecium roseum* Bull)　分生孢子梗特长，纤细不分枝，有隔膜，分生孢子顶生成团，双胞大小不等，卵形至椭圆形，孢子层粉红色。病部常形成粉红色绒状物，种仁多腐烂或干石灰色型。

(2)炭疽病菌(*Glomerella* sp.)　菌丝灰黑色，分生孢子盘先埋藏、后暴露，黑色。分生孢子圆筒形或纺锤形，无色单胞，内含油滴。感病果实果皮变黑，常附有灰白色菌丝。侵入种仁变暗褐色，严重时种仁干腐，充满菌丝。

(3)链格孢菌[*Alternaria alternata* (Fri) Keissler]　分生孢子梗淡褐色至褐色，单枝。分生孢子单生或串生，卵圆形或倒棍棒形，有纵横隔膜。感病栗实病斑黑色，表面有灰黑霉层。

(4)多毛孢菌(*Pestalotia* sp.)　菌丝白色，分生孢子盘初生基质内，以后暴露，盘形或垫状，黑色，分生孢子纺锤形，两隔膜3至多个，中部细胞褐色，两端孢子无色，顶端有2～3根鞭毛。多在栗实底座附近发病，后期病部生出许多黑色小点，潮湿时常溢出灰黑色孢子角，种仁病斑黑色。

(5)镰刀菌(*Fusarium* sp.)　分生孢子梗聚集成垫状的分生孢子座，分生孢子无色，镰刀形，大小不一，单胞或多胞。果实感病后呈褐色病斑。

(三)发病规律

病原菌在栗树枝干病斑上越冬，病菌孢子借风雨传播，板栗快成熟时侵染栗实，成熟至采收时病果稍有增多，在常温下贮运过程，病情快速发展加重。温度25℃左右有利于病害发展，15℃以下病害发展缓慢，5℃以下病害基本停止发展。幼树、壮树发病轻，老树、弱树发病重，通风透光好栗园发病轻，郁闭栗园发病重，病虫危害重、机械伤口多的栗实发病重，栗实失水发病重，采收过早的病重。

（四）生物防治措施

利用枯草芽孢杆菌防治栗实烂果病：辛玉成等(2000)利用枯草芽孢杆菌 Cohn CN 620 菌株对栗实烂果病作系列试验。

将 AYD 培养液（牛肉膏 12 克/毫升，葡萄糖 20 克/毫升，琼脂 15 克/升）按 1∶500 的比例加入 35℃～40℃培养基中，摇动后倒入直径 9 厘米的培养皿中，冷凝后接入直径 0.5 厘米的病原菌块，在含有 CN620 的培养液的培养基，前述烂果菌落均未生长，而对照菌落直径分别生长 29.5～42.5 毫米。抑菌效果达到 100%。CN620 菌的 50 倍液的代谢物质，对炭疽病抑制效果为 93.2%，对链格孢菌为 92.5%，对粉红聚端霉菌为 86.3%，对多毛孢菌为 96.6%，对镰刀菌为 92.2%。对炭疽病原菌，12 小时后孢子变得粗短，扭曲畸形；24 小时菌丝膨胀5～10 倍，呈念珠状，未萌发孢子细胞壁破裂，原生质体溢出；48 小时菌落只剩下薄薄一层菌膜，生长缓慢。而对照孢子萌发正常，菌丝生长旺盛。

1997～1998 年在 15 年生板栗园进行防治试验，CN620 菌株培养液中加入 50%膨润土和十二烷基磺酸钙，晾干粉碎成制剂，分别在盛花期、花后 7～10 天、花后 20 天喷 500 倍菌液 1 次，以 50%多效灵可湿性粉剂和清水为对照。1997 年和 1998 年用 CN620 处理的病果率分别为 6.3%和 6.0%，防治效果分别为 87.7%和 87.6%;用多效灵处理的病果率分别为 35.7%和 33.0%,防治效果分别为 30.4%和 31.7%;而用清水处理的病果率分别为 51.3%和 48.3%。

二、枣疯病

Cadidatus phytoplasma

又名枣丛枝病。为植原体属病害。

(一)症 状

叶片病变,叶肉变黄,黄化叶边上卷,后期叶片变硬脆,暗淡无光泽。开花后长出的叶片狭小,翠绿色,易焦枯。

花变成叶,花器退化变成小叶,雌蕊转化成小枝。

芽异常萌发成小枝,逐级生枝形成丛枝状,节间缩短,枝条纤细,叶片小而枯黄。

果实畸形,果变小,着色不匀,果肉多渣无味。

根部病变,从侧根上长出多丛疯根,主根出现一丛短疯根。后期病根皮层变褐腐烂。

(二)病 原 体

病原菌为植原体,不规则球状,直径 90～260 纳米,外膜厚度 8.2～9.2 纳米。堆积成团或连结成串。

(三)发病规律

疯枣树是枣疯病的主要侵染来源,植原体存活在疯枣树体内,嫁接能传播该病。研究表明,凹缘菱纹叶蝉、橙带拟菱纹叶蝉、红闪小叶蝉为主要传病媒介。凹缘菱纹叶蝉在华北以成虫在枣区附近的松、柏常绿树上越冬,越冬后仍保持较高的传病能力,可传染许多枣树,但不能经卵传至子代。植原体被传播到枣树上后,先运行到根部,经过增殖后,才能向上运行,引起树冠发病。嫁接发病潜育期最短 25 天,最长可达 1 年以上。

一般6月底前嫁接的，接种点离根部近、接种量大的，潜育期短，当年即可发病。6月份以后嫁接的一般翌年发病。接种根部当年很早发病。接种枝干的当年很晚甚至翌年才发病。皮接块数多，发病快。

枣树不同品种抗病性有差异。山东乐陵金丝小枣、圆铃枣最易感病，发病1～3年内常整株死亡。滕县长红枣、陕北马牙枣、长铃枣、酸铃枣都较抗病。山西交城酸枣表现免疫。

土壤干旱瘠薄、管理粗放、树势衰弱的枣园发病较重，反之则轻。盐碱地枣区较少发病或不发病，因为在盐碱地上的植被不宜于3种介体叶蝉的生长繁殖。杂草丛生的山坡枣园发病重，平原枣园发病轻。

（四）生物防治措施

对发病轻的枣树，根颈注射1 000毫克/升的盐酸四环素或土霉素液500毫升，也可浸根或树冠喷洒。一般需施药2次，第一次在枣树萌芽初期，第二次在10月份。嫁接用的接穗，用1 000毫克/升盐酸四环素液浸泡0.5～1小时。

三、枣缩果病

Erwinia jujubovora Wang Cai Feng et Gao

又名枣腰病。属细菌病害。

（一）症　状

发病后枣果如水烫状，进而出现暗红色无光泽的斑点，边缘清晰。有的病果果梗有浅褐色条纹，排列整齐。果肉浅褐色，海绵状坏死，坏死组织逐渐向果肉深层延伸，有苦味。以后病部失去光泽变暗褐色。病果逐渐干缩、凹陷，果皮皱缩。病果常早落。

(二)病 原 体

病原菌为肠杆菌科欧文氏菌属。病原菌短杆状,大小为0.4～0.5微米×1.0微米。周生鞭毛1～3根,无芽孢,革兰氏染色阴性。

(三)发病规律

风雨作用使果面摩擦出伤痕是细菌侵入枣果的重要途径,虫害咬伤果实也易使细菌入侵。细菌进入枣果3天,外果皮出现淡黄色病斑,边缘浸润无明显界限。在放大镜下可看到针刺状赤褐色小点,进而外果皮呈现暗红色无光泽病斑。剖开果皮,果肉呈淡黄色,进而变为深黄褐色,组织解体坏死,果肉味苦。缩果病一般在枣梗注变红到1/3、果肉含糖18%以上,气温23℃～26℃时盛发。特别是在阴雨连绵或夜里下雨白天晴时易暴发流行。采收前15～20天是防治关键时期。不同枣品种感病程度不同。灰枣、木枣、灵枣易感病,九月青、齐头白、马牙枣、鸡心枣抗病性较强。

(四)生物防治措施

根据当年气候条件决定防治适期,一般年份于7月底或8月初喷第一次药,隔7～10天再喷药1～2次,用药品种为:链霉素70～140单位/毫升,或卡那霉素140单位/毫升,或土霉素140～210单位/毫升。

第六章　常绿果树病虫害生物防治

第一节　常绿果树害虫生物防治

一、柑橘红叶螨

Panonychus citri Megregor

又名柑橘红蜘蛛、橘全爪螨。属蜱螨目，叶螨科。

（一）形态特征

雌成螨　体长 0.3～0.4 毫米，暗红色，椭圆形，背部及背侧有瘤状突起，上生白色刚毛，故有瘤皮红蜘蛛之称。足 4 对。

雄成螨　体较雌成螨略小，鲜红色，后端较狭，呈楔形。

卵　球形，略扁，直径 0.13 毫米，红色，有光泽，卵上有一垂直的柄，柄端有 10～12 条细白丝，向四周散射伸出，附着叶面上。

幼螨　体长约 0.2 毫米，体色较淡，足 3 对。

若螨　幼螨第一次蜕皮后为前期若螨，有足 4 对，体长 0.2～0.25 毫米；第二次蜕皮后为后期若螨，体长 0.25～0.3 毫米；第三次蜕皮后为成螨。

（二）发生规律

柑橘红叶螨分布于我国广大柑橘产区，北起河南、陕西省，南部到广东、广西和台湾等地。成、幼、若螨刺吸叶片、嫩梢及果实表皮汁液，呈现许多灰白色斑点，危害严重时引起大量落叶、落果，削弱树势，严重影响产量和果品质量。

柑橘红叶螨在年平均气温 15℃地区，一年发生 12～15 代，在年平均气温 18℃地区，一年可发生 16～17 代，各世代重叠，多以卵和成螨在枝条裂缝和叶背越冬。一年中以春、秋两季发生数量多，危害严重，4～5 月份春梢时期，红叶螨从越冬场所先迁移到老梢叶片危害，新梢抽出来转移到新梢危害，30 天左右螨数量大增，常造成第一次发生高峰，6 月份螨的数量开始下降，7～8 月份高温多雨螨的数量再下降，9～10 月份气温下降，螨的数量逐渐上升，常出现第二次发生高峰。柑橘红叶螨多行两性生殖，雌螨出现后即行交配，一生可交配多次，每雌螨日产卵 2.9～4.8 粒，一生产卵 31.7～62.9 粒。春季世代产卵多，夏季世代产卵量少。卵产于叶片、果实及嫩枝上，叶片正、反面都产卵，但以叶背主脉两侧处居多。卵的发育起点温度为 8.2℃，积温 109.6 日度，卵孵化最适温度为 25℃～26℃，最适相对湿度为 60%～70%，孵化率为 80.6%～100%。个别孤雌生殖的后代多为雄螨。

气候条件对柑橘红叶螨发生有重要影响。在气温 12℃时完成一代需 63～71 天；20℃时需 29.7 天，死亡率 71.8%；25℃时需 21.1 天左右，死亡率 38.2%；30℃时需 19.6 天，死亡率 78.9%；35℃时需 12.4 天。空气相对湿度以 60%～70%为宜。一次降水 18～29 毫米，可使螨的数量减少 47%～74%。如果遇到大雨大风（风速 4 米/秒），可使成螨、若螨数量减少 50%～98%，甚至卵量也减少 17%～48%。

柑橘红叶螨的自然天敌有 60 余种，其中食螨瓢虫 11 种，捕食螨有 43 种，捕食性蓟马、草蛉、花蝽、隐翅虫和寄生菌等，对柑橘红叶螨的发生有重要抑制作用。不合理使用广谱杀虫剂，大量杀伤天敌，常诱发柑橘红叶螨大发生。近几年各地释放捕食螨和食螨瓢虫取得显著效果。

（三）生物防治措施

1. 捕食螨的利用　自20世纪60年代以来，我国就开始研究利用捕食螨防治柑橘红叶螨，到1987年底，广东、广西、湖南、福建四省、自治区以保护利用植绥螨为主防治橘园害螨综合防治面积达8 650公顷，占当时种植总面积的26%。1992年底统计，全国采用地面覆盖、良种杂草、保护利用捕食螨为主防治害螨的柑橘园面积达到13.5万公顷，占当时全国柑橘总面积的33.3%，取得了较大的经济效益、社会效益和生态效益。

（1）尼氏钝绥螨（*Amblyseius nicholsi* Ehara et Lee）的利用　雌成螨体长0.26～0.35毫米，体宽0.15～0.22毫米。腹肛板卵圆形，后两对肛前毛几乎在一直线上，后足1对。体多刻纹，腹肛板长稍大于宽，以肛门处最宽，肛前毛3对，显著排成两横列。足后板钩状，有巨毛3根。腹部扁平而大，体色随取食而变。卵葡萄形，无色透明，长径0.16～0.20毫米，短径0.12～0.15毫米。幼螨初孵化体近椭圆形，无色透明，体长0.25毫米，腹末有1对几乎与足等长的毛，足3对。若螨体长0.25毫米，体背有纵沟2条，足4对。

在重庆市每年约发生30代，以成螨越冬。在日平均温度达10℃以上即取食活动，卵也能孵化。在25.5℃～28℃温度下，卵期1.4～4天，幼螨期0.3～5天，若螨期1～6天，雌虫寿命8～8.6天，雄虫2～10天。完成一代需5～7天。一生交配1次，交尾后1～2天开始产卵，每雌螨平均产卵41.5粒，卵散产于叶背主脉两侧有丝网处。成虫喜荫蔽潮湿处，行动迅速，发现叶螨用足和螯肢抱住猎物吸干体液。幼螨和若螨喜食叶螨的卵和若螨，有效捕食期15～45天，一生可捕食叶螨卵、若螨200～500个。当橘园中叶螨少时，可以捕食幼蚧、粉虱若虫及其分泌的蜜露、植物花粉。食料缺乏时有自相残食现象。成虫耐饥4天。0℃低温存活良好。成螨特别喜食柑橘红叶螨的幼、若螨，对成螨和卵的捕食性较弱。田间释放实验表明，益、害螨比例为1∶50，1∶100，1∶200，释放7～14天后，害螨及卵均减少80%～90%。总之，尼氏钝绥螨成虫寿命长，产卵量多，有效利用期长（270天），繁殖系数高，一年可增殖40～80倍。

(2)江原钝绥螨（*Amblyseius eharai* Amitai et Swirski）的利用　雌螨体卵形，背板光滑，具17对刚毛。肛腹板细长，中央收缩成花瓶状，肛前毛3对，第三对肛前毛后有小孔1对。四足膝节、胫节和基跗节各有鞭状巨毛1条，以膝节的为最长。受精囊颈两边不平行，端部稍张开为喇叭状，胸板后缘中部突起。雄螨背毛同雌螨。

根据在重庆市、湖南省、江苏省南京市和广东省等多处研究，该螨在我国主要栖居植物有柑橘、苹果、桃、梨、李、梅、杏、柿、桑、藿香蓟、茶、棉花、玉米、大豆等。可捕食柑橘红蜘蛛、六点黄蜘蛛等多种叶螨。以雌螨越冬。雌成螨发育起点温度4.54℃±1.04℃，发育积温498.1日度；卵发育起点温度9.41℃±1.74℃，积温36.4日度；幼螨发育起点温度9.4℃±0.37℃，积温17.19日度；若螨发育起点温度8.73℃±0.32℃，积温30.94日度。最适宜雌成螨产卵温度为23℃～28℃，空气相对湿度75%～90%，从卵到雌螨始产卵平均7.16天，最短5天，最长8.3天。卵期1.7天，幼螨1.1天，前若螨0.95天，后若螨0.91天，寿命平均22.6天。温度超过30℃时成螨大量逃亡，33℃以上大量死亡，18℃以下产卵明显减少，11℃以下不产卵。17℃～21℃时每雌平均产卵39.2粒，21℃～28℃时产卵30.3粒，25℃时产卵20粒。卵孵化率平均

96%，幼螨成活率96%，若螨89.7%，世代成活率平均84.6%。雌雄比例为1.5∶1。

江原钝绥螨可以捕食多种叶螨，雌螨喜食幼、若螨，成螨次之，食卵量最少。葛春华等(1983)对1 053头德氏钝绥螨日捕食量统计，每头单食柑橘红叶螨幼、若螨日平均13.31头，最多24头，单食成螨时平均3.12头，最多7头；单食卵时平均2.48粒。幼螨平均日捕食3.4头，雌成螨捕食竟高达150头。雄螨捕食量为雌螨的1/3。江汉华等(1988)就江原钝绥螨成螨对柑橘红叶螨不同密度下的日捕食量作了试验，随着猎物密度加大，捕食量逐渐增加，对幼、若螨的最大日捕食量为32.68头，对成螨的最大日捕食量为12.47头。

释放江原钝绥螨以在柑橘红叶螨幼、若螨期为好，按益螨和害螨1∶30的比例投放，14天害螨减少95%～98%，按1∶2.5～10比例投放，可控制柑橘红叶螨30天。释放量越大，柑橘红叶螨下降越快。

(3)胡瓜钝绥螨(*Amblyseius cucumeris* Oudemans)的利用　胡瓜钝绥螨是国际上各天敌公司的主要产品，作为商品销售已有10多年的历史。国外主要用于防治温室蔬菜蓟马。1997年福建省农业科学院植保研究所从国外引入，进行人工驯化培养，人工饲料繁殖生产，年生产120亿头捕食螨。

胡瓜钝绥螨取食柑橘红叶螨能正常生长发育产卵，体色从淡黄色变成鲜红色，体形丰满有光泽。在25℃～26℃条件下，完成一个世代需7～7.5天。雌螨日产卵1～2.2粒，最高3.4～4粒，总产卵量28～35粒。该螨能捕食各虫态柑橘红叶螨，但喜食卵和幼螨，1头胡瓜钝绥螨一天能捕食柑橘红叶螨成螨4～5头，卵20粒，幼螨8～9头。温室接虫试验，益、害螨比例为1∶30，5天防治效果为89.2%，15天防治效果为

97.4%。益害螨比例为1∶150,5天防治效果为84.1%,15天防治效果为96.2%。30天后找不到柑橘红叶螨。大田防治4.3公顷,15天防治效果为97.0%～98.9%,30天防治效果为92.8%～100%,每667米²防治费62.4元,而化学防治费用为129.78元。每株增产5.2千克。2002年已在广东、江西和浙江省等40个大型柑橘、芦柑示范园推广。试验表明,一年释放胡瓜钝绥螨最好为2次,第一次在4月下旬至5月上旬,可显著压低柑橘红叶螨、锈螨虫口基数。第二次,老树7月下旬释放,幼龄、中龄树以8月中下旬为宜。

2. 食螨瓢虫的利用 柑橘食螨瓢虫种类多,有腹管食螨瓢虫、束管食螨瓢虫、深点食螨瓢虫、黑囊食螨瓢虫、云南食螨瓢虫、广东食螨瓢虫、广西食螨瓢虫、宾川食螨瓢虫等。现以腹管食螨瓢虫(*Stethorus siphonulus* Kapur)为代表介绍如下。

腹管食螨瓢虫的形态特征:成虫体长1.2～1.3毫米,卵圆形,全体黑色,背面披灰白色细毛。触角、口器、唇基及足为黄褐色。雄性外生殖器的阳基细长,其侧叶及侧叶末端毛突的全长,相当于中叶长度的2/3,弯管囊基端不着色。卵红色,椭圆形。幼虫体长2.4毫米,灰褐色至暗红色,体披细毛。胸部有许多不规则褐色毛片,腹部前8节,每节有6个短毛簇。蛹暗褐色,披有短细毛。

腹管食螨瓢虫的发生规律:在福州一年发生5～6代。卵的发育起点温度10.3℃,积温59.9日度;幼虫起点温度15.0℃,积温72.1日度;蛹起点温度12.0℃,积温36.4日度;全世代起点温度15.6℃,积温236.5日度。以成虫在卷叶等隐蔽场所越冬,常数头群集在一起越冬。翌年气温升到12℃以上时开始活动,气温上升到16℃开始产卵。雌虫多在叶螨聚集的叶片上产卵,每雌平均产卵52.6粒。雌成虫产卵前，每日平均捕食各虫态柑橘红叶螨77.3头，最少41.9头，最多129.8头。在气温23℃时，雌成虫日平均捕食叶螨卵96.3粒，或幼螨65头，或若螨63头，或成螨59头。成虫寿命一般30～40天，越冬代长达90余天。1～4龄幼虫日平均捕食各虫态叶螨数量，依次为36.4头、43.5头、50.8头和79.9头。全幼虫期平均捕食800余头。腹管食螨瓢虫一生可捕食柑橘红叶螨2 000多头。田间腹管食螨瓢虫种群数量的消长，乃随柑橘红叶螨种群数量的盛衰而起伏。

食螨瓢虫的繁殖和释放：春季种蚕豆，夏秋季种豇豆，将豆苗栽植在塑料花盆内，温度控制在26℃～27℃，相对湿度控制在80%～85%，当豆苗长至高15厘米左右、长有3片真叶时，接种朱砂螨9头，10天叶螨大增，每株放入雄雌性食螨瓢虫幼虫4～5对，外罩尼龙纱网。产卵2天后将瓢虫成虫接种于其他豆苗继续产卵。幼虫孵化发育至蛹期2天后，摘取蛹备用。将蛹放入3厘米×10厘米玻璃管内，每管放2～3片带叶螨豆叶，或用10%蜂蜜水脱脂棉保湿，供瓢虫食用，每管放瓢虫20头，释放到柑橘树上，任其爬出寻找柑橘红叶螨。每2～2.7公顷橘园释放瓢虫200～400头。园中部每株放20～40头瓢虫，短期内可增殖扩散，控制叶螨危害。

3. 中华草蛉等的利用 四川省南充农校利用中华草蛉（详见山楂叶螨生物防治措施）防治柑橘红叶螨取得明显效果。3～4月上旬，按草蛉与红叶螨1∶600～1 000的比例，释放中华草蛉卵2次，用喷雾器喷卵于树冠叶片，或挂卵卡，每年每公顷投放中华草蛉卵90万～105万粒，即可控制柑橘红叶螨危害，防治效果好于化学农药防治，一般节省农药费62.5%～83.5%。5～6月份释放晋草蛉（*Chrysopa chansiensis* Kuwayama），按草蛉与叶螨1∶200～300或1∶500～600的比例释放晋草蛉卵卡,14～20 天后防治效果明显。晋草蛉不耐低温,故在 5～6 月份释放。

以上利用捕食螨、食螨瓢虫和草蛉的防治措施,必须减少或不用广谱杀虫剂,以保护天敌的繁殖捕食作用。并采取种植藿香蓟等天敌中间寄主、地面覆草保持橘园土壤水分等综合措施。

4. 喷布生物杀虫杀螨剂　彭抒昂等(1999)5～8 月份在柑橘园喷施 1.7%阿维菌素乳油 5 000～15 000 倍液,药后 1 天防治效果为 94.0%～87.5%,7 天防治效果为 96.8%～90.3%,15 天防治效果仍在 95.8%～88.7%,20 天防治效果在 86.7%～62.3%。他们从来自台湾省的 A.V 生产菌种中筛选出 Avermectins 吸水链霉菌 9512 菌株,施用同样浓度的 1.7% 9512-1 乳油,防治效果也很好。但药价低,生产成本显著降低,很有发展前途。一般 20 天喷 1 次。

刘元明(1991)用 10%浏阳霉素 1 000 倍液和 1 500 倍液防治柑橘红叶螨,喷药 2 天后防治效果分别为 71.7%～77.9%和 71.5%～75.5%,药后 7 天防治效果分别为 88.1%～97.9%和 83.3%～90.9%,药后 14 天防治效果分别为 100%和 77.6%～87.1%。

二、柑橘锈螨

Phyllocoptruta oleivora (Ashmead)

柑橘锈螨又名柑橘锈壁虱。属蛛形纲,蜱螨目,瘿螨科。

(一)形态特征

成螨　体长 0.1～0.2 毫米,楔形,黄色或橙黄色。头小,向前方伸出,具螯肢和须肢各 1 对。头胸部背面平滑,足 2 对。腹部有许多环纹,背面环纹 28 个,腹面环纹 56 个,腹末具伪足(毛)1对。

卵 圆球形,表面光滑,白色透明。

若螨 形似成螨,较小。腹部光滑,环纹不明显,尾端尖细,具2对足,1龄若螨灰白色,半透明,2龄若螨淡黄色。

(二)发生规律

柑橘锈螨分布于我国广大柑橘产区,以柑、橘、橙、柠檬受害最重,柚、金柑受害轻。以成、若螨群集果面、叶片及绿色嫩枝处,刺破表皮细胞,吸食汁液,果皮受害后变得粗糙,呈黑褐色,满布龟裂网状细纹,果实品质变劣,果型变小。叶片受害后变黑褐色,引起落叶,影响树势和翌年结果。

柑橘锈螨在我国一年发生18～24代,各世代重叠。冬季以成螨在柑橘腋芽处和卷叶内越冬。在广东省常在秋梢叶片上越冬。翌年4月初开始爬行到春梢新叶上,5月中旬以后螨量迅速增加,7月下旬达到高峰。此后叶上螨的数量下降,转移到果实和秋梢上危害,7月下旬果实锈螨大增,9月中旬达到高峰。在气温10℃以下停止发育,15℃以上成螨开始产卵。在16℃～17℃卵期12～13天,在26℃～30℃时卵期3～4天。若螨期在18℃～19℃时7～8天,30℃～31℃时3天。成螨期在19℃～21℃时12～13天,30℃～31℃时2～4天。一个世代在17℃～20℃时18～28天,在30℃时9～10天。在夏季7～8月份,1个月可发生3代。该虫孤雌生殖,卵散产于叶背及果面凹陷处,产卵最多35粒。若螨蜕皮2次变为成螨。该螨喜荫蔽,多在树冠下部、内膛叶背及果面危害,逐步向上部外围扩展。天气干旱少雨时有利于其生长繁殖,大风大雨可冲刷螨体,冬季因低温死亡率高。管理粗放、树势弱的柑橘园受害重。柑橘防病喷波尔多液,因杀灭了多毛菌天敌而有利于锈螨生长发育,常导致锈螨的大发生。

（三）生物防治措施

1. 汤普森多毛菌（*Hirsutella thompsonii* Fishet）**的利用** 汤普森多毛菌属半知菌纲，丛梗孢目，束梗孢科，多毛菌属。菌丝体初生时为白色，后变灰白色绒毛状。菌丝直径2.3～3.3微米，有隔膜。分生孢子梗瓶状，小梗通常2～3个。分生孢子顶生，透明，卵圆形，孢子表面有瘤状突起。该菌自1956年鉴定以来，已有10余个国家、地区先后发现该菌的分布，并开发利用。陈道芪等(1986)1972年从浙江省台州市一个橘园分离到该菌。苗粉含活菌7×10^4个/克，对水200倍液，加1%糖蜜作粘着剂，对田间1公顷柑橘园试验，从7月上旬至10月中旬，10天后平均防治效果为80.9%，20天后防治效果为85.6%。预防果实受害，防治效果达到90.7%。有效期20～120天，平均60天以上。当年有效，翌年还有后效。喷施时要选阴天，有连续小雨天更好，下午喷施。不要在干旱高温期喷施。粘着剂蜂蜜比糖水好。波尔多液、多菌灵、托布津、石硫合剂、倍硫磷、三氯杀螨醇、敌敌畏、三环锡、水胺硫磷等对多毛菌有抑制作用，杀蚜素、九二〇、杀灭菊酯等对多毛菌抑制作用小或没有抑制作用。上海卫生防疫用汤普森多毛菌粉对小白鼠作液体表皮涂抹和饲喂试验，未发现急性中毒的病理学病变。

2. 保护利用捕食天敌 柑橘锈螨有5种捕食螨，其中亚热冲绥螨（*Okiseius subtropicus* Ehara）和具瘤神蕊螨（*Aglistemus exsertus* Conzalez－Kodriguez）为优势天敌。还有多种食螨瓢虫、蓟马等。只要不乱用广谱杀虫剂，保护自然天敌即可控制锈螨危害。

三、黑刺粉虱

Aleurocanthus spiniferus Quaintance

又名橘刺粉虱。属同翅目,粉虱科。

(一)形态特征

成虫 体长0.96～1.3毫米,初羽化时体朱红色,以后被蜡粉呈橙黄色至灰褐色。前翅褐紫色,翅缘有7个白色斑纹,后翅小,淡紫褐色,后缘有细小齿突。复眼玫瑰红色。雄虫体小,腹末端有抱握器。

卵 长椭圆形,长约0.25毫米,弯曲,顶端较尖,基部钝圆,基部有1小柄,直立附着在叶背面,状如香蕉。初产时白色,后变淡黄色,孵化前灰黑色。

幼虫 共3龄。初孵幼虫椭圆形,淡黄色,体背面有6根浅色刺毛,体渐变为灰色至黑色,有光泽,体躯周围分泌1圈白色蜡质物。2龄幼虫黄黑色,体背有9对刺毛。3龄幼虫深黑色,体背刺毛14对,体长0.7毫米,体躯周围的白蜡增多。

蛹 近椭圆形,长0.7～1.1毫米,体漆黑色,有光泽,体边缘锯齿状,周围有较宽的白色蜡边,体背显著隆起,胸部有9对刺毛,腹部有10对刺毛,两侧边缘有刺毛(雌蛹11对,雄蛹10对)。

(二)发生规律

黑刺粉虱广泛分布于四川、重庆、云南、贵州、湖北、湖南、江苏、安徽、江西、浙江、福建、台湾、广东、广西和陕西等地。寄主植物除柑橘、茶外,尚有枇杷、香樟、月季、梨、苹果、葡萄、柿、柳、大叶黄杨、蔷薇、竹类等。幼虫群集叶片背面刺吸汁液,引起被害处形成黄斑。并大量分泌蜜露,诱发烟霉病,使枝、叶、果实变黑,叶片早落,严重影响果树产量和果品质量,是柑橘、茶等最重要害虫之一。

黑刺粉虱在江苏、浙江、安徽、湖北、四川等地一年发生4代，在重庆、湖南、福建等地一年发生4～5代，在广东省一年发生5代。以2～3龄幼虫在柑橘叶背面越冬。在重庆市越冬幼虫3月上旬至4月上旬陆续化蛹，3月下旬至4月上旬成虫大量羽化。各代成虫发生期为：当年第一代5～6月份，第二代6月下旬至7月中旬，第三代8月上旬至9月上旬，第四代10月下旬至11月下旬。卵发育起点温度10.25℃，有效积温166.6日度；1龄幼虫起点温度10.65℃，有效积温108.98日度；2龄幼虫起点温度11.77℃，有效积温121.84日度；3龄幼虫起点温度11.2℃，有效积温144.26日度；蛹起点温度12.88℃，有效积温218.68日度；全世代起点温度11.01℃，有效积温791.27日度。在28℃～29℃时，卵期9天，幼虫期18天，蛹期13天，成虫5～7天。

成虫喜较荫蔽的环境，常在树冠内幼嫩枝上活动，能借风力传播。成虫羽化后即交尾产卵，每雌虫可产卵数十粒至百余粒。卵多在叶背面，散产或数十粒排成圆弧形，有时1片叶上可产数百粒卵。卵孵化率一般在80%左右。初孵化幼虫多在卵壳附近吸食，2～3龄固定取食，每蜕一次皮将上次蜕的皮向前推留于体背上，严重发生时常常密布整片叶背，随着排泄物增多，导致烟煤病发生。蛹期体背堆叠3层皮，药液不易接触虫体，天敌也难以取食或寄生，是该虫抵抗药剂和天敌最强的时期。

各地观察和实践表明，柑橘树上有虫叶片超过同龄叶片总数的25%，且平均每片有虫叶片2龄以上的幼虫数在10头以上就须加强防治，尤其是第一代(4月份)和第五代(10月份)，更应特别注意。

（三）生物防治措施

1. 刺粉虱黑蜂（*Amitus hesperidum* Silv.）的保护利用
刺粉虱黑蜂又名粉虱黑蜂、粉虱黑小蜂。雌蜂体长 0.75～1.1 毫米，体宽 0.27～0.35 毫米，翅展 1.7～2.5 毫米，全体黑褐色。头部光滑，黑褐色，扁圆形。触角 8 节，比体短，淡褐色，第一节长为第二节长的 2 倍，第二至四节等长，第五至七节略短，第八节膨大呈棍棒状，比第三节长 1 倍。复眼深黑色。胸部长大于宽，背面有刻纹，前胸三角形，中胸宽为长的 2 倍，肩部突起。后胸小，宽大于长，肩部有刺突，边缘有细毛。翅无色透明，密生细毛，背缘毛短，外缘和后缘毛长，后翅后缘毛特长。腹部与胸部等长或略短，椭圆形，背面光滑，产卵管短小，产卵时伸出。雄蜂触角 10 节，比体长，第一节长为第二、三节长之和，第四与第八节等长，第八节基部长端部尖。卵无色透明，长约 0.1 毫米，基部较小，端部膨大，形似球拍。幼虫乳白色，椭圆形，体微弯曲。老熟幼虫体长 0.55～1.05 毫米。蛹乳白色，头和腹部较小，胸部宽；体长 0.9～1.15 毫米，体宽 0.45～0.5 毫米。裸蛹。

据中国农业科学院柑橘研究所观察，在重庆市刺粉虱黑蜂的越冬代于翌年 3 月下旬至 4 月中旬为发生初期，4 月下旬至 5 月上旬为发生盛期，末期为 5 月中下旬。第一代成虫的初发期为 6 月上旬，盛期为 6 月中旬，末期为 7 月中旬。第二代成虫初发期为 8 月上旬，盛期为 8 月中旬至 9 月中旬，末期为 9 月下旬。第三代成虫初发期为 10 月下旬，盛期为 11 月上中旬，末期为 11 月下旬。各代成虫的盛发期与黑刺粉虱的1～2 龄幼虫的盛发期基本一致。成虫羽化后当天便交尾，一生只交尾 1 次。产卵于黑刺粉虱 1～2 龄幼虫体内，在 25℃温度下，每头雌蜂日产卵 200 余粒。在 13.4℃时雌蜂寿命 3～8

天，在24.5℃时2～4天，雄蜂寿命3天。成虫吸食粉虱蜜露寿命2～8天，饲以10%的蜜糖水，可存活3～13天。在田间寄主多、营养丰富时，雌蜂多于雄蜂。在寄主少时，重复寄生较多，个体发育较差，有时雄蜂多于雌蜂。黑刺粉虱蛹被黑蜂寄生后，一般比正常蛹要膨胀，寄生蜂羽化较黑刺粉虱羽化迟10余天。初羽化的黑蜂在寄主体内要停留几天。在一头黑刺粉虱蛹内可羽化1～4头蜂。成虫羽化后常活动于柑橘树冠内、叶背间，在阴暗条件下不太活跃，常静止不动，或将翅触角收缩体上爬行，探寻寄主产卵。通过饲养，每头雌蜂能有效繁殖子蜂16～391头，实际有效消灭黑刺粉虱蛹11～204头，平均为62.2～81.7头。在重庆市调查，自然寄生率23.8%～92.2%，平均71.13%，表明对黑刺粉虱的控制作用显著。

1974年5～6月份从北碚橘园采集粉虱黑蜂蛹8万余头，经过3～4天运到奉节县，释放到0.3公顷橘园内，经过4～5代繁殖，黑蜂增殖到40亿头，飞迁到500米以外16.6公顷橘园。寄生蜂寄生率由放蜂前16.1%提高到95.5%，其中刺粉虱黑蜂的寄生率占91.8%。放蜂前黑刺粉虱平均每叶91头，放蜂后减少到每叶只有0.5头。对照区黑刺粉虱由前一年平均每叶65.5头，第二年增至每叶82.2头。

2. 长角广腹细蜂（*Amitus longiconis* Foster）的保护利用

与刺粉虱黑蜂同一属，触角长，腹部广粗。在湖南、江西等地茶园黑刺粉虱上寄生率高。朱长荣（1996）在江西省上饶地区观察，一年发生4代，各代羽化高峰期分别在5月下旬、7月上旬、8月中旬、9月下旬，与当地黑刺粉虱幼虫孵化高峰相一致。成虫一般在上午10时至下午5时羽化，其中下午1时羽化数占51%。上午8时开始活动，下午黄昏开始静伏叶背面。在29℃～32℃温度下，成虫寿命多为3天，喂蜂蜜时延至5～

6天。交尾多在上午11时至下午3时，雌蜂一般交尾1次，雄蜂可交尾多次。交配后的雌蜂即开始产卵。黑刺粉虱幼虫分泌的蜜露诱导成虫取食补充营养，含有增强细蜂搜索活动的利它素，可提高寄生率10%～12%。在黑刺粉虱幼虫蛹期寄生。雌虫产卵选择体色尚未变黑的黑刺粉虱1龄幼虫腹部背面，第一天产卵27～43粒，第二天产卵4～18粒。一般寄生率30%～70%。该蜂耐高温、高湿。

采摘被寄生的黑刺粉虱蛹和叶片、小枝，每株放100头寄生蜂，释放到黑刺粉虱为害严重、寄生蜂寄生率低的柑橘园和茶园，放蜂后不要喷杀虫剂。

3. 虫生真菌的利用

(1)韦伯虫座孢(*Aegerita webberi* Fawcett)　菌落橄榄色，绒状，表面低凸状，外围有辐射状沟，边缘波状，中央呈直径1.4毫米、高1毫米的乳头状，周围直径9毫米，淡橄榄色，与外围之间有一圈宽0.5～1毫米的暗奶油色环，背面暗褐色，中央直径7.5～8.5毫米，暗栗色，中央与外围之间的淡色环为沙土色。该菌侵染黑刺粉虱的幼虫和蛹，感病虫体侧面先长出橘黄色菌丝，虫尸最终为一子座覆盖。每一子座可盖没一至数个虫体。有时多个子座相连。子座初为淡褐色，久了变为暗褐色、紫褐色以至黑褐色。子座光滑，垫状，有时中央凹陷或中部突起。它随黑刺粉虱分布于叶背。从子座基部向外生有一圈薄膜，膜四周有较粗的菌丝分布于叶表面。

吴光远(1993)、陈雪芬(1997)对其生物流行规律作了研究。该菌适宜温度为20℃～28℃，最适温度24℃，适宜pH值4～6，在PDA及麦麸、葡萄糖琼脂培养基上，菌丝生长良好。光照促进产孢，相对湿度85%以上才能完成侵染，全年在4月上旬至5月中旬及9月中旬至10月中旬有2个流行高峰。

以麦麸、谷壳等作原料，经固体双相发酵制成粉剂，添加助剂制成菌剂，田间防治效果达70%以上，持效期2年。一般高湿郁闭盆地茶园对黑刺粉虱的侵染率高达90.0%，高湿山间茶园侵染率35.2%，山坡茶园侵染率只有10.0%。已大面积推广。

(2)蚧侧链孢(*Pleurodesnospora coccorum* Samson Gams et Evens)　寄生黑刺粉虱幼虫和蛹。菌落白色、疏松，表面扩展有同心轮纹状凹环，边缘整齐，中央有高2.5毫米、淡黄白色隆起，背面杏黄色，有同心轮纹状凹环，中心有1毫米深的凹陷。黑刺粉虱幼虫和蛹感病致死后，在相对湿度85%条件下2天即从虫尸体壁生出菌丝和白色菌落。实验表明，1.05×10^9孢子/毫升14天死亡率73.3%，20天死亡率85.0%。蚧侧链孢在田间流行条件是：阴雨连绵，月降水量220毫米以上，相对空气湿度在86%以上，黑刺粉虱密度大。

蚧侧链孢常和顶孢霉(*Acremonium* sp.)混合发生，发病症状与蚧侧链孢类似。

(3)枝孢霉(*Cladosporium* sp.)　侵染黑刺粉虱幼虫和蛹。菌落乌绿色，绒状，表面为低凸面。有辐射状凹陷褶皱，并有同心轮纹状凹陷，边缘整齐，中央微凸、高1毫米。背面暗栗色至黑色。在高湿条件下4～5天粉虱长出暗绿色菌落。致病性测定，5.2×10^9孢子/毫升，20天致死率13.34%。4～5月份气温升高，下雨多，平均相对湿度大于80%，宿存于越冬粉虱中枝孢霉侵染力增强，形成第一次感病高峰。7～8月份温度25℃～30℃，进入雨季，空气相对湿度大于85%，枝孢霉再一次侵染黑刺粉虱，形成第二次感病高峰。特别是树冠中下层湿度大，感病率明显高于上部。

四、吹绵蚧

Lcerya purchasi Maskell

又名柑橘吹绵蚧。属同翅目,绵蚧科。

(一)形态特征

雌成虫 体长5~7毫米,椭圆形,橘红色,腹面平坦,背面隆起,周身着生黑色短毛,披有白色蜡质分泌物。无翅,足和触角黑褐色。腹部后面附有白色蜡丝构成的卵囊,囊上有脊状隆起线14~16条。

雄成虫 体长3毫米左右,体瘦小,翅展8毫米,体橘红色。触角黑色,除第一、二节外,其余各节两端膨大、中间细,呈哑铃状,膨大处有一圈刚毛。前翅发达,紫黑色,翅脉2条。后翅退化成平衡棍。口器退化。腹部末端有2个突起,其上生有长毛3根。复眼间有单眼1对。

卵 长椭圆形,长0.65毫米,初产橙黄色,后变橘红色。密集于卵囊内。

若虫 初孵化的若虫,足、触角及体毛发达,取食后体背逐渐覆盖有淡黄色蜡粉,触角黑色,6节,第六节最长,第五节生2根毛,第六节生4根毛。蜕皮1次为2龄若虫,逐渐出现雌雄差异。雄若虫体长而狭,颜色较鲜明,体长1.3~2.1毫米。3龄雌若虫体长2.3~3.5毫米,体宽1.4~2.2毫米。

蛹(雄) 雄2龄若虫蜕1次皮化蛹,体长3.5毫米,橘红色,被有白蜡质薄粉,结白色茧,长椭圆形,茧质疏松,从外面可看到蛹体。

(二)发生规律

吹绵蚧原产澳大利亚,现已传播至世界柑橘栽培的国家。我国主要分布于广东、广西、湖南、湖北、云南、贵州、四川、重庆、安徽、江苏、浙江、江西、福建、台湾等地柑橘产区，也传播到辽宁、河北、山东、山西、陕西等地。除严重危害柑橘外，还危害苹果、梨、葡萄、樱桃、柿、栗、枇杷、玫瑰、无花果、石榴等250余种植物。以成、若虫群集柑橘枝干、叶片、芽上刺吸汁液，使叶片变黄、枝梢枯萎。分泌蜜露，导致烟煤病，使叶片、枝干覆盖一层黑霉层，影响光合作用，引起落叶、落果，削弱树势，引起枯枝死树。是柑橘重要害虫。

吹绵蚧在我国长江流域以南地区一年发生3～4代，在黄河流域一年发生2代。主要以若虫及无卵雌成虫越冬，其他虫态也有越冬的。在四川省第一代卵和若虫盛期为4月下旬至6月份，第二代为7月下旬至9月上旬，第三代为9～11月份。越冬代雄性若虫生长成熟后，多集中在树皮缝隙、树洞、枯叶中越冬。而雌若虫则在原固定为害处越冬。

若虫初孵化后，爬到叶背、枝上，选定适当位置后即定居下来。一般定居新叶背主脉两侧，到蜕皮时再更换位置。到2龄若虫后，逐渐移居于枝干的阴面群集为害。雌若虫一经固定取食后便不再移动，变雌成虫后逐渐在腹末分泌蜡质丝绵形成卵囊，产卵期长达30余天，每头雌成虫产卵数百粒，多者达2 000粒。雌虫寿命40～60天。在春季，卵期14～26天，若虫期46～54天；在夏季，卵期10天左右，若虫期49～106天。雄若虫行动活泼，经2次蜕皮后口器退化，多集中于树干裂缝等处结茧化蛹，蛹期7天左右。雄虫较雌虫少。吹绵蚧繁殖的适温为25℃～26℃，夏季温度升到39℃即引起较多死亡，温度降到12℃以下造成大量死亡。因此，在黄河流域及其以北地区，一般在野外不致大量发生危害，在自然情况下过不了冬，只有在温室大棚内寄主植物上才能越冬。吹绵蚧广泛传播的原因，是由于虫体小，可随多种苗木接穗和繁殖材料远途运输传播，近距离风力传播，人们在田间操作传播等。

（三）生物防治措施

1. 澳洲瓢虫（*Rodolia cardinalis* Mulsant）**的引进和利用**　澳洲瓢虫成虫体长3.1～3.8毫米，宽2.7～3.1毫米，短圆形，背面稍拱起，体表密被金黄色绒毛。头部黑色，口器、触角暗红色。前胸背板、鞘翅暗红色。复眼、小盾片黑色。鞘翅缝黑色，中部扩展成箭头黑斑，在肩胛内侧有弯月形黑斑，在鞘翅2/3处内侧有斧状黑斑，鞘翅外缘末端1/3处黑色与鞘翅缝相连。前胸背板基部具长形黑斑。腹面胸部、腹部中央黑色，其余部分红褐色。足腿节黑色，胫节和跗节红褐色。卵长卵圆形，鲜红色，数粒排成行。初孵化幼虫暗红色，老熟幼虫灰白色。蛹体有一半被幼虫蜕下的皮壳包围着。

成虫爬行迅速，飞翔力较强，喜栖息比较荫蔽的柑橘树中下部有吹绵蚧环境中，1头成虫平均每天捕食吹绵蚧3龄若虫1.2头，或成蚧0.6头。在缺食情况下可存活7～15天。成虫羽化后即可交尾，1～2天后产卵，卵散产或排列成卵块。卵多产于吹绵蚧的体背、腹部下方或卵囊上。1头雌虫产卵5～612粒，最多产800粒，各代平均产卵83～346粒。卵孵化率31%～99%。初孵化幼虫常聚集吹绵蚧腹下取食虫体或卵粒。1头1龄幼虫平均每天捕食吹绵蚧卵7.5粒，2龄幼虫平均每天捕食卵8.5粒，3龄幼虫平均每天捕食卵18粒。2龄幼虫除捕食卵外，还捕食若虫0.9头。3～4龄幼虫可捕食各虫态吹绵蚧。老熟幼虫多在叶背或荫蔽的树干缝隙处化蛹。在温室内吹绵蚧寄生植物上可全年进行澳洲瓢虫的繁殖。在11月上旬前后气温下降到14℃左右时，收集田间瓢虫放入温室，每7天左右用吹绵蚧最好是卵饲喂1次。翌年4月上旬气温稳定在14℃以上时，选背风向阳、吹绵蚧危害严重橘园，将瓢虫迁入复壮繁殖。6～9 月份吹绵蚧大量繁殖时，每 50 株树选 3～5 株，每株放瓢虫 100 头左右。当瓢虫与吹绵蚧比例接近 1∶15 时，就应把部分瓢虫迁移至吹绵蚧严重发生处，避免因食料不足自相残杀。

2. 大红瓢虫(*Rodolia rufopilosa* Mulsant)**的保护利用** 成虫体长 5 毫米，宽 4.6 毫米，红色，半圆球形，拱起。体表密被金黄色茸毛。头部、前胸背板、小盾片及鞘翅均为红色。复眼黑色。腹面及翅肩角黄红色。头部及前胸背板上的刻点细密而单一。翅鞘上的刻点粗细相间。复眼椭圆形，小盾片近于等边三角形。前胸腹板中部隆起，纵隆起线伸达前缘。爪在中部分叉。幼虫体黑色或灰黑色，体侧分枝突起比澳洲瓢虫幼虫的长。

大红瓢虫在浙江省一年发生 4 代，以成虫越冬。翌年 3 月中下旬越冬成虫开始活动取食，4 月中下旬产卵，卵期 3.5～9.5 天，幼虫期 15～25 天，蛹期 6～15 天。第一代成虫寿命约 45 天，第二代约 88 天，第三代约 53 天，第四代成虫越冬。有世代重叠现象，6～7 月份更明显。在四川省泸州市一年可发生 5 代。第一代雌虫平均每头产卵 439 粒，第二代 598 粒，第三代 158 粒，第四代 326 粒。成虫活动繁殖的最适温度26℃～29℃，15℃以下即停止产卵。越冬后成虫在晴天 19℃～20℃即活动取食，气温在 35℃以上不适宜生存。5～9 月份为活动适宜期。成虫捕食吹绵蚧卵、若虫和成虫，最喜食卵，每头成虫每小时可吃卵 2 粒以上，或吃若蚧 1.3 头。3 龄幼虫每头每天可食若蚧 1 头，4 龄幼虫每头每天可捕若蚧 5.6 头。

大红瓢虫远距离引移：选择老熟幼虫和蛹，连同叶片一并剪下放入养虫盒(笼)内。先在柑橘生长茂密、吹绵蚧危害严重橘园释放瓢虫，扩大繁殖。注意防止蚂蚁和结网蜘蛛等的侵害。有条件的地方，可在室内大量繁殖。从 11 月份起，从田间采集大红瓢虫成虫，放入温室，在温度 25℃～26℃，湿度 80％～85％温箱内，用活的吹绵蚧饲养，到翌年 1 月份开始产卵，1 月中旬孵出幼虫，1 月底开始化蛹，2 月初羽化第一代成虫。到 5 月下旬为第二代成虫产卵期。平均 1 头越冬成虫繁殖一代成虫 66 头。

关于在柑橘园释放大红瓢虫的时期和数量：在瓢虫的活动期间内（即非越冬期），放出去的时期越早越好。释放早的，每 500 株被吹绵蚧危害的柑橘树，一般以释放 300～500 头大红瓢虫为宜；放得较迟的，则必须增加瓢虫数量。夏季释放成虫，历时 30 多天即可把吹绵蚧控制在一定范围内。树叶稀少和树势弱的柑橘园，防治效果差，应早释放，并在柑橘树披挂杂草、其他树叶，造成荫蔽环境，有利于瓢虫的取食和繁殖。

另外，还有小红瓢虫（*Rodolia pumila* Weise），比前两种瓢虫小，成虫体长约 3 毫米，宽 2.8 毫米，红色。翅鞘鲜红色，鞘翅周边黑色。体表无茸毛，有光泽。分布于广东、云南、福建、四川等地。生活习性基本同大红瓢虫。

五、矢 尖 蚧

Unaspis yanonensis Kuwana

又名柑橘矢尖蚧。属同翅目，盾蚧科。

（一）形态特征

雌虫　雌虫介壳细长，长 2～3.5 毫米，紫褐色或褐色，前端尖，后端较宽，略弯曲，中央有 1 条纵脊，形似箭头。壳点橙黄色，位于介壳的前端顶部，周围有薄白边缘。雌虫体位于介壳下，体长形，橘橙色，长 2.5 毫米，胸部长，腹部短，前胸与中胸分界明显，腹部第一、二节边缘突出。臀板上有臀叶 3 对，中央一对臀叶较大，陷在臀板尾洼内。第二、三对臀叶分为2瓣。

雄虫 雄虫介壳白色，较小，长1.3～1.6毫米，有3～5条纵脊，蜡质，两侧平行，蜕皮位于前端。常在叶背面聚集成堆或成片。雄虫体橘橙色，长0.5毫米，具翅1对，翅展1.7毫米，腹末端有针状交尾器。

卵 椭圆形，长约0.2毫米，橙黄色。

若虫 初孵化1龄若虫很小，橙黄色，体扁平，椭圆形，尾端有1对长毛。固定取食蜕第一次皮后触角、足退化，体背形成介壳，为2龄若虫。

（二）发生规律

矢尖蚧在我国柑橘产区普遍分布，在一些柑橘非产区的河南、河北、山东、山西和陕西等地也有分布，其分布范围在年平均气温14℃以上地区。寄主植物有柑橘、橙、柚、柠檬、黄皮、黎檬、吴茱萸、金橘、山茶、连翘、白蜡树等。成虫、若虫刺吸植物汁液，削弱树势，是柑橘等重要害虫。

矢尖蚧在四川、湖南、福建等地一年发生3～4代。多以受精雌虫越冬，少数以若虫和产卵雌虫在叶背及嫩枝上越冬。越冬代雌虫于翌年日平均气温达到19℃时开始产卵。第一至三代1龄若虫盛发期分别为5月上旬，7月中旬，9月下旬。每头雌虫产卵量为130～190粒。初孵化若虫爬行选定取食部位，取食2天后体背开始分泌棉絮状蜡质，并逐渐形成介壳，在树体上危害常群集成片。若虫期在夏季30～35天，秋季50余天，蛹期3天左右。

（三）生物防治措施

1. 岭南黄金蚜蚜小蜂（*Aphytis lingnanensis* Group）的保护利用 该蜂雌性体长0.73～1.05毫米，体、足鲜黄色，复眼褐色。翅透明。头横宽，中部稍突，复眼在毛丛内，单眼3个，呈正三角形排列。触角6节。前胸背有8根刚毛。小盾片宽度约为长的2倍。前翅前缘有6～10根刚毛。尾须近腹端,具长刚毛2根,短刚毛1根。幼虫体节不明显,共14节,第六节宽。体黄白色,半透明,体侧有8对气门,上颚尖齿状三角形。

该蜂为单雌生殖体外寄生蜂,在重庆市一年发生11～12代。成虫有趋光性,善爬行弹跳,主要产卵于未产卵蚧成虫体上,部分产在2龄若虫和产卵成虫体上。5～6月份矢尖蚧被寄生率为0.3%～7.6%,7～8月份达70%,9～10月份为30%～40%,11～12月份为20%左右,年平均寄生率15.3%。以幼虫在寄主体上越冬的占90.7%,越冬死亡率29.5%～73.3%;另有9.3%以蛹越冬,越冬死亡率2.8%～26.8%。该蜂是控制矢尖蚧大发生的理想天敌。

2. 矢尖蚜小蜂(*Physcus fulvus* Compere et Annecke)的保护利用 雌蜂体长0.9～1.0毫米。体火红橙黄色。复眼紫褐色。触角柄节下侧末端、梗节下侧、第三索节、胸部中央纵带及足淡黄色。头背面横宽,复眼突出。触角着生于口缘附近,7节。前胸短,中胸宽大于长,小盾片长宽相近。前翅透明,无色,翅痣脉适当长,末端膨大,无后缘脉。足跗节5节,第一节长于第二、三节之和。腹部长于胸部,第一节短,产卵器隐蔽或稍露出。

王代武(1985)观察,在重庆市一年发生4～5代。1982年田间调查,6月下旬蚜小蜂的寄生率为20%,8月中旬至9月上旬为31.8%～71.6%,9月上旬至10月中旬为42%;1983年2月中旬至3月中旬寄生率为28.9%～32.9%,4月中下旬为47%～70.3%,12月上旬至翌年2月上旬只有1%～7.8%。以幼虫越冬的占63.2%,以蛹越冬的占36.8%。该蜂产卵于矢尖蚧产卵雌成虫体内寄生。是控制矢尖蚧危害的重要寄生蜂。

3. 二双斑唇瓢虫(*Chilocorus bijugus* Mulsant)**的保护利用** 二双斑唇瓢虫体长4.4～4.5毫米，宽3.8～4.5毫米。头部、前胸背板及鞘翅黑色，在鞘翅中央之前有2个橙红色的圆斑，内斑大，外斑小，有时两斑相连成哑铃状。胸部腹板黑色，腹部腹面红褐色。

任顺祥等(1990)在贵阳市对二双斑唇瓢虫的捕食作用进行了研究。该虫一年发生4代，世代重叠，除幼虫外，成虫、蛹和卵均能越冬。成虫越冬在枝杈、树皮裂缝等处。卵在矢尖蚧雌成虫介壳下越冬，蛹在叶背、树枝干上越冬。翌年3月上旬越冬卵开始孵化，蛹开始羽化，3月中旬越冬成虫开始产卵。第一代3月中旬至6月中旬，卵期21天，幼虫期44天，蛹期13天，合计78天。第二代6月中旬至8月上旬，卵期8天，幼虫期21天，蛹期13天，全世代41天。第三代8月中旬至9月下旬，卵期8天，幼虫期16天，蛹期35天，全世代60天。第四代9月中旬至翌年1月上旬，卵期10天，幼虫期36天，蛹期35天，全世代82天。卵的发育起点温度8.4℃±2.7℃，有效积温130.8±22.3日度；幼虫起点温度6.8℃±1.6℃，有效积温337.4±30.5日度；蛹起点温度7.8℃±2.3℃，有效积温129.2±18.3日度。成虫羽化多在上午6～10时和下午4～8时。交尾后即可产卵，产卵历期4～125天(越冬代)，平均52天。每头雌成虫平均产卵94.4粒。雌、雄比例为2.1∶1。卵的孵化率46%～73%。

二双斑唇瓢虫可捕食矢尖蚧、桑盾蚧、糠片蚧、褐软蚧、橘绿绵蜡蚧等。1龄瓢虫幼虫日平均捕矢尖蚧1龄幼蚧49.5头，2龄雄蚧10.7头，2龄雌蚧4头。2龄瓢虫日平均捕食1龄幼蚧80头，2龄雄蚧36头，2龄雌蚧9头，雌成蚧4头。3

龄瓢虫幼虫日捕1龄幼蚧124头，2龄雄蚧81头，2龄雌蚧22头，雌成蚧11头。4龄瓢虫幼虫日捕1龄幼蚧312头，2龄雄蚧217头，2龄雌蚧62头，雌成蚧27头。瓢虫全幼虫期可捕食2龄雄蚧344.8头。瓢虫成虫日平均捕食1龄幼蚧74头，2龄雄蚧109头，2龄雌蚧60头，雌成蚧29头。

1986年4～11月份调查表明，矢尖蚧5～6月份和7～8月份出现2个雌虫发生高峰，二双斑唇瓢虫于5月下旬至6月中旬和7月下至8月中旬出现2个成虫发生高峰，对雌、雄矢尖蚧的捕食率分别为1.2%～50.9%和2.3%～98.3%，平均分别为12.5%和48.9%。表明二双斑唇瓢虫是矢尖蚧重要天敌。已知该瓢虫分布于我国云南、湖北和贵州等省。应加强保护利用。

4. 日本方头甲的保护利用 日本方头甲在重庆市柑橘园一年发生3～5代，幼虫从4月中旬至10月下旬捕食活动。成虫全年可见。每头成虫平均日取食矢尖蚧1龄雄若虫70.3头，取食矢尖蚧雌成虫4.6头，可用玉米或丝瓜鲜花粉汁液饲养。详见第四章桑盾蚧日本方头甲。

5. 若虫期喷生物杀虫剂防治 用25%优乐德（灭幼酮）1 000～2 000倍液防治矢尖蚧2龄若虫，防治效果达86.1%～97%，并能抑制雌蚧产卵量，卵的孵化率只有1.13%。植物性杀虫剂果圣（由苦参和烟碱合成制剂）1 500倍液，防治2龄若虫和雌蚧的效果达84.9%～87.9%。

六、糠片蚧

Parlatoria pergandii Comstock

又名灰点蚧。属同翅目，盾蚧科。

(一)形态特征

雌虫 介壳长圆形,灰白色或灰褐黄色,中部稍隆起,周围边缘略斜,色较淡,长 1.5～2.0 毫米。壳点位于前端,暗黄褐色。虫体长约 0.8 毫米,椭圆形,紫红色。臀板上有臀叶 4 对,中间 3 对发达,第四对成一角状突起。圆柱形背管腺粗短,有阴门周腺 4 群。肛门在臀板的背面,与腹面生殖孔位置相对应。

雄虫 介壳细长,灰白色,两侧平行,壳点位于前端。虫体淡紫色,翅 1 对,足 3 对,腹末有针状交尾器。

卵 椭圆形,紫红色,长约 0.3 毫米。

若虫 体长 0.2 毫米。初孵化若虫椭圆形,紫色,触角和足短。

蛹 雄若虫 2 龄后化蛹,长 0.5 毫米,紫色,略呈长方形。

(二)发生规律

糠片蚧主要分布在我国长江流域以南,山东、河北等地也有分布。寄主植物有柑橘、苹果、梨、梅、樱桃、无花果、葡萄,还有山茶、月季、樟、卫矛、茉莉、楝等。成虫、若虫刺吸植物叶片、嫩梢、果实汁液,影响果品产量和质量。是柑橘重要害虫之一。

糠片蚧在重庆市一年发生 4 代,部分只有 3 代。以受精雌成虫或已产卵雌成虫在枝、叶上越冬。各代发生时期分别为:第一代 4～6 月份,第二代 6～7 月份,第三代 7～9 月份,第四代 10 月下旬至翌年 4 月份。在湖南省长沙、衡山地区一年发生 3 代,有世代重叠现象。第一代若虫发生于 5 月上中旬,第二代若虫发生于 7 月上中旬,第三代若虫发生于 8 月下旬至 9 月上旬,田间发生量以 7～10 月份最大。若虫自第二代起不断向果实上迁移,在果实上继续繁殖,使果实布满介壳虫,严重影响果实质量。糠片蚧喜寄生于较荫蔽或光照不足的植株中下部或内膛枝叶上，果蒂附近较多。

（三）生物防治措施

1. 黄金蚜小蜂（*Aphytis chrysomphali* Mercet）的保护利用 该蜂雌蜂体长0.6毫米，体躯与足鲜黄色，复眼橄榄色。头部略宽于胸部，单眼排列成正三角形。触角6节，棒节稍膨大，长为宽的3倍。前胸背板后缘具6根刚毛，中胸盾片具10根刚毛，呈6-2-2排列。小盾片上有4根刚毛，小盾片宽为长的2倍。翅透明，翅基透明斑处有5根刚毛。缘脉具刚毛10～11根。腹部长方形，产卵器超过腹端。雄蜂触角较短，棒节长为第三索节的3倍。卵椭圆形，透明，向前尖削，长为宽的2倍，卵前端有短的附属物，向上弯曲成钩状吸附于寄主体外。老熟幼虫长约0.6毫米，宽约0.4毫米，体卵圆形，扁平，后端较尖。幼虫体14节，第六节最宽，体黄白色，半透明，上颚尖齿状而基部呈三角形。在寄主介壳下化蛹。

黄金蚜小蜂为盾介壳虫体外寄生蜂。成虫喜欢在刚开始产卵的年轻介壳虫雌虫体外产卵，也有在介壳虫若虫、雄虫体外产卵的，但孵出的寄生蜂个体较小。雌蜂用产卵管穿刺介壳后，产卵于介壳虫体下面，在叶片和介壳虫腹部之间。一个寄主体多寄生1头寄生蜂，少数2～3头。幼虫孵化出来像卵一样是黏的，粘在介壳虫体上，用大颚钻破介壳虫体壁，大颚钩住伤口吸食寄主体液。被寄生的介壳虫停止了产卵，但并不很快死亡，当寄生蜂幼虫停止取食进行化蛹时，寄主即行死亡。蚜小蜂成虫羽化后在介壳侧咬一个圆形出口，成虫飞出。成虫善爬行，交配后不停地选择寄主产卵。卵期3天，幼虫期5～6天，蛹期4～6天，一个世代约15天左右，一年发生多代，9～10月份成虫数量达到高峰。以幼虫在寄主体上越冬。寄主很多，除糠片蚧外，尚有矢尖蚧、红圆蚧、黄圆蚧、橙红褐圆蚧、椰圆蚧、夹竹桃圆蚧、黑刺粉虱等。在广东省新会县，对黑褐圆盾蚧寄生率达 80%以上。我国四川、浙江、福建、广东等地都有分布。

在秋季收集有糠片蚧等受害枝条，用细尼笼纱网罩住枝条繁殖黄金蚜小蜂，成虫饲 25%蜂蜜或蔗糖水，可生活 15～20 天。在一种特殊南瓜品种上，繁殖橘红蚧接种黄金蚜小蜂。

2. 盾蚧长缨蚜小蜂(*Aspidiotiphagus citrinus* Craw)**的保护利用**　雌虫体长 0.3～0.6 毫米，暗褐色，头、中胸背板、小盾片黄色，触角浅黄褐色，复眼黑褐色带紫红色，单眼鲜红色。前胸背板暗褐色，后胸黄褐色。腹部褐色，中部色深。前翅缘脉黑褐色，足暗黄色。头横宽，触角着生颜面下部。触角柄节长 4 倍于宽，梗节长 1.5～2 倍于端宽，索节 3 节，约等长，棒节显著长于索节合并之长。中胸背板及小盾片各具长刚毛 2 对。前翅窄，长为宽的 4 倍，缘毛长过翅宽，缘脉上具刚毛 2～6 根，亚缘脉上具刚毛 2 根。腹部短，钝圆形，自第四节起具长刚毛。卵长椭圆形，一端尖削而稍弯曲。老龄幼虫长圆形，前后两端尖，体向腹面弯曲，在第三至十一节上有气门，生活于蚧虫体内。蛹为裸蛹，在蚧虫体内小室中。

长缨蚜小蜂雌成虫产卵于寄主蜕皮期雌虫及雄若虫体内，卵孵化后即在寄主体内寄生，一头蚧虫体内一般只有 1 头寄生蜂。以幼虫在寄生体内越冬。可寄生多种盾蚧，如柑橘糠片蚧、黄圆蚧、椰圆蚧、蔷薇蚧、卫矛蚧、凤梨蚧、红圆蚧、黑蚧等。在常春藤蚧虫内寄生率达 80%～90%。邹建掬等(1990)在湖南省长沙市柑橘园调查，糠片蚧被长缨蚜小蜂寄生率为 1.34%～10.46%，而零陵地区橘园为 2.0%～28.5%，居 6 种寄生蜂首位。邹建掬(1991)还对气象因子对糠片蚧及其寄生蜂发生的途径进行分析，认为在柑橘园实行免耕、种草、种植防护林、增加橘园湿度、减少阳光直射等，创造不利于糠片蚧而有利于寄生蜂的小生态环境，可提高寄生蜂的致死率，增加糠片蚧死亡率，达到控制糠片蚧危害的目的。

七、柑橘潜叶蛾

Phyllocnistis citrella Stainton

又名绘图虫、绣花虫。属鳞翅目，潜叶蛾科。

（一）形态特征

成虫 体长2毫米，翅展5.3毫米。体及前翅银白色。前翅披针形，翅基部有2条褐色纵纹，约为翅长之半。翅中部具有"Y"形黑纹。翅尖缘毛形成一黑色圆斑。后翅银白色，针叶形，缘毛极长。

卵 椭圆形，长0.2～0.3毫米，白色，透明。

幼虫 体黄绿色，初孵化时体长0.5毫米。胸部第一、二节膨大，近方形，尾端尖细，足退化。老龄幼虫体扁平，椭圆形，长4毫米。头部尖，胸腹部每节背面在背中线两侧有4个凹孔，排列整齐。腹部末端尖细，具1对细长尾状物。

蛹 体长2.8毫米，纺锤形。初化蛹淡黄色，后渐变黄褐色。腹部7节，第一至六节两侧各有一瘤状突，各生1根长刚毛。末节后缘两侧有明显肉质刺1个。茧褐色。

（二）发生规律

柑橘潜叶蛾分布于我国长江流域以南地区。是柑橘、枳壳等重要害虫之一。以幼虫在柑橘新梢嫩茎、嫩叶表皮下蛀食叶肉，形成白色蜿蜒的蛀道。受害叶卷缩变硬，光合作用受阻，引起新梢生长停滞，叶片早落，严重影响树势和产量。受害卷叶常是叶螨和卷叶蛾越冬场所，伤口易感染溃疡病。

该虫在江苏、浙江、四川等地一年发生9～10代，在福建省一年发生 11～14 代，在广东省和广西壮族自治区一年发生 12～15 代，世代重叠。以蛹和老龄幼虫在受害梢上越冬。在温度 26℃～29℃时，卵期 2～3 天，幼虫期 5～6 天，蛹期 6～8 天，产卵前期 2～3 天，幼虫期 5～6 天，蛹期 6～8 天，成虫寿命 5～10 天。完成一代 15～20 天。春梢期受害轻，夏、秋梢受害重。

成虫多在清晨羽化，飞翔敏捷，有弱趋光性，交配后 2～3 天开始产卵，多在嫩叶背面中脉两侧产卵，一般在 1 片叶上产 1～2 粒卵。对产卵嫩叶大小有选择性，适宜产卵叶长为：芦柑 0.3～4 厘米，蕉柑 1～3.3 厘米，夏橙 0.8～3.6 厘米，橙类 1～4.5 厘米，超过以上长叶不产卵。每雌产卵 45～81 粒，平均 56 粒。幼虫孵化后钻入表皮下取食叶肉，边取食边前进，叶面可见银白色弯曲的蛀道。幼虫共 4 龄。1 龄幼虫蛀道宽 0.3 毫米，2 龄宽 0.5～1 毫米，3 龄宽 1～2 毫米。4 龄幼虫停食，虫体缩小，排完粪便准备化蛹，在叶缘附近卷叶、吐丝，结茧化蛹。日平均温度 5℃持续 10 天，卵不能孵化，1～2 龄幼虫不能存活，3～4 龄幼虫死亡 70%以上，蛹死亡率 64.7%，因此，冬季低温是决定越冬虫口基数的关键因素。空气相对湿度 85%～95%时，对成虫存活有利，卵的孵化率高。幼虫主要以嫩梢新叶为食，如果新梢不断抽发，营养丰富，有利于种群繁殖。

（三）生物防治措施

1. 幼虫危害期树冠喷苯甲酰脲和细菌杀虫剂 在春末夏初，潜叶蛾幼虫 1～2 龄幼虫期，每公顷可喷 25%灭幼脲 3 号悬浮剂或 5%抑太保乳油或 5%农梦特乳油 600～750 毫升，加水 1 200～1 500 升喷雾。干扰幼虫蜕皮致死，不杀伤天敌。

还可在幼虫期喷100亿芽孢/毫升苏云金杆菌800～1 000液，3天后柑橘潜叶蛾幼虫死亡率89%。

2. 保护利用自然天敌 杨志信、任伊森（1998）在浙江省柑橘产区，经过3年田间调查采集，在橘潜叶蛾幼虫期、蛹期有14种寄生蜂，有体外寄生的，也有体内寄生的，均属于姬小蜂科。其主要姬小蜂有：

（1）白星橘啮小蜂（*Citrostichus phyllocnistoides* Narayana） 雌蜂体长1～1.5毫米，黑色。触角除梗节黄褐色外，余均为黄白色。中胸盾具中纵沟和盾沟侧，小盾片具1对纵沟。腹柄两侧具1对刺突，腹部第二至四节背面有铜钟形黄色大斑。雄蜂体较小，触角毛较雌蜂长。前翅的缘毛长为翅宽的1/3（雌蜂为1/7），腹部背面的淡色斑为卵圆形。单寄生，体外侧寄生，为优势种。

（2）黄岩瑟姬小蜂（*Cinospilus huangyanensis*）新种 雌蜂体长1.2～1.5毫米，体浅黄褐色，无光泽。触角柄节和梗节黄白色，其余各节黄褐色。索节2节，第一节长于第二节，棒节3节。后头具一哑铃状褐色横斑。前胸背板前缘具暗褐色斑。中胸盾前缘具一暗褐色外突横纹，小盾中后部暗褐色。胸腹面黑色。腹部中部有3条褐色相连的横带。单寄生，体外寄生。深秋9～10月份为优势种。

（3）潜叶蛾楔翅姬小蜂（*Achrysooharella* sp.） 雌蜂体长1～1.2毫米。蓝绿褐色，有金属光泽。触角细瘦，具长毛，端部具针状突。前翅缘脉甚长，肘脉长过后缘脉，在肘脉端部有一暗色圆纹斑，前翅外端开阔平截，前翅呈楔形。腹部椭圆形。除后足腿节中部黑褐色外，余为淡黄色。也为常见寄生蜂。

柑橘潜叶蛾被寄生后在前期夭折率为80%～95%，真正能羽化为成虫的通常只有5%～20%，说明寄生蜂前期抑制作用还是很高的。夏秋季潜叶蛾完成一个世代需13～15天，寄生蜂完成一代则需12～25天，一般较潜叶蛾成虫羽化推迟5～10天，与寄生蜂在幼虫、蛹体表产卵有关。8月份以前寄生率通常为8%～20%，9月份以后，寄生率明显上升，9～11月份寄生率为25%～90%，是控制柑橘潜叶蛾最重要的因素。只要不喷洒广谱杀虫剂，保护寄生蜂、亚洲草蛉、中华草蛉和小花蝽等捕食性天敌，即能控制柑橘潜叶蛾的大发生。

八、柑橘凤蝶

Papilio xuthus L.

又名橘黄凤蝶、金凤蝶。属鳞翅目，凤蝶科。

（一）形态特征

成虫　雌虫体长26毫米，翅展90毫米；雄虫略小，体长22毫米，翅展76毫米。体背中线黑色，两侧黄色。前翅面黑色，亚外缘有8个牙形黄斑，翅中央由前缘至后缘有8个由小渐大的黄斑，翅基部有6条放射状黄条纹。中室上方有2个黄色新月斑。后翅基部有8个黄斑。

卵　圆球形，直径1.2～1.3毫米。初产黄白色，后变黑色。

幼虫　老龄幼虫体长48毫米。体黄绿色，胸腹部相接处稍膨大。1龄幼虫黑色，多刺毛。2～4龄幼虫黑褐色，有白色斜带纹，似鸟粪，体上肉刺较多。5龄幼虫黄绿色，后胸背两侧有蛇眼斑，腹部第四、五两节侧面各有1条蓝黑色斜纹。前胸臭腺角橙黄色。

蛹　体长28～32毫米，纺锤形，前端有2个尖角。体色为淡绿、黄白、暗褐等。

（二）发生规律

柑橘凤蝶广泛分布于河北、河南、山东、山西、陕西等省和南方各省柑橘产区。主要以幼虫蚕食花椒、柑橘叶片和新梢，苗圃、幼树受害重。北方花椒产区和四川、湖南、浙江等省一年发生3代，江西省南昌市一年发生4～5代，福建省漳州市一年发生5～6代，广东省一年发生6代。均以蛹在枝干、叶背隐蔽处越冬，越冬期95～108天。

成虫多在晴天8～15时飞翔交尾，吸食花蜜补充营养，交配后当天即开始产卵，卵散产于枝梢嫩叶尖端。幼虫孵化后先食去卵壳，再取食嫩叶边缘，3～4龄后食量大增，可吃掉叶片只残留叶柄，5龄幼虫24小时可吃掉5～6片大叶片。幼虫老熟后选择枝叶隐蔽处吐丝化蛹。蛹的颜色随环境不同而变。

（三）生物防治措施

1．保护利用蝶蛹金小蜂（*Pteromalus puparum* L.） 该蜂雌虫体长2.5～3毫米，蓝黑色，有金属光泽。头胸部有粗刻点，头横形，上宽下狭，呈三角形，头宽于胸。复眼小，赤褐色，单眼黄褐色。触角13节，梗节长大于宽，环节小，2节，索节6节，长大于宽，棒节3节，末端不尖。翅透明，翅基片及翅脉淡黄褐色。前翅缘脉不长于后缘脉。足基节黑色，腿节中部黑褐色，其余为黄褐色，后足胫节末端具一爪。并胸腹节刻点明显，无中脊，其侧褶周围有边缘，末端呈球状颈。腹部无柄，卵圆形，光滑，略宽于胸部。腹部第一节长占腹长的1/3，腹背隆起，扁平无脊，产卵器微突出于腹末。雄虫体长2.2～2.5毫米，体全绿色，触角黄色，13节。足除基节黑色外，余为黄色。卵乳白色，椭圆形。幼虫老龄灰白色，长约3.2毫米，纺锤形，前端尖，后部钝。蛹为离蛹，黄白色，长2.8毫米。

蝶蛹金小蜂在各地一年发生代数为：山东省烟台市4～5

代，安徽省芜湖市7～8代，南京、杭州市9～12代，广州市12代。以老龄幼虫在寄主蛹内越冬。在杭州市翌年2～3月份开始化蛹，从5月上旬至12月初在橘园都可见到成虫，世代重叠。成虫在缺食情况下，可生活4～5天，在饲喂25%蜜水时可生活23～30天。成虫羽化后不久即交尾产卵，多在寄主蛹的翅芽节间膜等柔软部位将卵产入体内，每头雌虫平均产卵9.5次，平均产卵198.3粒，最多产卵615粒，最少39粒。一头雌蜂可在6个寄主蛹上产卵。被寄生的蛹呈灰褐色或黄褐色，蛹体坚硬。蝶蛹金小蜂除寄生柑橘黄凤蝶外，还寄生玉带凤蝶、黄凤蝶、菜粉蝶及尺蛾、鞘蛾、袋蛾等蛹。蝶蛹金小蜂的卵、幼虫和蛹都在寄主蛹内生活，一头菜粉蝶蛹内平均可寄生47.9头金小蜂，最少14头，最多86头。凤蝶蛹的寄生率在50%～70%，是控制柑橘凤蝶的重要天敌。

该蜂成虫羽化期不要喷广谱杀虫剂，以保护寄生蜂。还可利用菜粉蝶蛹接种，人工繁殖、释放。菜粉蝶蛹可在5℃～7℃冰箱存放15～20天。该蜂成虫可用25%蔗糖水或蜂蜜水喂饲，提高生殖力。接种后的菜粉蝶蛹，待寄生蜂发育到预蛹期时，在温度5℃条件下可贮备2个月。

2. 柑橘凤蝶核型多角体病毒的利用　孙发红(1981)首次发现报道花椒凤蝶(*Papilio xuithus*)核型多角体病毒。陈洪财、孙发仁等(1990)报道了利用花椒凤蝶核型多角体病毒进行大田防治试验。结果表明，利用自然病死的花椒凤蝶幼虫尸体，将感染病毒死亡虫尸捣碎，稀释、过滤，配成1.2×10^6多角体/毫升浆液，小区试验每个处理花椒树5株，重复3次，大面积防治1 000株花椒，喷药后15天，小区试验，校正虫口下降84.9%，产量较对照增产37.3%。大面积防治13天后，虫口下降率81.3%，对瓢虫等天敌基本无影响。

3. 幼虫期喷生物农药防治 5%抑太保乳油(定虫隆)1 000 倍液,3.2%苏云金杆菌可湿性粉剂 1 000 倍液。

九、星天牛

Anoplophora chinensis Forster

俗称盘根虫、花牯牛。属鞘翅目,天牛科。

(一)形态特征

成虫 体长 19～39 毫米,体黑色,有光泽。鞘翅有白斑。触角鞭状,第三至十一节基部淡蓝色。雄虫触角长超过体长 1 倍,雌虫触角稍长于体长。前胸背板中瘤明显,侧刺突粗壮。小盾片及足的跗节淡青色,有细毛。鞘翅基部密布颗粒,鞘翅有许多白色细绒毛组成的星斑。

卵 长 5～6 毫米,长椭圆形,乳白色,孵化前黄褐色。

幼虫 老龄幼虫体长 45～67 毫米,淡黄白色,前胸背板前方左右各有一黄褐色飞鸟形斑,后缘有一块黄褐色"凸"字形斑,胸足退化,中胸至腹部第七节腹面背面有移动器,背面的呈椭圆形,中间有横沟,周围有隆起,密生细刺突。

蛹 长 30 毫米左右,初期乳白色,老熟时变黑褐色,裸蛹。

(二)发生规律

星天牛国内分布很广,南方柑橘产区,北方的辽宁、河北、山东、山西、陕西、甘肃、河南等省都有分布。寄生植物有柑橘、荔枝、枇杷、苹果、山楂、梨、桃、杏等果树,还危害杨、柳、刺槐、悬铃木、苦楝等。以幼虫蛀食主干根颈,造成树体死亡。长江流域及以南地区一年发生 1 代,北方两年发生 1 代。以幼虫在主干基部蛀道内越冬,翌年 4～5 月份先后化蛹,蛹期 18～20 天,5 月下旬至 6 月上旬成虫开始羽化出穴,一直延续到 8 月下旬甚至9月份仍有成虫羽化。成虫羽化后先在蛹室停留5~8天，然后咬破蛹室爬出，飞向树冠啃食细枝皮层、叶片补充营养。一次可飞20余米。交尾后10~15天开始产卵，一般自5月下旬至8月下旬均有产卵，以5月下旬至6月中旬产卵最盛。卵多产在主干距地面30~50厘米范围内。产卵孔呈倒"T"形伤口。平均每头雌虫产卵70余粒。产卵历期30余天，卵期9~14天，成虫寿命30~60天。幼虫孵化后先在皮层下蛀食，食道呈狭长沟状，向下蛀食根颈处，在树干基部迂回蛀食，1头幼虫蛀食面积70~100厘米^2，粪便堆于皮层下，可将根颈皮层蛀空，整株枯死。幼虫在皮层蛀食30~60天后，开始蛀入木质部，向上蛀食10~15厘米，粪便排出树体外，堆集在根颈处，十分醒目。若新木屑粪便不断推出，说明树干里有活的幼虫在蛀食。幼虫于11~12月份开始越冬，幼虫发育老熟，翌年4月份化蛹。如果幼虫小，翌年继续危害。

(三)生物防治措施

1. 肿腿蜂的保护利用 章强(1984)等在上海市利用管氏肿腿蜂防治悬铃木上的星天牛，70%左右死亡。8月中旬星天牛卵80%以上孵化，一个天牛蛀害处释放肿腿蜂15~30头，或每株放蜂80~166头，天牛被寄生死亡率29.2%~76.9%。可利用大袋蛾幼虫繁殖肿腿蜂进行释放。

2. 花绒坚甲(*Dastarcus longulus* Sharp)的保护利用 花绒坚甲是星天牛、光肩星天牛、云斑天牛等的重要天敌。成虫体长5~10毫米，黑褐色，鞘翅表面具红褐色或灰褐色鳞片，体躯坚硬。头部和前胸背板密布小刻点。复眼大，触角短小，球杆状。鞘翅上具刻点，有4条明显的深沟。足粗壮，有暗色鳞片和短毛，足跗节4节，前端有爪。卵乳白色，长柱形，一端稍弯曲。初孵化幼虫胸足发达。老熟幼虫体长10~15毫米，乳白色，头胸极小，胸足退化，腹部大。蛹为裸蛹，体长5～10毫米。茧初为黄白色，后变为棕褐色，椭圆形，长6～13毫米。

李孟楼等(2003)报道花绒坚甲成虫寿命3年以上，3年发生6代及2对姊妹代，世代重叠。成虫10月上旬开始越冬，翌年3月下旬开始活动。越冬代成虫一年产卵2次，卵期12.7天，幼虫期8.4天，蛹期25.6天。成虫怕光，白天隐藏在树皮裂缝、树洞或蛀道内，傍晚夜间活动，取食枝干和嫩枝皮、或天牛幼虫尸体补充营养。不善飞翔善爬行，受惊动有假死习性，几分钟后恢复活动。在食料缺乏时有互相残食现象。产卵于天牛幼虫体、虫道壁上或天牛粪屑中，几粒至几十粒排列在一起。孵化后幼虫寄生于天牛幼虫，取食其体内物质，一头天牛幼虫体上可有一至几十个幼虫外寄生，寄生幼虫数多时常把天牛幼虫吃光，仅剩空壳。坚甲幼虫发育迅速，寄生5～6天即老熟，停食2天后结茧化蛹。花绒坚甲幼虫可寄生天牛的老龄幼虫和蛹，在刚羽化的成虫体上也有幼虫外寄生。一个天牛幼虫体上有1～7头坚甲幼虫寄生时，坚甲幼虫发育好，个体大，如寄生8头以上时，坚甲幼虫发育不良，个体小，结茧后有的幼虫不能化蛹变成虫而死亡。湖北省汉江两岸防浪林中星天牛幼虫，1963年花绒坚甲寄生率38.7%，1964年寄生率48%。北京市西山柳树上的星天牛，1984年花绒坚甲最高寄生率达67%。

保护利用措施：在花绒坚甲发生较多的树上，树干束草引诱潜入，解开草束捕捉花绒坚甲放到天牛危害处，让其扩散扩大寄生范围，寄生率达52.4%。王卫东等(1999)研究出花绒坚甲人工饲料，可进行人工繁殖释放。

3. 利用斯氏线虫防治 黄金水等应用斯氏线虫10个品系试验，筛选出*S. feltiae beijing*和*S. carpocapsae* (M. K)最佳，能寄生于星天牛中老幼虫、蛹及成虫，4～6天幼虫死亡率94.4%，以每一星天牛使用1万条侵染期线虫量最佳，林间采用带线虫海绵块塞虫道法。

十、荔 枝 蝽

Tessaratoma papillosa Drury

又名臭屁虫。属半翅目，蝽科。

(一)形态特征

成虫 黄褐色，雌虫体长24～28毫米，雄虫较小，体近似盾形。腹面有白色蜡质粉状物。复眼内方有鲜红色单眼1对。触角4节。臭腺开口于中后胸交接处。雌虫腹部末节腹面中央分裂。雄虫腹部末节背面有一下凹的交尾构造。

卵 近圆形，长2.5～2.7毫米。初产卵淡绿色，少数黄色，渐变为黄褐色至灰褐色，孵化前为深灰色，常14粒卵聚集成块。

若虫 共5龄。1龄椭圆形，长5毫米，体色由鲜红变深蓝色，复眼红色。2龄体变为长方形，长8毫米，橙红色，外缘灰黑色。3龄体长10～12毫米。4龄体长14～16毫米。5龄体长18～20毫米，中胸背侧翅芽伸达第三腹节中部。

(二)发生规律

荔枝蝽分布于广东、广西、福建、云南、江西、贵州等地。主要危害荔枝、龙眼和柑橘，还危害黄皮、柚、蓖麻、番石榴、桉树等。以成虫、若虫吸食嫩梢、花、穗和幼果汁液。被害部成褐色斑点，引起落叶枯梢，落花落果。一年发生1代。以成虫在浓密树冠内或屋檐下越冬。翌年春分前后迁到枝梢、花穗上取食，交尾后1～2天即开始产卵，4～5月份为产卵盛期，卵80%产于叶背。3月中旬气温18℃时，卵期20～25天；4月上旬气温20℃时，卵期17～19天；4月中下旬气温22℃时，卵期7～12天。每次产卵14粒，每雌产卵70～140粒。若虫于4月初开始孵化，开始群集在一起，数小时后分散取食，遇风雨爬到叶背，受惊动放出臭气下垂。几天不取食仍能存活。6月份当年成虫相继出现，越冬成虫陆续死亡。7～8月份若虫少见，以当年成虫为主。成虫寿命203～371天。当年成虫多集中在荔枝新梢上大量取食，积累体内脂肪，准备越冬。越冬时成虫多集中在树的东南部和西部，北部最少。树冠下层最多，约占一半以上，中层次之，上层最少。

（三）生物防治措施

1. 荔枝蝽卵平腹小蜂（*Anastatus japonicus* Ashmead）**的保护利用** 该蜂雌蜂体长约4毫米，体黑色带铜绿色，有紫色反光，头部两侧有球形黄褐色复眼，触角13节，柄节黄褐色，余深褐色。中胸背板前部中央有舌状隆起，古铜色，有顶针状刻点。前翅淡黄褐色，有短毛，基部透明，翅中央有月牙形透明条斑。腹部黑色，长梨形，基部有白斑。雄蜂体长约3毫米。触角较雌蜂粗长。胸部背板无顶针状刻点。翅全部透明。卵长卵形，卵壳透明，一端有长卵柄。幼虫共3龄，1龄幼虫乳白色，前端阔大，尾端尖细，体节13节，胸部第二节至腹节第七节腹面的后缘各有长而硬的刺毛，腹部末有尖长的分叉。行动活泼。2龄幼虫乳白色，腹部第一节宽，两端逐渐窄小，胸腹部无长刺毛。行动较1龄幼虫迟缓。3龄幼虫较粗长，体向腹面弯曲，背部贴近寄主卵壳，体变为淡黄色，将寄主卵的内含物食尽。蛹由淡黄色渐变为深褐色至黑色，裸蛹。

平腹小蜂在人工饲料条件下，一年发生8代，每一世代历期23～33天。在26℃～28℃温度下，一世代发育历期18～21天，卵期2天，幼虫期5～6天，蛹期6～7天。在26℃～31℃

适温内，温度升高发育加快。温度超过33℃或低于20℃不利于发育和产卵。平腹小蜂生长发育的适宜条件是：温度25℃～30℃，相对湿度70%～80%，每天光照10小时，寄主卵较大。雌蜂交尾1次即可陆续产两性卵，不交尾雌虫产的卵，后代均为雄虫。成虫产卵期30余天，每一雌蜂一生平均产卵228粒，每天平均产卵5.7粒，主要在25天内集中产卵，25天后产卵量逐日下降。通常一粒寄主卵内只寄生1头幼虫，个别寄主卵内有2～3头幼虫寄生。平腹小蜂以成虫在荔枝园内越冬，但数量很少。在冬季晴天气温在15℃以上时，平腹小蜂即寻找寄生虫卵产卵，幼虫在寄主卵内发育至老龄幼虫休眠越冬，翌年春季气温升高再化蛹羽化。因此在自然情况下，3～4月份荔枝蝽卵被平腹小蜂寄生率2%左右，5月份可上升到30%以上。为了控制3～4月份荔枝蝽的危害，必须在荔枝蝽产卵初盛期人工释放平腹小蜂2次，使荔枝蝽卵被寄生率达到97.5%以上。（人工繁殖法见第七章）。

平腹小蜂的人工释放技术：放蜂前调查荔枝树上荔枝蝽数量，平均每株200头荔枝蝽时，每树放蜂600～800头，分2～3批，间隔8～10天。分2批放蜂的，2批放蜂量的比例为1∶1；分3批放蜂的，3批放蜂量的比例为2∶2∶1。将蜂卵用乳胶粘在硬纸如牛皮纸上成卵卡，将卵卡挂在树冠中下部，让平腹小蜂羽化出来寻找寄主产卵。防治效果好，不污染果品，较喷药节省成本费。

2. 荔枝蝽卵跳小蜂（*Ooencyrtus* sp.）的保护利用 该蜂雌成虫体长1.2～1.5毫米，宽0.5毫米，体粗壮，墨绿色，头顶、颜面中央、中胸盾片、腹部除基部外具铜绿色及紫色反光。复眼大，灰紫褐色，被白色细毛。触角红褐色，单眼深褐色。翅透明，翅脉褐色。足基节、腿节黑褐色，胫节及跗节火红黄色。

头横宽，颜额区圆形，后头凹入。触角11节，棒节末端斜切。中胸盾片与头等宽，光滑，具均匀稀疏的浅刻点，散生黑色粗刚毛。小盾片圆舌形，稍隆起，具极细密刻点，散生较长黑色刚毛。产卵器不突出。

周至宏等1993年5月调查，荔枝蝽卵被跳小蜂平均寄生率66.8%，高的达到80.1%，而平腹小蜂寄生率仅占2.5%。多数情况下，跳小蜂将荔枝蝽整块卵粒全部寄生，很少与平腹小蜂寄生同一卵块。卵被寄生后颜色逐渐变褐色，近孵化前卵变为灰霉红色，隐约可见数个灰黑色长形斑，为跳小蜂的蛹。跳小蜂卵经14天左右羽化为成虫，每粒寄主卵平均出蜂14.2头。羽化孔直径0.56毫米，每1粒卵有3～15个羽化孔。应加强保护利用。

第二节　常绿果树病害生物防治

一、柑橘疮痂病

Sphaceloma fawcetti Jenkins

又名“癞头疤”。病原体属半知菌亚门，痂圆孢属。

(一)症　状

叶片受害初期产生油渍状黄褐色圆形小斑点，逐渐扩大为蜡黄色。后病斑木栓化并隆起，多向叶背突而叶面凹陷，成瘤状或圆锥状疮痂，似牛角或漏斗状。早期受害严重的新梢叶片常焦枯脱落。天气潮湿时病斑有一层粉红色霉状物，即病菌的分生孢子盘。有时多个病斑集合在一起，使叶片畸形扭曲。

新梢受害变得短小扭曲。花瓣受害很快脱落。幼果在花谢后不久即发病，产生褐色小斑，后扩大为黄褐色圆锥形木栓化瘤状突起，引起早期落果。受害较迟的果实多数发育不良，表面粗糙，果小、皮厚、味酸，有的变为畸形果。

（二）病 原 体

病原菌有性阶段为子囊菌亚门，学名 *Elsinoe fawcetti* (Jenk.)，在我国尚未发现。无性阶段属半知菌亚门，痂圆孢属。分生孢子盘初散生或多数聚生于寄主表皮下，近圆形，后突破表皮外露。分生孢子梗密集排列，圆柱状，顶端尖或钝圆，无色或淡灰色，。分生孢子着生于分生孢子梗顶端，单生，成熟后脱落再产生第二个孢子。分生孢子单胞，无色，长椭圆形，两端各有 1 个油球。菌丝生长温度 13.5℃～32℃，最适 21℃。分生孢子形成适温 20℃～24℃。分生孢子萌发温度 13℃～32℃，最适 24℃～28℃，在柑橘叶片浸出液中 5 小时 100%萌发。

（三）发病规律

柑橘疮痂病广泛分布于浙江、福建、台湾、江西、广东、广西、湖南、湖北、四川、重庆、贵州、云南等地柑橘产区。是影响柑橘产量和品质的重要病害。

病菌以菌丝体在病组织内越冬。翌年春季阴雨高湿，当气温在 15℃以上时，旧病斑上分生孢子盘产生分生孢子，通过风雨传播，侵害当年生的新梢嫩叶。侵入 10 天后，病斑即可产生分生孢子，进行再侵染。花瓣脱落后病菌侵害幼果。夏、秋季抽梢期危害新梢。最后以菌丝体在病部越冬。远距离传播，通过有病苗木和接穗。春季干旱年份发病迟，危害轻。病菌只能侵染嫩叶、幼果，叶片宽在 1.5 厘米以上，果实长至核桃大时就有抗病力。幼、旺树受害重，壮树、成年结果树受害轻。合理修剪、通风透光、排水良好、合理施肥的柑橘园疮痂病轻。橘类、檬檬类易感病。柑类、柠檬、柚类中感病。甜橙类和金橘抗病性强。

(四)生物防治措施

闵观培等(1990)报道,利用农抗120(湖北生物农药厂产)于1987～1988年在两个橘园进行防治试验,在4月初初发病时喷药,农抗120分为3 300倍液、5 000倍液、10 000倍液,50%多菌灵800倍液,90天后检查防治效果,依次是89.11%,82.81%,81.73%和88.98%(多菌灵),无显著性差异。农抗120的3 300倍液和50%多菌灵防治效果相似。

朱昌雄等(1990)报道,广东省揭阳市应用农抗120 3 300倍液防治柑橘疮痂病2次,防治效果为63.5%～75%,增产15%～20%。

二、柑橘溃疡病

Xanthomonas campestris

pv. citri

为世界性重要病害。

(一)症 状

叶片受害,开始于叶背出现黄色或暗黄绿色针头大小油渍状斑点,逐渐扩大,在叶片两面逐渐隆起,形成圆形米黄色病斑,一般直径3～5毫米,有时几个病斑愈合形成大斑。病斑外有黄晕圈,中部灰白色至深褐色,向下凹陷,后期病斑中央开裂。

夏梢受害,开始出现油渍状小圆点,暗绿色或蜡黄色,后变为灰褐色,病斑隆起,病斑中心开裂,严重时引起叶片脱落,枝梢枯死。

果实病斑与叶片病斑近似,病斑较大,直径4～5毫米,最大可达12毫米,木栓化程度更强,病斑中央裂口更显著。

(二)病原体

病原菌为野油菜黄单胞杆菌柑橘致病变种。菌体短杆状，两端圆，极生单鞭毛，能运动，有隔膜，无芽孢。革兰氏染色阴性，好气性，在马铃薯培养基上菌落呈圆形，蜡黄色，有光泽，全缘，微隆起，黏稠。病菌生长温度最低5℃～10℃，最高35℃～38℃，适温20℃～30℃，致死温度55℃～60℃，时间10分钟。病菌耐干燥，在一般实验条件存活120～130天，经日光曝晒2小时即死亡。冰冻24小时生活力不减。适宜pH值6.1～8.8，最适6.6。

(三)发病规律

病菌潜伏在病叶、病梢、病果内越冬，尤其是以秋梢上的病斑为主要越冬场所。翌年春季在适宜条件下，病部溢出菌脓，借风雨传播，昆虫和枝叶接触传播至嫩梢、嫩叶和幼果上。在气温25℃～30℃下，多雨有利于传播侵入，因为幼嫩组织上须保持20分钟水膜层病菌才能从气孔、皮孔或伤口侵入。在温度较高时，细菌在寄主体内迅速增殖，刺激寄主细胞增生、组织膨胀。潜育期一般3～10天。春梢期气温低，降水少，发病轻，病斑小。夏秋梢期高温多雨，发病重，病斑较大。广州、福州等地观察3月下旬至12月份病害均发生，春梢发病高峰在5月上中旬，夏梢发病高峰在6月下旬，秋梢发病盛期在9月下旬。沿海地区每年在台风和暴雨后，常有一个发病高峰。病菌在秋、冬季有潜伏侵染现象，冬季不表现症状，春季才显露症状。病菌远距离传播主要通过接穗、苗木和果实等繁殖材料。

根据在甜橙上观察，新梢幼叶达2/3长度时(萌芽后30～45天)开始发病，萌芽50～60天气孔形成最多，染病率最高。新梢老叶片革质化后(萌芽后90～120天)，气孔不再形成，原有气孔多闭合，病菌侵入难。幼果在横径 8～32 毫米、落花后 60～80 天，发病率高。果实着色后不发病。一般甜橙类最易感病，柑类次之，橘类较抗病，金橘最抗病。品种抗病差异与表皮组织结构、气孔密度有关。甜橙叶片气孔多，中隙最大，最易感病。温州蜜柑气孔少而小，比较抗病。

栽培管理不善，潜叶蛾、恶性叶甲、凤蝶幼虫危害严重的柑橘园，发病较重。施肥不当，偏施较多氮肥，病害发生较重。控制夏、秋梢生长的柑橘园，病害较轻。栽植抗病品种，则发病轻。

（四）生物防治措施

1. 假单胞菌的利用 日本太田从柑橘溃疡病斑上分离出一种 2～6 根鞭毛短杆状荧光性白色杆菌 *Pseudomonas* sp.。该菌在柑橘溃疡病斑内寄生繁殖，抑制溃疡病菌的增殖，减轻病害的发生。利用这种颉颃菌与等量溃疡病菌混合后，浓度为 10^8 个/毫升，喷洒在夏橙上，能抑制溃疡的发生。

2. 金核霉素的利用 戴仙文（1991）报道，金核霉素是 1981 年 6 月从江苏省苏州市东山采集土壤中分离到的金色链霉菌苏州亚种产生的核苷类抗生素，1987 年申请中国专利。金核霉素纯品为白色长方形片状结晶，易溶于乙酸，溶于水。在酸性条件下稳定。工业品为发酵滤液全成分浓缩液，棕褐色，有效成分为 3%，毒性极低，无异味。1987～1989 年在福建、广东、湖南等地用其 8 000～4 000 倍液防治柑橘溃疡病，各年防治效果分别为 74.0%～95.8%、74.6%～84.0%、68.6%～93.0%。使用 3%水剂 200～300 倍液，也有很好的防治效果。施药时间以柑橘夏梢长 2～5 厘米为好。重发病区春梢发芽后即喷药，叶片很快由黄转绿。

三、柑橘脚腐病

phytophthora sp.

又名烂兜巴。属鞭毛菌亚门,疫霉属病害。

(一)症　状

根颈根部病害,受害部位主要为地面上下 10 厘米左右根部,病部呈不规则水渍状,黄褐色至黑褐色,树皮、根皮腐烂,具酒糟味。潮湿时病斑常渗出胶液,干燥时凝结成块,以后病害扩展到形成层和木质部。旧病斑树皮干缩翘裂,甚至剥落。病斑沿主干向上扩展长达 20 厘米,向下沿主根、侧根蔓延,引起主、侧根、须根大量腐烂,环剥根颈,常引起全株死亡。

被害初期树冠未有明显症状,但随着根部病害加重,叶型小,叶片变黄,容易早落叶,形成秃枝现象。病树死亡前一年开花结果往往极多,但果小、味酸、易脱落,刮大风时树易被吹倒。

(二)病 原 体

病原菌为鞭毛菌亚门疫霉菌。孢囊梗简单,与菌丝无大的区别,无分枝;孢子囊顶生,圆形或椭圆形,有乳头状突起,萌发时产生游动孢子或芽管。卵孢子球形。

(三)发病规律

一般幼树发病少,壮树发病较多,30～40 年生树发病最多。甜橙、柠檬发病最多,橘次之,柚受害较轻,而枳和酸橙则高度抗病。以实生甜橙及甜橙作砧木嫁接甜橙的,受害重。地势低洼积水和地下水位高的果园,发病最重,地势高的砂壤土果园发病轻。

栽培管理不当会加重发病,凡紧贴根颈挖坑施肥,或根颈干施化肥烧伤树根的,常诱发脚腐病。柑橘丰产后未及时施足肥料而造成树势衰弱的，易得病。果园间作其他作物时，紧靠根颈种植的，造成果园荫蔽潮湿，发病重。果园荒芜失管，土壤板结，或定植过深，培土太厚，耕作碰伤根颈，都会加重病害发生。天牛、吉丁虫危害严重，防治不及时，也易诱发脚腐病发生。

（四）生物防治措施

四川省岳池县植保植检站伍佐君（1992）利用井冈霉素防治柑橘脚腐病，取得很好效果。在脚腐病发病期，先将病斑周围泥土刨开，用小刀将病部组织全部刮除，深达木质部，然后将井冈霉素原液用毛刷涂在病斑处，病斑愈合率为90%～100%，平均96.1%。病斑愈合宽度平均6.2厘米。药后60～90天检查，校正防治效果为90.3%～100%。防治效果略高于843康复剂。但药品费用仅为843康复剂的1/3。

四、柑橘青霉病和绿霉病

（一）症　状

青霉病和绿霉病症状相似，受害水果呈水渍状软腐，病部果实易破裂。病部长出白色霉状物（菌丝体），随后变成青色或绿色霉层（分生孢子及分生孢子梗）。在适宜条件下，病部快速扩展，导致病部腐烂并可深达果心，甚至全果腐烂。二者症状也有区别。

青霉病青色霉层在果皮及内部形成较快。白色菌丝环状，较窄，1～3毫米。软腐边缘水渍状，边缘明显，较整齐。腐烂速度较慢，有发霉气味。不粘包装纸。

绿霉病绿色霉层只在果皮上形成，发生较慢，白色菌丝环较宽，8～15毫米，略带粘性，微有皱褶。软腐边缘不整齐、不明显。病斑腐烂较快，有芳香气味。紧粘包装纸。

（二）病原体

1. 青霉病菌（*Penicillium italicum* Wehmer.） 分生孢子梗无色，顶端 2～5 分枝，小梗顶端渐尖细，呈瓶状。分生孢子念珠状串生，单孢，无色，近球形或卵形、椭圆形。

2. 绿霉病菌（*P. digitatum* Sacc.） 分生孢子梗具 1～2 分枝，小梗中部较宽，上下两端较细，呈细长纺锤形，分生孢子无色，单孢，卵圆或圆柱形，较大。

（三）发病规律

青、绿霉病分布很广，常腐生在多种有机物上，产生大量分生孢子，通过气流传播落到果实上，孢子萌发后从伤口侵入，引起果实腐烂。在病部产生大量分生孢子进行多次再侵染。在贮运过程中，青霉菌能分泌一种挥发性物质，将接触到的健果皮损伤，引起接触传播侵入。在果实采收、运输及贮藏过程中，若造成果实受伤容易引起发病。在雨后、重雾、露水未干时采收，果皮含水多，容易擦伤致病。青霉病发病的温度范围 3℃～32℃，最适温度为 18℃～27℃。绿霉病发病适温为 25℃～27℃。相对湿度在 95%～98%时，有利于发病。贮藏前期多发生青霉病，贮藏后期多发生绿霉病。

（四）生物防治措施

1. 假单胞杆菌 D67-2 菌株的利用 王永兴（1992）等自假单胞杆菌中筛选出 D67-2 菌株。柑橘采收后用 D67-2 悬浮液 5×10^{8} 个菌体/毫升处理果实，经 100 天贮存，青霉病病果率 1.33%，绿霉病病果率 0.67%，与施用 50%多菌灵 2 000 倍液防治效果相当，达 83.43%。D62-2 处理的 60 天后才出现青、绿霉病，对果实营养成分和感官品质没有不良影响。

2. 枯草芽孢杆菌 B-912 的利用 范青、田世平等（2000）从土壤中分离筛选的 *Bacillus subtilis* B-912 枯草芽孢杆菌菌株对柑橘青、绿霉菌有很好的抑制效果。活菌液(细菌浓度 10^8 个菌体/毫升)和热处理培养液(100℃5 分钟)及过滤液处理,都有抑制青、绿霉菌的效果,以活菌液抑菌效果为最佳,热处理液和过滤液效果次之,但都显著地好于对照。

3. 绿色粘帚霉(Gliocladium uirens) **T4 菌的利用** 文成敬等(1995)筛选出绿色粘帚霉 T4 菌株,用 T4 孢子悬浮液 10^5 孢子/毫升进行浸果,在室温条件下贮存 120 天,病果率 2.7%,清水对照病果率 36.7%,防治效果 92.6%,与甲基托布津、特克多处理的效果没有显著差异。

4. 吸水链霉菌 618 的利用 刘兴荔等(1987)从广州市郊区土壤中分离一株吸水链霉菌株,编号 618。接种青、绿霉菌于橙果上,用 618 发酵液处理,全部未发病,与多菌灵防治效果一样,清水处理的全部发病。用 1∶1 的 618 发酵液处理 147 千克蕉柑 90 天,烂果率 6.7%,多菌灵处理的烂果率 10.76%,CM 中草药(1∶10)处理的烂果率 15.5%。贮藏平均温度 17.9℃,相对湿度 88.97%。

五、荔枝霜疫病

Peronophythora litchii Chen ex ko et al.

又名荔枝霜霉病。

(一)症　状

果实受害多在果蒂处开始发病,果皮表面初生褐色不规则形病斑,以后迅速扩展,以至全果呈暗褐色乃至黑色,果肉腐烂,有酒糟酸味,有褐色汁液流出。发病中后期病部表面生白色霉状物,病果常提早脱落。

叶片受害多沿中脉出现褐色小斑点,后扩大为淡黄色不规则病斑,上生白色霜霉状物。花穗受害枯死。

(二)病 原 体

荔枝霜疫病病菌属鞭毛菌亚门。菌丝体发达,多分枝,无隔膜,菌丝产生丝状吸器伸入寄主细胞内吸收养分。无性态孢囊梗直立,双分叉,锐角分枝,前端逐渐变细,孢子囊为柠檬状椭圆形,无色至淡褐色,顶端有明显乳突。孢子囊直接萌发产生芽管,间接萌发产生5～14个游动孢子。游动孢子肾脏形,侧生双鞭毛。一般8℃～22℃产生游动孢子,26℃～30℃时产生芽管。有性态形成卵孢子,球形,无色至淡黄色。

(三)发病规律

该病菌以卵孢子和菌丝体在病叶和病果上越冬,翌年环境适宜,卵孢子可直接萌发长出芽管,侵入寄主,或间接萌发产生游动孢子。游动孢子借风雨传播,从气孔侵入,潜育期7～12天。发病后病部产生孢子囊进行重复侵染。果实在收获、贮运、销售过程中,由于病果与健果混在一起,接触传染,常引起大量果实染病腐烂。多雨多雾湿度大时最宜发病。荔枝从开花到果实成熟,若遇到连阴雨,病害常严重发生。果园地势低洼、排水不良、湿度过大、果树通风透光差,病害发生重。

(四)生物防治措施

1. 利用多抗霉素防治 蒋跃明等(1997)利用1.5%多抗霉素(吉林省延边农药厂生产)防治荔枝霜疫病,在25℃条件下贮存3天,施50倍液的感病率8.7%,防治效果90%;施100倍液的感病率10.9%,防治效果88.1%;施200倍液的感病率16.3%,防治效果82.1%。

荔枝果采后在5℃条件下贮存30天,施用1.5%多抗霉素50倍液的防病效果62.2%,施100倍液的防病效果54.6%。

2. 利用枯草芽孢杆菌防治 蒋跃明(1997)利用枯草芽

孢杆菌(由广东省微生物农药研究所提供)防治荔枝霜疫病，在25℃条件下贮存3天。施枯草芽孢杆菌原液的，感病率11.7%，防治效果87.2%；施5倍液的，感病率14.3%，防治效果84.4%；施10倍液的，感病率20.6%，防治效果77.5%。在5℃条件贮存30天，施用枯草芽孢杆菌原液防病效果53.5%。将枯草芽孢杆菌5倍液与多抗霉素100倍液混合施用，防治效果77.3%。

第七章　害虫天敌昆虫人工繁殖

第一节　捕食性天敌人工繁殖

一、小花蝽人工繁殖

（一）小 花 蝽（*Orius minutus* L.）

是蚜虫、叶蝉、蓟马和叶螨及鳞翅目害虫的卵和幼虫的重要捕食性天敌。

成虫　雌虫体长 2.2～2.5 毫米，雄虫体长 2～2.2 毫米。体浅褐色至深褐色。头、复眼、前胸背板、小盾片、足基节和股节及腹部为黑褐色或黑色，前翅楔区及膜区为深褐色。单眼 1 对，红色，触角 4 节，淡黄褐色。足浅黄褐色，头短而宽。后胸有臭腺孔。雌虫腹末两侧对称，雄虫腹末端向一侧弯曲，左侧抱握器为螺旋形，背面有一长鞭状丝，右侧无抱握器。

卵　长茄子形，表面有网状纹，初产时白色，近孵化时显现 1 对红色眼点。

若虫　初孵化若虫白色，后变为黄褐色，复眼鲜红色，腹部第六、七、八节背面各有 1 个橘红色斑块。

小花蝽在湖北省武昌市一年发生 8～9 代，以成虫在树皮缝隙、枯枝落叶层内等处越冬。翌年 2 月中旬开始活动，各代发生时间为：第一代 3 月下旬至 5 月下旬，第二代 5 月上旬至 6 月下旬，第三代 6 月上旬至 7 月中旬，第四代 6 月下旬至 7 月下旬，第五代 7 月中旬至 8 月下旬，第六代 8 月上旬至 9

月下旬，第七代 9 月上旬至 10 月中旬，第八代 9 月下旬越冬至翌年 5 月中旬。在辽宁省兴城市一年发生 4 代，越冬代雌虫于 4 月末开始活动，一直延续到 10 月份，都可见到成虫和若虫。山东省烟台市一年发生 7～8 代，4 月上旬至 11 月份不断发生成虫、若虫。卵期平均 6 天，1～5 龄若虫期平均 14 天，成虫期平均 14 天，完成 1 个世代 25 天左右。在湖北省每头雌虫平均产卵 32 粒，在山东省烟台市每头雌虫产卵 30～40 头，在辽宁省兴城市每头产卵 53～74 粒。卵分别产入植物嫩芽、叶柄和叶片主脉组织内。一个苹果叶上可产卵 2～5 粒，最多 10 余粒。成虫有趋光性，喜食花蜜。成虫和若虫，每天平均捕食苹果全爪螨分别为 41 头和 44 头，捕食山楂叶螨分别为 40 头和 44 头。若虫期 1 头若虫平均可捕叶螨 420 头，一头小花蝽一生可捕食叶螨 2 000 头以上。

小花蝽生长发育适宜温度 25℃～35℃，相对空气湿度 70%～90%。

在温度 25℃，相对湿度 70%～90%条件下，用 1.5 厘米×8.0 厘米指形管，用苹果绣线菊蚜饲养若虫，经过 13～15 天即变成虫，羽化率达 58%～90%，在 3 厘米×14 厘米试管内饲养成虫，雌虫产卵率 50%，1 头雌虫可产卵 15～70 粒，寿命 14～30 天，雄虫寿命 8～23 天。用叶螨和紫花苜蓿的花粉饲养成虫，其寿命和产卵期较长，产卵量也多。用蚜虫饲养若虫时，在羽化前 8 天喂以 10%蜂蜜液，能提高产量。

(二)东亚小花蝽(*Orius sauteri* Poppius)

成虫体长 1.9～2.3 毫米，头、前胸背和小盾片均为黑褐色，有光泽。触角第一、二节黄色，第三、四节黑褐色。前胸背板后缘向前方弯曲。头向前突出。前翅淡褐色，半透明。

在华北地区，东亚小花蝽以成虫在树皮裂缝处越冬。翌年

3月底至4月上旬开始出蛰活动。先在夏至草上取食花粉，到6月上旬繁殖1～2代。5月下旬夏至草枯死，小花蝽逐渐向果树上迁移，取食果树各类蚜虫和叶螨，特别喜食绣线菊蚜和山楂叶螨。成虫羽化后8小时开始交尾产卵，每天平均产卵6粒，一生最多产卵127粒，平均产卵70粒。卵多产在叶片背面主脉处，占58%，侧脉占28%。

东亚小花蝽的饲料：花粉饲料有丝瓜、黄瓜、木槿、月季、玉米、松树花粉等，昆虫饲料有米蛾的卵、桃蚜、朱砂叶螨等。

人工模拟卵的制作：啤酒酵母溶液104毫升，大豆水解液21毫升，鸡蛋黄5克，蜂蜜10克，蔗糖5克，亚油酸0.45克。用制卵机喷制蜡壳人工卵。

东亚小花蝽的饲养：用指形管(15毫米×50毫米)、罐头瓶、养虫笼饲养，要求温度在25℃～27℃，空气相对湿度70%，光照时间24小时，每天更换饲料。移入2～3厘米长黄豆芽供雌虫产卵，每株豆芽上可产卵数10粒。每天将产在黄豆芽上的卵，贮存在2℃～6℃条件下备用，5龄若虫贮存15天未见死亡。在8℃～9℃条件下贮存5～9天，卵孵化率70%～87%。

二、草蛉人工繁殖

(一)种类与分布

我国已记载草蛉100余种，其中10种为常见种。大草蛉、中华草蛉、丽草蛉广泛分布于我国广大地区，叶色草蛉分布于东北、华北和西北地区，多斑草蛉分布于东北和西北地区，牯岭草蛉分布于华北、中南和华东地区，黄褐草蛉分布于华北和东北地区，其余3种只分布在西北和个别省份。果园最常见的是大草蛉、中华草蛉和丽草蛉。

(二)草蛉生物学特性

大草蛉在福建省一年发生 6 代,在湖北省为 5 代,在河南、陕西省为 4 代。卵期 3~4 天,幼虫期 8~9 天,蛹期 12~14 天,产卵前期 10~16 天,一个世代 33~43 天。

中华草蛉在湖北省一年发生 6 代,在河南、陕西省为 5~6 代。卵期 3~4 天,幼虫期 8~9 天,蛹期 7~8 天,产卵前期 4~5 天,一个世代 22~26 天。

丽草蛉在河南、陕西省一年发生 4~5 代,卵期 3~4 天,幼虫期 8~9 天,蛹期 12~13 天,产卵前期 6~10 天,一个世代 29~36 天。

大草蛉和丽草蛉成虫喜食各种蚜虫和叶螨,中华草蛉成虫主要取食花粉、花蜜和多种虫卵和叶螨、蚧、蚜虫。成虫多在傍晚羽化,有趋光性,飞翔力强,白天和夜间都能活动,夏季高温强光下常静伏叶背阴凉处。中华草蛉以成虫越冬,春天恢复活动以后,才逐渐性成熟。成虫饲养过密缺食物时,有自食其卵的习性。成虫多一次交尾,产卵多在晚上 7~9 时,多产在植株上部叶螨等密集处。一头雌虫产卵 300~400 粒,多的达 1 000余粒。大草蛉卵聚产,其他草蛉卵多散产。卵由绿色变灰白色为正常孵化卵,卵一直保持绿色为未受精卵,卵变黑色为被寄生蜂寄生卵。幼虫行动活泼,喜捕食蚜虫及虫卵,有互相残杀习性。

(三)草蛉的饲料

1. 米蛾卵 米蛾卵是饲养多种草蛉的良好饲料。不断完善米蛾饲养技术,提高米蛾产卵量,是繁殖草蛉的重要措施之一。饲养米蛾的适宜温度为 27℃~28℃,相对湿度为 70%。用麦麸 90%,面粉 5%,大豆粉 5%另加水 15%,混合后严格消毒,每 500 克料接种米蛾卵 2 000 粒,出蛾率 50%~60%,一般出米蛾900头左右，出卵量70 000粒。

2. 人工饲料 成虫人工饲料：有以下4种配方：①啤酒酵母干粉25克，糖10克，蜂蜜10克，水1 000毫升；②鲜牛奶70%，面粉20%，糖10%；③发面干粉35克，蜂蜜20毫升，水80毫升；④猪肝粉10克，蜂蜜20克，啤酒酵母10克，水100毫升。能饲养中华草蛉等。

幼虫人工饲料：用生鸡蛋40克，啤酒酵母30克，蜂蜜20克，蔗糖10克，抗坏血酸0.1克，水100毫升，饲养中华草蛉16个世代，幼虫发育生长、结茧化蛹、羽化基本正常。

3. 人工模拟卵 张宣、马安宁(1978)研制的昆虫人工卵制卵机工作原理介绍如下：将低融点石蜡液保持在恒温静止状态，人工液体饲料经喷头从石蜡液面下1毫米深处竖直向上喷出，形成一束紊流射出，产生紊流卷吸作用，使静态的石蜡液体(55℃～60℃)也被带动一起向上运动。当升到一定高度时，即发生分裂，液体饲料与石蜡液体一起形成均匀的微粒，自由一起降落。在降落过程中，因石蜡液体的相对密度(比重)和内聚力均小于液体饲料，排斥在饲料微粒的外表，即形成人工卵。卵粒整齐浑圆，卵壳薄而均匀，内含饲料液饱满。饲养大草蛉幼虫等，幼虫发育、化蛹、羽化率都明显提高。便于大规模饲养。

(四)饲养繁殖

在害虫发生以前，为了能提供大量草蛉，需要开展人工饲养，加速草蛉的繁殖。

1. 草蛉成虫的饲养 饲养工具一般有饲养架、产卵盒和转换器3种。饲养架供成虫取食交尾用，架的大小根据需要而定。架形类似货架或书架，在架上分成若干个隔间，一面钉上塑料纱网，朝向光源，一面挂上深色布帘，防逃逸。每隔间内放上食料和水供取食。产卵盒是供成虫产卵和取食用。一般用硬纸制成,也有用塑料盒的。盒顶蒙上纱网,盒内壁衬上一层硬纸,供产卵,盒内放饲料和水。转换器是一个筒状物,比产卵盒稍大,可套入产卵盒,利用成虫趋光性,转移成虫用。饲养方法是将新羽化成虫放在养虫架隔间集体饲养几天,令其交尾,时间长短视各种草蛉产卵前期而定。待交尾后将要产卵时,利用转换器将成虫转入产卵盒单独饲养。每天要将已产有卵的卵卡取出,取时先把成虫暂时转移到另一产卵用空盒内。在产卵卡上标上产卵日期和数量。如不需要扩大再繁殖,可将卵卡放冰箱冷藏备用。产卵高峰期,为避免成虫食卵,每天需转移2次取出卵卡。成虫应在温度23℃～27℃,相对湿度60%～70%,长光照条件下饲养。

2. 草蛉幼虫的饲养　饲养工具一般利用罐头瓶、塑料盒、硬纸盒等,上口用细尼龙纱网罩住。为了防止幼虫互相残杀,群体饲养时,盒底放带褶的纸或塑料条、短的麦秆等。饲养方法是把将要孵化的灰色卵粒(或将卵卡剪成小块),均匀放在罐头瓶内,再放入饲料供幼虫取食。在一个养虫器内投放的幼虫龄期要一致。当饲养幼虫已结茧后2～3天,可将茧连同隔离物一起取出,放在成虫饲养架的隔间内,待其羽化,饲养成虫。

(五)田间释放技术

利用中华草蛉防治果树叶螨,宜在叶螨未大发生前、幼螨所占比例高时释放,这样效果好。每叶平均有0.5～2头叶螨时,每株果树释放将要孵化的中华草蛉卵1 000粒。投卵方法:一是把卵卡多点挂在树冠各部,二是树冠喷卵法。彭以坤(1987)以0.125%琼脂溶液作粘着剂,卵粒悬浮液均匀,粘着率达97.8%,浸卵2～3小时后,卵孵化率仍达80%～

92%，可承受压力 98.06～245.17 千帕（1～2.5 千克/厘米²），在此压力下 15 分钟，卵的孵化率 65%～78%。河北省唐山市和山东省济南市通过释放中华草蛉卵，控制了苹果山楂叶螨的危害。

1979～1982 年，彭以坤在四川省南充市大田释放中华草蛉，5～6 月份按益、害虫 1∶1 000 的比例在树冠喷中华草蛉卵或人工放卵卡各 2 次，防治柑橘全爪螨效果好，比化学农药防治减少费用 31.3%，且生态效益好。

彭以坤 1980 年在四川省南充市锦橙上按益、害虫 1∶200～500 的比例，释放晋草蛉卵，20 天后调查，防治效果好。魏潮生 1979 年在广州市 6 月份释放亚非草蛉 1～2 龄幼虫，每株每次放幼虫 50～100 头，连放 7 次，60 天后，柑橘全爪螨下降 97.7%。

三、异色瓢虫人工繁殖

异色瓢虫是苹果、梨、桃、柑橘上多种蚜虫、叶螨和蚧的重要天敌。在我国各地都有分布。

（一）饲料配制

自 20 世纪 60 年代以来，我国研究出 7 大类 30 余种繁殖异色瓢虫的人工饲料。其中饲养效果好。原料来源广、价格便宜的有以下几种配方：

配方 1　啤酒酵母粉 4 份，猪肝 4 份，奶粉 2 份，蔗糖 2 份，胆固醇 0.1 份，蜂蜜 3 份，水 5 份。

配方 2　啤酒酵母粉 6 份，麦乳精 4 份，维生素 C 0.05 份，B 族维生素 0.01 份。

配方 3　猪肝 5 份，蜂蜜 1 份，啤酒酵母粉 0.5 份。

配方 4　猪肝 5 份，蜂蜜 1 份，蔗糖 1 份，维生素 C 0.02

份。

其中，饲喂配方1和配方2饲料，雌虫产卵率53%～80%，雌虫产卵量113～264粒，最多961粒。饲喂配方3和配方4饲料，化蛹率87%～93%，羽化率100%，产卵量301～508粒。1980～1983年，浙江省人工繁殖异色瓢虫160万头，获得成功。

（二）饲养方法

为了获得大量瓢虫，可使用大型罐头瓶、培养皿、塑料养虫盒，或用细纱网、木架或铁架做成养虫笼，进行集体饲养。如用粉状饲料，可把饲料撒在折成“M”形硬纸的凹处；如用糊状饲料，将饲料放在一个筒状碗内，或放置在一小块吸水性塑料板上，或蜡质较厚的植物叶片上。为了供水和保持较高湿度，可放一个湿棉球或一块湿泡沫塑料。

除了人工饲养瓢虫外，还可于冬季在山上向阳背风处设置立式箱（80厘米×60厘米×20厘米），或卧式箱（100厘米×60厘米×40厘米），将相对的其中两侧面嵌玻璃，其余为木板。玻璃面向阳，两侧木板留1.5厘米宽的空隙作为瓢虫入出孔。3小时可诱异色瓢虫3 000余头。

在山上调查异色瓢虫越冬场所，在春季出蛰前，利用钩、袋、网捕捉越冬成虫，进行简单饲养后释放利用。

（三）释放瓢虫

1. 释放成虫 将饲养的成虫或大量捕回的成虫，分放小纸笼、养虫笼内，分点将虫笼挂在树上。为防远飞，可将瓢虫后翅划破，使其不能远飞。或放虫前喂以糖水，将后翅粘住。也可使瓢虫饥饿一天，傍晚释放害虫集中处，利其大量捕食。3～4月份每株树放成虫50头，防治苹果绵蚜效果达64%～92%。

2. 释放卵 把将要孵化的卵块挂到果树蚜虫集中处，令幼虫孵出后就近捕食害虫。每树放卵50粒，15天后，即可获75%的防治效果。

3. 释放幼虫 在3月下旬至4月份，每株结果树放幼虫20～50头，15天后可获得90%的防治效果。

四、钝绥螨人工繁殖

随着广谱杀虫、杀螨剂的普遍使用，农作物、果树、蔬菜叶螨危害严重，已成为世界性威胁农业生产的一个重要问题。自20世纪60年代后期，利用智利小植绥螨和西方盲走螨防治叶螨获得成功，于是全世界掀起了利用植绥螨防治叶螨的热潮。由于捕食螨与叶螨的生活栖息环境一致，跟踪追捕能力强，食卵能力是其他天敌无法相比的。在自然界中，其前期数量少，控制叶螨能力弱，抗药力也弱，必须采用人工大量繁殖、贮存、释放技术，才能使以螨治螨获得成功。在我国四川、广东、福建、湖南等地已开展了人工大量繁殖、利用钝绥螨，防治柑橘全爪螨取得显著成效。现将有关钝绥螨人工繁殖技术介绍如下：

(一)繁殖条件

钝绥螨要求温度25℃～30℃，空气相对湿度70%～80%，在四川省4～10月份、广东省3～11月份温度多在20℃～30℃之间，阴雨天要控制湿度不能过高。选一间冬暖夏凉、能透一定光线、既通风又能密闭的房子，面积大小视养殖数量而定。严防老鼠、蟑螂、跳虫、蜘蛛潜入。若要3～4月份释放，饲养室要有加温设施，如火炉、空调等。要制作养虫架、柜，用木架或钢铁架，长×宽×高为1.5～1.8米×0.55米×1.8～2米，脚高10厘米，每20厘米左右一层。饲养工具为直径15～17厘米、高3厘米的玻璃皿，或长×宽×高为20厘米×15厘米×4厘米的塑料盘。在养虫盘内铺一块泡沫塑料，厚约1厘米，从四周比养虫器小1厘米，其上铺一层黑布，布上铺一聚乙烯塑料膜，放3～4条棉絮丝，从四周渗入清水。从下到上每层略小一点。初孵幼螨需要保持安静环境。

(二)饲养管理

用毛笔尖蘸少许清水，将已交配的雌螨移入饲养盘中，每盘接入80～100头，每天喂以新鲜蓖麻花粉、丝瓜花粉，花粉分成5～6个点，放30%糖水小棉球。成螨接种后2～3天便大量产卵，每个棉絮丝上产卵数10粒，每天收卵1次，另移其他盘饲养扩大繁殖，或将卵释放田间。每天换新鲜花粉，清除旧花粉。每7天饲养一批后，用具用0.1%漂白粉消毒，再放阳光下曝晒消毒后备用。5～7天更换一次饲养盘内清水，防水变质。整个饲养过程分为接种(饲养幼螨)→育成(准备投入生产)→繁殖(每天收卵供释放)→释放(在室内生产7～10天卵后释放到田间)。

(三)保种越冬越夏

在长江中下游地区11月中下旬从田间引种钝绥螨于室内饲养盘，室内温度保持在5℃～10℃，相对湿度为80%，每隔5～7天更换一次新鲜花粉，至2月下旬，成活率47%～93%。夏季干旱高温，要保持30℃以下低温饲养。

(四)花粉的贮备

据四川、广东等地对20余种植物花粉饲养钝绥螨测试结果，以栎树、丝瓜、茶、山茶花、蓖麻花粉量大，饲养效果好，花期长，收集容易。在0.5℃～1℃下冷藏3个月左右不影响饲养效果。一般1克花粉可繁殖钝绥螨3万～5万头。2～3种花粉混合饲养，产卵繁殖效果好。在重庆市，主要植物开花历期为：蓖麻3月中旬至11月中旬，丝瓜5月下旬至11月上旬，蚕豆、豌豆2月下旬至4月中旬，茶10月中旬至翌年2月下旬。

(五)释放技术

一般将繁殖的捕食螨卵、幼螨、若螨随同饲养盘内塑料膜、棉丝一同装入保湿的塑料袋(盒)中，可以短距离输送到果园释放。根据树上叶螨发生密度，在春夏季按益、害虫1：10～80的比例释放，10～15天即可控制叶螨危害。在树冠内膛多点释放。如果释放后温度升高到30℃以上，持续干旱，则防治效果不好。如果气温在20℃～30℃，空气相对湿度70%～80%，果园间作其他作物，则防治效果好。果园间种藿香蓟、苏麻、紫丝瓜、蓖麻等，钝绥螨在这些宿主上取食花粉，大量繁殖，稳定种群数量。在上述宿主上，9月上旬(钝绥螨35天)种群增长2～7倍，8月中旬(钝绥螨30天后)在丝瓜上增长13～16倍。

第二节　寄生性天敌昆虫人工繁殖

一、松毛虫赤眼蜂人工繁殖

松毛虫赤眼蜂是多种果树害虫卵的寄生蜂，如果树多种卷蛾、梨小食心虫、刺蛾类、毒蛾类、舟蛾类等。国内分布广泛，从黑龙江省到海南省都有分布。

(一)形态特征

雄虫　体黄色，腹部黑褐色。触角毛长，最长的相当于鞭节最宽处的2.5倍。前翅臀角上的缘毛长为翅宽的1/8。外生殖器阳基背突有明显的宽圆的侧叶。

雌虫 体长0.5～1.0毫米。15℃时体黄色，中胸盾片淡黄色，腹部末端褐色；20℃时成虫淡黄褐色；25℃成虫体黄色。

卵 乳白色，前端稍尖细，后端稍宽大，初为棒形，后为椭圆形。

蛹 预蛹初期前端宽大，尾端变细，足、翅芽、外生殖器芽开始分化，后期足、翅、触角等分化完成。初为乳白色，后变为淡黄色。

（二）生物学特性

松毛虫赤眼蜂一年发生代数因地区不同而异。例如：广东省30代，湖南省23代，浙江、四川省18～20代，山东省14代。于10～11月份以老龄幼虫或预蛹在寄主卵内越冬。在河北省越冬期长达150～170天，3月底至4月份气温上升到10℃以上才继续发育。

成虫多在白天羽化，以上午9～12时为羽化高峰。羽化前先在寄主卵壳上咬一圆形羽化孔。羽化孔直径0.15～0.20毫米，边缘整齐。在一个寄主卵上通常只有1个羽化孔。约经1天左右成虫破壳爬出，羽化率一般为80%～90%。自然蜂群雌蜂占80%以上。雄蜂羽化后多守候在羽化孔处，待雌虫爬出即行交尾。未经交尾雌蜂能孤雌生殖，但后代均为雄性。雌蜂与雄蜂交尾后当天即可产卵，产卵持续2～4天，羽化后1～2天为产卵高峰，产卵量占总产卵量的80%～90%。一头雌蜂的产卵数通常为70粒左右，最高为139粒。一头雌蜂平均可寄生松毛虫卵5.1粒，最多15粒；寄生柞蚕卵1～6粒，平均2.1粒。每1粒松毛虫卵平均羽化出20.6头子蜂，每1粒柞蚕卵平均育出77头子蜂，每1粒蓖麻蚕卵平均育出28头子蜂。

在赤眼蜂多、寄主卵少的情况下，因营养不足，发育不良，甚至有复寄生现象。相反，寄主卵粒大，产进蜂卵过少，营养过剩，也影响蜂的正常羽化。

（三）生态因素

1. 温度对赤眼蜂的影响 松毛虫赤眼蜂发育最适温度为 20℃～27℃，平均最适温度为 23℃，发育起点温度 10.34℃，有效积温为 161.36 日度。王承纶（1981）用柞蚕卵在不同温度下测定了发育历期、卵期、幼虫期、前蛹期和蛹期（表 7-1）。观察表明，超过 30℃赤眼蜂个体小，羽化率低，寿命短，发育不良；低于 20℃发育缓慢。

表 7-1 温度对松毛虫赤眼蜂发育历期影响 （单位：天）

温度（℃）	卵 期	幼虫期	前蛹期	蛹 期	世代历期
15	3.67	6.83	7.92	13.23	30.5
20	2.17	3.50	4.83	6.67	17.17
25	1.58	2.92	3.17	3.00	10.67
30	1.25	2.08	1.67	2.67	7.67

2. 湿度对赤眼蜂的影响 观察表明，空气相对湿度为 80％时，赤眼蜂羽化率、寄生率均高。空气干燥，寄主卵易失水干瘪，赤眼蜂羽化率低。相反，空气湿度过大，处于饱和状态，卵卡易发霉变质，影响赤眼蜂幼虫发育和成虫羽化。

3. 光对赤眼蜂的影响 赤眼蜂有正趋光性，室内饲养成蜂多向光线强处集结，表现活跃，能飞善跳，消耗能量大，寿命缩短。光线弱时成虫活动迟缓，可提高寄生率。遇到阴雨连绵不便田间放蜂时，可饲喂 20％蜂蜜水，用小喷雾器喷到玻璃或塑料膜上供其食用。放阴暗处，降低温度，可延长寿命。

4. 风对赤眼蜂的影响 赤眼蜂个体小，抗风力弱，成虫飞行取食、交尾、产卵常受风力影响。风力稍大，常使赤眼蜂随风飘荡，不利交尾、产卵等活动。

（四）人工繁殖

1. 繁殖赤眼蜂基本设备 繁蜂室根据繁蜂任务大小而定。一般10～15米^{2}房间即可。要光线充足，通风良好，保温、保湿性能好。室内要设照明灯，窗户要挂窗帘，加温、补湿设备要好。

蜂箱可为纸质，也可为木质，均不能有异味。小蜂箱长×高×宽为30厘米×23厘米×10厘米，多用于繁殖蜂种用。大蜂箱长×高×宽为60厘米×46厘米×20厘米，用于扩大繁蜂，田间放蜂用。要密封，不能跑蜂。

蜂箱架为木质或竹质等，用于放置蜂箱，大小根据蜂箱大小和需要设计。以便于移动和清洁为原则。

其他物品有电冰箱、搪瓷盘、接蜂筒、8开白纸若干、温、湿度计、指形管、桃胶（或聚乙烯醇）、多维葡萄糖、小剪刀、小镊子等。

2. 赤眼蜂种采集和培养 到田间采集要防治的被寄生的害虫卵，将其放在指形管或罐头瓶内，逐日观察赤眼蜂羽化情况。将羽化出的赤眼蜂成虫放入蜂箱或罐头瓶中令其交尾、产卵，接种蓖麻蚕等卵，扩大繁殖。

也可采集或饲养害虫产卵，然后把卵挂到田间，引诱自然界赤眼蜂产卵寄生。在害虫卵快孵化前移入室内，放在蜂箱内观察赤眼蜂寄生率，同时将羽化的赤眼蜂放于害虫卵块上令其寄生繁殖。从田间采集的赤眼蜂种，要进一步饲养繁殖纯化，把优良蜂种留下作种用，其他蜂种淘汰。

也可从外地引进蜂种，先行试验，观察对要防治害虫的寄生情况，对当地环境适应与否，若达到要求目标，即可扩大繁殖。

3. 寄主卵的生产管理 国外多用麦蛾、米蛾、地中海粉螟等仓库害虫卵繁殖赤眼蜂。我国当前大量繁殖赤眼蜂的寄主卵，在北方多采用柞蚕卵，在南方多用蓖麻蚕卵和米蛾卵。

制备柞蚕卵卡：柞蚕第二代以秋茧蛹越冬，秋季大量收蚕蛹，保留雌蛹越冬。发育起点温度 9℃，发育积温 200 日度，致死低温 −7℃。通过解除滞育后，逐渐使雌蛹羽化，将头部剪去可保持 10～25 天活动期（1℃～10℃）。取出卵块，用手揉搓，然后用清水冲洗干净，用白布擦干，摊开晾干。在纸片上均匀涂上聚醋酸乙烯乳胶，将晾干卵粒粘在胶上，制成卵卡（箔）以备接种赤眼蜂用。

制备蓖麻蚕卵卡：秋末冬初，收蚕养蛾取卵，把卵用肥皂水和洗衣粉水洗净晾干，制成卵卡备用。或将卵粒加水冷冻结冰后于冷库内保存，春季用时再制卵卡。

4. 赤眼蜂繁殖方法 赤眼蜂发育到红眼蛹期，做好接蜂各项工作，种蜂羽化率达到 30%～40%时即可接蜂。

（1）蜂箱接种法 接蜂前把卵卡粘到蜂箱一面，另一面开口，用黑布挡住，敏捷地将种蜂卡接入箱内，放下布帘。将卵卡朝光，引导种蜂趋光寻卵寄生。为使产卵均匀，可转动蜂箱。一般放蜂 1～2 天、80%卵被寄生时，要更换卵卡。

（2）大房间快速繁蜂法 繁蜂室以长 3 米、宽 4 米、高 2 米为宜，门、窗应遮黑布。室的墙面装数只日光灯，下面光强，上面光弱，距灯 1 米处挂一尼龙布作幕布，在灯光区拉 3～4 条铁丝挂卵卡和蜂种卡，相隔 20～30 厘米，蜂卡和卵卡的比例为 1∶20。同时，在蜂种卡间挂几条涂有 20%蜂蜜水的白纸条（或塑料膜），供赤眼蜂补充营养，可延长寿命 3～5 倍。接蜂 24～36 小时、当卵卡上有 70%的蜂产卵后，应更换卵卡，把产有卵的卵卡存放备用。

(3)滚筒式繁蜂法　滚筒长 70 厘米，直径 48 厘米，为一个中空的圆筒体。滚筒两端为木制的滚轮。滚筒外用塑料薄膜封严，在筒内中轴上装 3 只 25～40 瓦的日光灯。在滚轮上，每 90°弧度装一横木条，木条上按等距固定 3 条细铁丝，用以固定卵卡。滚筒放在 150 厘米高木架上，下放一个木架放种蜂卡。滚筒放卵卡时卵粒向外，蜂卡在木架上。滚筒转速为0.7～1.2 转/分，羽化出来的赤眼蜂飞向光源滚筒卵卡产卵。当卵卡 80%卵粒被寄生时及时更换卵卡。接蜂时间不少于 24 小时。

(4)赤眼蜂的保存积累　在放蜂遇到气候不利或害虫卵期不到时，常需要将赤眼蜂贮存起来。松毛虫赤眼蜂在幼虫期，先在温度 10℃，相对湿度 70%条件下预冷 5～7 小时，然后在温度 3℃～5℃，相对湿度 70%条件下可贮存 30～50 天。取出放常温下发育，对其出蜂率和寄生率影响不大。

(五)赤眼蜂散放

防治果树卷叶蛾类、毛虫类和食心虫类，要掌握好在害虫产卵初盛期开始放蜂，间隔 4～5 天放 1 次，将卵卡分挂到各树上，每株放 800～1 000 头，或每 667 $米^2$ 放 2.5 万～3.0 万头，连放 3 次，防治效果达 85%以上。

二、荔枝蝽卵平腹小蜂人工繁殖

大量繁殖荔枝蝽卵平腹小蜂的时间，最好从 10 月初开始，这时自然温度还较高，蜂室加温较易或不用加温，对繁蜂有利，繁殖出来的寄生蜂卵，在温度 8℃～12℃下冷藏 2 个月再移到室外越冬。如果没有冷藏条件，在温度降到 20℃以下的初冬季节开始大量繁殖，繁殖出来的平腹小蜂卵，即可在室外越冬。

（一）繁蜂前准备工作

1. 繁蜂室 要求光线充足，能加温、保湿，房间大小根据繁殖蜂量而定。加温措施可用锅炉导管加热升温法，也可利用电热及电子控温仪控制温度，利用阻燃隔热泡沫塑料作为内墙保温材料。5 米^2 房间，45 天可繁殖 2 200 万头荔枝蝽卵平腹小蜂。

2. 繁蜂箱（柜） 一般用松木或其他杂木制作，凡对蜂无不良作用的木材均可。大小为长 30 厘米，宽 7 厘米，高 22 厘米。箱的一面放进用塑料薄板或硬条砌成的具有 416 个小斜格的卵卡板。卵卡板向外一面用山柿胶或桃胶粘白纸封固，另一面以透明塑料薄膜密封。蜂箱一侧有长 8 厘米、宽 1.3 厘米的小门，用以放进或倒出蚕卵，平时用木条紧密封塞。蜂箱顶部两侧各钻一直径 1.5 厘米的小孔，孔内放塑胶管，管里放吸附糖液的棉絮供蜂取食。蜂箱排列在繁蜂木架上，封以薄膜的一面朝向光源。也可改用柜式繁蜂，大柜长×宽×高为 1.4 米×0.7 米×1 米，另有 0.6 米柜角。柜顶和两侧用 120 目纱网封住，柜一侧用夹板钉住，另一侧有两推门，以便换蜂架和糖蜜。柜内 2 层，每层放 2 个繁蜂架。繁蜂架长×宽×高为 68 厘米×61 厘米×21 厘米。木架上部用铁丝制作 21 个栏，每栏放 2 张卵卡，每卡有卵 100 克。繁蜂架放柜上部，蜂种放低层。按蜂、卵 1∶20 的比例放置，加糖水或蜂蜜水供蜂补充营养。

3. 繁蜂架 繁蜂架放置繁蜂箱用，大小可根据放蜂箱数量而定。木质或竹质均可。

4. 休眠箱 休眠箱是放置在自然环境下用于保存和锻炼越冬平腹小蜂用的容器。可仿造气象百叶箱制造，大小视贮卵多少而定。箱内用木条分隔成数层。箱周围用铁纱网封住，以防鼠害。

5. 温箱和电冰箱　温箱供冬季培养蜂、春季放蜂前加速蜂发育用。电冰箱用于保存蚕卵和控制蜂种发育。

6. 其他　柿胶、桃胶、白砂糖、蜂蜜、指形管、小镊子等。

(二)繁殖方法

1. 采集繁殖蜂种

(1)挂蚕卵诱集法　在已放蜂园里，6～8月份用柿胶粘蓖麻蚕卵卡，挂到荔枝树叶背面，诱集平腹小蜂产卵寄生。也可在没有放蜂园诱集自然平腹小蜂产卵。挂卵7天后收回，放入蜂箱内在自然环境下发育。

(2)采集荔枝蝽卵　在4～5月份采集大量荔枝蝽卵，每2～3天检查一次。被平腹小蜂寄生卵，卵壳颜色由绿变灰色以至灰褐色，卵壳较软。选取被寄生卵块移入繁蜂箱中发育，相对湿度控制70%左右。如采集的蜂种不足，在蜂发育到老熟幼虫时，放进冰箱，在温度5℃条件下控制发育。

2. 寄主卵的处理　寄主卵主要用蓖麻蚕卵和柞蚕卵。以蓖麻蚕为例，养一盒蚕可获蚕卵0.5～0.75千克，用来繁殖平腹小蜂，以寄生率为70%，子代雌雄比例以1∶1计，可用于200株荔枝树防治荔枝蝽。养蓖麻蚕最好不要迟于10月份，11月后温度低，加温养殖成本高。根据防治面积安排养蚕数量。蚕蛾产下的卵最好每天收集一次，收得的蚕卵放入冰箱，在5℃条件下暂时保存，积累一定数量后用塑料桶装好，标明日期，再用清水洗净卵面，放－5℃～－15℃冷库中保存，5～8小时后在卵块上加6厘米深清水冰冻，可保存8个月以上。

3. 大量繁殖　每批繁蜂前，先将蜂箱清洁干净，曝晒消毒。修补破损缝隙。在蜂种发育到蛹后期(蛹色变黑)，便可装蜂箱。为保证每批蜂箱有足够蜂种，可先取出0.5～1克寄生卵放30℃温度下发育，如果性比在1∶1以下最好不作种蜂用。根据1克雌蜂数，可算出整批蜂种总雌蜂数、可装箱数、每箱蜂种重量。由于蜂种在发育过程中代谢旺盛，重量有变化，必须用装箱时的重量。蜂种放进蜂箱时，要均匀分布在蜂箱的下板上，不可堆成堆，以免妨碍蜂种正常羽化，更不要散放在产卵格中。

对于蚕卵，先把卵粒表面胶质用洗衣粉洗净，再用清水洗净，晾干备用。放蚕卵宜在晚上和早晨进行。先将蜂种羽化后留下的卵壳倒出，从蜂箱侧面小孔倒入蚕卵，使其均匀分布在蜂箱下板上，摇动蜂箱，使蚕卵落入每个斜格内。一次放入蜂箱的蚕卵，只供平腹小蜂寄生2天，每2天把已寄生的蚕卵倒出。倒卵在晚上进行，先把蚕卵从斜格倒到蜂箱下板上，半小时后打开放卵门，将卵倒出并称重，然后用纱布袋装好，注明日期和代次、总重量、总雌蜂数、可散放果树株数。

蜂种连续繁殖20～30天后，产卵量显著减少，必须更换蜂种。因此，人工大量繁殖时，要安排好蜂种分批发育，以便替换蜂种。

每天早晨和下午4～5时，要添加30%砂糖(或蜂蜜)液。当天配制当天用完，吸附糖液用的棉花10天更换1次，发现变酸要立刻更换。加糖液以湿透棉花而不下滴为准，水要清洁。

蜂室温度，白天要保持在26℃～28℃，晚上要保持在23℃以上，相对湿度保持在70%～80%。

(三)平腹小蜂发育的控制

从10月份或11月份开始繁殖蜂，到翌年3月份放蜂，中间相隔几个月，要做好平腹小蜂寄生卵的贮存工作。如果贮存不好，寄生卵提前羽化，造成浪费，寄生蜂生活力衰退，寄生效果不好。在11月中旬以前繁殖的蜂，因自然温度高，幼虫可继续发育，化蛹羽化。寄生卵不要在室外贮存，在幼虫1～2龄时放在8℃～12℃低温条件下保存，等到室外平均温度降到20℃以下时再放到室外贮存。

3月上旬荔枝蝽成虫开始活动，卵逐渐成熟，这时自然温度仍较低，休眠越冬的平腹小蜂幼虫需要适当加温，才能及时化蛹和散放。越冬后的老熟幼虫在26℃～28℃温度下，经5～6天化蛹，蛹期6～7天。初蛹期体色淡黄至浅褐色2～3天，中蛹深褐色至黑色、附肢紧贴体躯2天，后蛹期体色黑色、附肢渐松开2天。观察方法，把少量寄生卵放在玻璃皿内，用水浸泡3～5分钟，倒去水，将玻璃皿对光观察；也可用小剪刀剖卵检查。在加温期间，寄生蜂发育呼吸旺盛，水分通过卵壳排出，如果贮存在布袋内寄生卵多、堆集厚，就会发生潮湿现象，必须经常翻动。也要防止过分干燥，相对湿度以保持在70%左右为宜。

如果在放蜂箱内遇到低温阴雨天气，不能如期释放，蜂发育到预蛹期或蛹期，可以放在冰箱内抑制其发育。预蛹、初蛹、中蛹、后蛹在0℃～5℃下冷藏30天，仍有95%羽化率；即将羽化的蜂蛹在5℃低温下冷藏21天，羽化率仍达95%左右。

第八章　生物农药

第一节　杀虫杀螨微生物

一、苏云金杆菌

苏云金杆菌(*Bacillus thuringiensis* Berliner)简称B.t.，又名B.t.乳剂、青虫灵、苏力保、灭蛾灵等。

(一)形态特征

苏云金杆菌营养体是一种杆状细菌。菌体有坚实的膜，大小为1.2～1.8微米×3.0～5.0微米，多数营养体有周生鞭毛。革兰染色阳性。营养体横裂生殖，往往2个或4个、8个连成串。一端斜生一个椭圆形芽孢，另一端同时出现菱形伴孢晶体，此时为孢子囊阶段。孢子囊呈长卵圆形，比营养体粗壮。孢子囊到一定时间后破裂，释放出游离的芽孢和伴孢晶体，芽孢大小0.8～0.9微米×2.0微米，是细菌的休眠体，对高温、干燥等不良条件有较强抵抗力。菌剂即以芽孢粉状态较长期贮存。芽孢遇到适宜条件即可萌发成新的营养体。伴孢晶体的形状多为菱形，也有圆形、方形或不规则形，大小一般为0.6微米×2.0微米。伴孢晶体为蛋白质毒素，是杀虫的主要有效物质。

(二)毒力及致病性

苏云金杆菌类群以δ-内毒素和β-外毒素毒杀昆虫。δ-内毒素即伴孢晶体由18种氨基酸组成，经昆虫食入胃内，在胃液分解下，才放出毒性部分，改变毒原为毒素，毒杀昆虫。特别是鳞翅目幼虫引起的中毒症状十分相似，但表现却又不相同，可分为 4 类：第一类幼虫食入毒素后几分钟即引起中肠麻痹，1～7 小时肠壁破损，导致全身瘫痪引起死亡，如家蚕、柞蚕、天蛾类幼虫；第二类幼虫食入毒素后，几分钟内引起中肠麻痹，但肠壁不破损，经 2～4 天死亡，如天幕毛虫、美国白蛾等；第三类幼虫食入毒素后，2～4 天死亡，全身无瘫痪症状，如舞毒蛾等；第四类幼虫对晶体毒素不敏感，如小地老虎、甘蓝夜蛾等。

β-外毒素又称热稳定外毒素，经 120℃高温 15 分钟不失活性，能溶于水，是一种核苷酸类物质，是菌体生长过程中分泌到体外的代谢产物，在 24 小时达到最高量，对昆虫毒杀作用缓慢，对化蛹、羽化有影响，使虫体产生畸形或死亡。

（三）生物学特性

苏云金杆菌在温度 12℃～40℃范围内均能生长，但以 28℃～32℃较为适宜。35℃～40℃生长很快，但易衰老。温度低则生长慢。它是好气细菌，需要充足的空气才能正常生长，特别是芽孢形成时，缺乏足够空气会延迟芽孢的形成，甚至不能形成。它需要中性或稍偏碱性环境，pH 值以 7.0～7.2 最适宜，培养后期 pH 值升高到 8.0～8.5 甚至到 9，还能正常形成芽孢，但如 pH 值降到 5 以下则不能形成芽孢。苏云金杆菌对营养条件要求不高，通常利用碳源淀粉、糊精、麦芽糖、葡萄糖等。氮源有牛肉膏、蛋白胨、酵母粉、花生饼粉、豆饼粉、鱼粉、玉米浆等。无机盐有磷酸二氢钾、硫酸镁、碳酸钙等。

在适宜条件下，苏云金杆菌发育过程如下：2～4 小时芽孢萌发成营养体，4～6 小时开始分裂繁殖，6～10 小时分裂最旺，10 小时前后营养体进入原生质凝聚，分裂减慢，14～16 小时形成孢子囊。如果是工业化生产，18～20 小时即可放罐进行采收。控制营养条件，可以加快或延缓发育周期的时间。

（四）变种和菌株选优

已发现苏云金杆菌有 16 个鞭毛抗原血清型和一个无鞭毛型，包括 26 个变种。我国已报道有 8 个变种，即苏云金变种 *thuringiensis*，松蠋变种 *dendrolimus*，肯尼亚变种 *kenyae*，蜡螟变种 *galleriae*（杀螟杆菌、青虫菌、04-1 杆菌等）、玉米螟变种 *Ostriniae*，云南变种 *Yananensis*，武汉变种 *Wuhanensis*（又称 140）、天门变种 *Tienmensis*（又称 7216）。

目前，我国大多数生产厂家主要使用血清Ⅲ型、Ⅴ型、Ⅶ型菌株，包括 HD-1，MP-342，CT-43，Bt-k，7216，Gc-91，8010 等菌株。采用硫酸二乙酯化学诱变法、物理诱变法和紫外线连续照射法可以获得优良菌株。

（五）生产方法

1. 土法生产　采用杀螟杆菌、04-1 菌的土法生产采用浅盘固体发酵，其工艺流程为：斜面菌种→种子液扩大培养→固体发酵→出粒→成品包装。

（1）斜面菌种繁殖　采用普通培养基（牛肉膏 0.3%，蛋白胨 0.6%，葡萄糖 1%，酵母膏 0.06%，琼脂 2%），由砂土管转管培养斜面菌种。置 20℃恒温箱内培养 24 小时。

（2）种子液扩大培养　每 100 毫升种子液接种斜面菌种 1 支，在摇床上振荡培养 24 小时，室温保持在 28℃。牛肉膏培养液（见前）含孢量 8.8 亿/毫升，5%大米液为 7.2 亿/毫升，5%玉米液 2.4 亿/毫升。

（3）固体发酵　固体培养基配方：麦麸 70%，菜籽饼 25%，谷壳 5%，硝酸钙 1.5%，硫酸镁 0.1%，磷酸二氢钾 0.15%，氢氧化钠 1%，水适量，调剂 pH 值为 9。将发酵料混合均匀，加适量水，达到手握成团、触之即散的程度。然后分装于布口袋(每袋1.5千克)，进行高压灭菌(压力107.8千帕)1小时。灭菌后分摊在发酵室内的竹筛上，料厚3厘米，待温度降到35℃时趁热用种子液进行接种，接种量为20%，然后用灭菌纱布覆盖。发酵初期(20小时内)室温保持30℃，中期约20小时后料温迅速升高到35℃，后期约50小时后，料温自然下降，又需将室温提高到30℃。一般发酵60小时即可出料。出料后放入烘箱烤干，烘箱温度不宜超过60℃。

2. 工业生产 工艺流程如下：

砂土管菌种→斜面菌种→种子罐→发酵罐→浓缩(离心法或板框压滤法、减压浓缩法、沉淀法)→干燥(喷雾干燥或烘干)→制粉剂或悬浮剂→质量检查→成品。

产品质量要求：乳剂每微升2 500国际单位，可湿性粉剂为每毫克16 000国际单位。以活孢子数计算，粉剂或悬浮剂每克菌粉含活孢子$100\times10^8\sim300\times10^8$个。我国现有68家工厂生产26种产品。

(六)防治对象与使用方法

苏云金杆菌制剂对人、畜无毒，对蜜蜂和天敌昆虫安全。对蚕、柞蚕有毒。

用每克含$5\times10^8\sim10\times10^8$个孢子菌粉喷粉，或$100\times10^8$个孢子悬浮液或可湿性粉剂加水800～1 000倍液，可防治卷叶蛾类、尺蠖类、美国白蛾、舞毒蛾、食心虫类、刺蛾类、毒蛾类等害虫。

药剂要放在阴凉干燥处，配制时加0.1%洗衣粉可增加药液展布性，提高防治效果。杀虫作用较缓慢，一般喷药后5天害虫达到死亡高峰。

二、白 僵 菌

有白僵菌[(*Beauveria bassiana* (Bals) Vuill)]和卵孢白僵菌[(*Beauveria tenella* (Saccardo) Siemaski)],其中以白僵菌为主。该菌容易培养,致病力强,可防治害虫达 700 多种。

(一)形态特征

白僵菌属半知菌亚门,丛梗孢菌科,白僵菌属。被这种真菌寄生的昆虫,虫体僵硬,体表长有白色菌丝层,故称白僵病。菌丝白色、细软,具横隔膜,直径 1.5～2 微米。菌落平坦,表层粉状,白色乃至淡乳色,带有橙黄色或红色,偶有绿色。分生孢子梗单生或分枝,最终形成产孢细胞。产孢细胞通常球形、圆柱形、瓶状等,弯曲或正直,产在小枝梗上。分生孢子萌发侵入虫体伸长为菌丝,菌丝发育长大时旁生分枝,分枝又生小分枝。分枝顶端形成球形分生孢子,使虫体血液充满菌丝和孢子而僵死。

(二)生物学特性

菌丝在温度 13℃～36℃间均能生长,21℃～31℃间生长旺盛,24℃最适宜,30℃最适于孢子的产生。空气相对湿度 25%～50%有利于孢子的形成。孢子萌发和菌丝生长以 100%的相对湿度为宜。相对湿度为 95%时,孢子萌发率降低,90%以下则不利于孢子萌发。白僵菌孢子在 pH 值 3～9.4 间均能萌发,以 pH 值 4.4 萌发率最高且萌发快。菌丝在 pH 值 4.5～5.0 生长最旺盛。孢子产生的 pH 值以 6 为最好。一般的散射阳光对孢子萌发有促进作用,在阳光下曝晒 5 小时以上即丧失生活力。白僵菌在培养基上可存活 2 年,在干燥情况下可存活 5 年,在虫体上存活 6 个月,在土壤中存活时间最短,仅 3 个月。在人工培养基上经多次移植培养会降低寄生率，应定期在昆虫寄主上寄生复壮。

（三）致病机制

白僵菌主要靠分生孢子借助气流、雨水或虫体接触传播。昆虫感染白僵菌主要经表皮、气孔、伤口及口腔侵入。孢子在一定温度条件下，吸水后经 8～12 小时萌发，伸出芽管，分泌几丁质酶、蛋白酶、淀粉酶、脂酶，溶解昆虫体壁侵入虫体内，分泌白僵菌素、球孢白僵菌素、卵孢毒素、酶类毒素等，在虫体内菌丝快速生长充满机体，虫体呆滞不动、僵硬，草酸盐在血液中大量积累，阻碍昆虫血液循环，导致代谢功能紊乱而死亡。

白僵菌对人、畜无害，对蚕有害。白僵菌可寄生鳞翅目、鞘翅目、直翅目及螨类等多种果树害虫。

（四）生产方法

要筛选稳定的高毒力单胞菌株，保持良好的培养条件，定期进行虫体复壮，人工强制形成异核体，采用生物工程技术，培育出稳定的高毒菌株。

1. 一级斜面菌种的制备 斜面培养基配方：马铃薯 20%，蛋白胨 0.5%，蔗糖 2%，磷酸二氢钾 0.25%，硫酸镁 0.03%，琼脂 2%，pH 值 6.5 左右。高压灭菌（压力 107.8 千帕，保压 30 分钟）。灭菌后放入 28℃恒温箱中培养 2 天。菌种在超净工作台接种在斜面培养基上。在 25℃±1℃室内或培养基中培养 7 天。

2. 二级液体菌种制备（种子罐） 培养基配方：米粉 7%，花生饼 2%，麦麸 2%，蛋白胨 0.5%，蔗糖 2%。空罐空气过滤消毒（压力 147 千帕，保压 30 分钟）。投料后加 0.2%消泡剂（花生油或其他食用油）。实罐消毒（压力 147 千帕，保压 1 小时），待温度降至 27℃时接种。接种量为 1∶10。将菌种并入接种罐中，搅拌均匀。培养罐压力49千帕，通气量为1∶1（按体积比/分钟），温度25℃±1℃，培养30小时，检验合格作二级菌种。

3. 三级液体菌种制备（发酵罐） 液体配方：米粉7%，花生饼2%，麦麸2%，蛋白胨0.5%，蔗糖2%。先将空罐消毒，空气过滤器消毒。消毒压力为147千帕，保压30分钟。降温后投料，加入0.2%消泡剂。实罐消毒（压力147千帕，保压60分钟），降温到27℃时接种。接种量按1∶10。培养罐压力为49千帕，罐温25℃±1℃，通气量1∶1，培养30小时，供固体接种用。每隔4小时抽查一次。

4. 固体开放培养 培养基配方：谷壳加麦麸，加量比例为6∶4。高压灭菌（压力107.8千帕，保压60分钟）或常压灭菌，利用蒸汽消毒柜消毒（100℃保温2小时），冷却待用。将培养盘洗净，然后常压灭菌30分钟。拌种机及培养室用0.1%新洁尔灭溶液擦洗表面，每米^{3}空间用3～5毫升福尔马林和1.5～2.5克高锰酸钾熏蒸灭菌。液、固接种比例1∶1.5～1.7。固体培养基摊置厚度3～4厘米。培养室温度18℃～24℃，相对湿度95%～100%，3天后停止喷水保湿，温度逐渐升到25℃±1℃，7天培养基长满了乳黄色孢子后进行干燥处理，温度升到35℃～38℃，打开窗户自然晾干4天。控制温度干燥：35℃干燥40小时，48℃干燥24小时，至原粉含水量在12%以下。然后粉碎机粉碎，加填充料，过36目筛。

5. 产品质量 孢子含量有3种：1 200×10^8个/克、100×10^8个/克、50×10^8个/克。活孢子90%～95%及以上。含水率12%以下。颗粒细度：1 200×10^8/克孢子粉的过100目筛，50×10^8/克和100×10^8个/克孢子粉的过36目筛。松毛虫3龄幼虫，用0.1×10^8个/克浓度孢子粉喷菌后（温度20℃～

28℃，相对湿度90%），5～7天害虫死亡率达95%。

（五）防治对象与使用方法

对桃蛀果蛾越冬幼虫，在出土期每667米^{2}地面喷施白僵菌粗粉2千克，树盘复草保湿，喷粉1～2次有很好防治效果。在柑橘卷叶蛾第一代幼虫出现期，每667米^{2}撒施或喷施菌粉0.5千克，防治效果达67.0%～86.3%。向天牛蛀孔注射白僵菌液可防治多种天牛幼虫。

三、绿 僵 菌

绿僵菌（*Metarhizium anisopliae* Metch.），属半知菌亚门，链霉菌科。

（一）形态特征

菌丝体纤细，有分隔。分生孢子梗常与菌丝不易区别，有隔或不见隔，直径1.76～2.12微米，长2～30微米，每串8～30个分生孢子。分生孢子圆柱形，蓝绿色，成熟后散落。液体培养的菌丝无隔，48小时后菌丝上直接形成芽生孢子，亚铃形，成熟后孢子脱落，能萌发出新菌丝。

在适宜温度、湿度条件下，固着在昆虫体壁上的绿僵菌的分生孢子萌发生出芽管，分泌出溶解几丁质酶，菌丝伸进其表皮细胞，逐渐向体内扩展，伸入体腔、肌肉及中央神经系统。感病的幼虫食欲减退，行动迟缓、呆滞，身体充满黄褐色菌丝。僵死虫尸体表长满绿色分生孢子。4～6天感病昆虫死亡。

（二）生产方法

绿僵菌在10℃～30℃范围内均能生长，适宜温度为24℃～26℃，适宜相对湿度80%～90%，pH值在4.7～10范围均可，最适pH值为6.9～7.4。菌种培养基：20%马铃薯煮汁，2%葡萄糖，1%蛋白胨，2%琼脂。发酵培养基：1%玉米粉，1.5%黄豆饼粉，2%蔗糖，0.3%硫酸铵，0.01%硫酸镁，0.3%碳酸钙，0.02%磷酸二氢钾，0.05%豆油，0.04%消沫剂。pH 值调为 6.5。

灭菌：罐压 0.02～0.12 兆帕，温度 121℃～124℃，时间 30 分钟。运转参数：700 升发酵罐装入 250 升培养液，pH 值 7，温度 26℃±1℃，通气量 1∶0.3～1，先小后大，搅拌速度 233 转/分，每 6 小时抽样镜检一次。当菌液中断裂菌丝占 70%以上、碳、氮含量百万分之一以下停止培养。烘干温度 26℃～30℃。发酵结果，菌体收集率每 100 毫升 0.87 克左右。

工业发酵工艺流程如下：

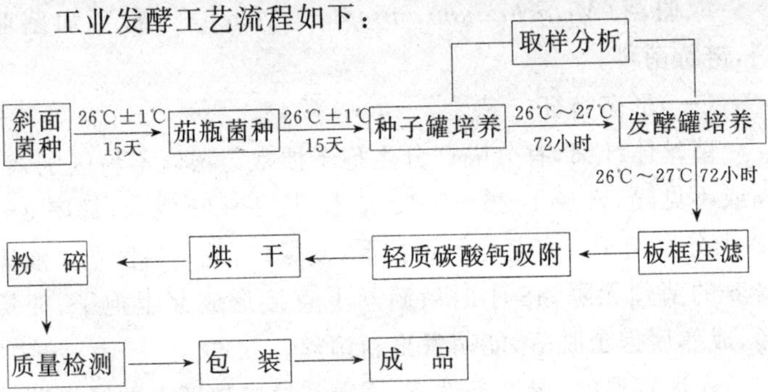

(三)防治对象

防治桃小食心虫出土幼虫，每公顷用绿僵菌干菌丝粉 22.5 千克(含 50×10^8 孢子/克)，雨后幼虫出土期施于苹果树盘表土层，防治效果 92%～99%，对照区虫果率 30%，防治区虫果率 0.32%～2.35%。

用绿僵菌 Ma83 菌株液配制浓度为 2×10^8 孢子/毫升菌液，感染光肩星天牛 3 龄虫，15 天校正死亡率 89.5%。用 Ma83 菌株 2×10^8/毫升悬浮液喷于管氏肿腿蜂体表，按蜂与天牛虫比例为 1∶3。由于加入了肿腿蜂传播媒介，借助肿腿蜂刺入伤口入侵，与直接体表感染相比，致死中时(LT_{50})缩短了4.65天。1992年已在陕西省防治光肩星天牛6.6公顷。

四、汤普森多毛菌

汤普森多毛菌属半知菌亚门。1984年我国试制成功汤普森多毛菌工业菌粉。

(一)形态特征

菌丝体初为白色，后变为灰白色，匍生，菌体直径2.3～3.3微米。菌丝有隔膜。分生孢子梗侧生，与菌丝体成直角，质地坚硬透明，呈小颈瓶状，长10～16微米，宽2.5～5微米，小梗通常1～2个，间有5个。分生孢子顶生，透明，圆形，个别卵形，圆形孢子直径3～4微米。

(二)生物学特性

多毛菌在浙江省气候条件下田间能越冬，形成群落进行自然繁殖，自然感染率一般在1.4%～59.8%，平均20%左右。5月份开始侵染柑橘锈螨，7～9月份高温多雨，随着锈螨数量增加，多毛菌感染率也增加，但感染率往往赶不上锈螨数量增长率。柑橘园喷洒敌菌丹、苯来特、克菌丹、百菌清、代森锰锌、福美铁、波尔多液等可杀死多毛菌分生孢子，常诱发柑橘锈螨大发生。多毛菌接种后保湿48小时，经87小时柑橘锈螨寄生死亡率97.1%;111小时寄生死亡率98.1%。

锈螨被多毛菌寄生后，虫体由柠檬黄色变为黄褐色，失去光泽，行动迟缓至停止不动，寄生虫体最后变黑褐色，干缩死亡，由口器、肛门、足及体壁长出银白色菌丝。

(三)生产方法

1. 菌种分离培养　在生长季节从田间采集感病锈螨，保湿1～2天，虫体长满白色菌丝，移平板培养基上，置于26℃～

28℃温箱内培养，经1～2天出现白色多毛菌落时，移入斜面培养基，培养纯菌种。

2. 菌丝体实验室生产 液体培养基以1升水，加入葡萄糖6克，蛋白胨5克，pH值6.7，倒入三角烧瓶中，经147千帕压力蒸汽灭菌30分钟，备用。在无菌室内，接入斜面试管菌丝块，加入15～20单位/毫升双氢链霉素，以防杂菌。在28℃～30℃条件下培养5天，即形成多毛菌丝体。在3 000转/分离心机中分离10分钟，测定100毫升菌丝悬浮块沉淀量。

3. 工业化生产 根据该菌能在液体沉沫条件下进行营养生长（深层发酵），最适宜的碳、氮比例为1∶1。采用糖蜜（糖厂下脚料）和豆饼粉作培养基进行生产，100毫升发酵液可获取0.57克干菌丝体，加工成菌粉后最高含菌量达到1.5×10^5个菌落/克。1983年浙江柑橘所生产该菌粉1.5吨。

（四）防治对象与使用方法

在柑橘锈螨初发期、每叶片有1～2头时，用每克含7×10^4个活菌可湿性粉剂，对水200倍，加1%蜂蜜作粘着剂，喷施2～3次，10天后防治效果达80%，20天后防治效果达86%。喷菌后空气相对湿度在80%以上或连阴（小）雨防治效果好。如遇大雨或干旱少雨则防治效果差。菌丝碎片比菌粉见效快，菌丝体可立即侵染，而菌粉要1小时复活时间，增殖效果慢。喷施多毛菌不但当年有效，翌年也有一定效果。

五、苹小卷叶蛾颗粒体病毒

又名茶小卷叶蛾颗粒体病毒（*Adoxophyes orana* Granulosis Virus）。

（一）防治对象感病症状

罹病苹小卷叶蛾幼虫体色乳黄，节间膨胀，表皮脆弱，易触破而溢出乳黄色脓汁，内含大量颗粒体。病虫行动迟缓，一般不能化蛹，自行液化死亡，少数成畸蛹而不能羽化。对其他鳞翅目害虫幼虫不感染。对人、畜、鱼、虾安全。

（二）病毒制剂生产

1. 大量繁殖苹小卷叶蛾病毒 湖北省农业科学院果茶所研究出一套适合我国国情的生产方法，即：培养女贞苗，接种苹小卷叶蛾卵块建立繁殖场；建立女贞苗苹小卷叶蛾颗粒体病毒繁殖保种场；建立女贞苗苹小卷叶蛾颗粒体病毒大面积病毒繁殖场，根据需要繁殖大量感病毒3～4龄病虫尸，获得大量病毒原料。测定病毒含量。

2. 病毒原粉的制备 国内外多采用活性炭吸附制成原粉。活性炭吸附效果，用吸附沉降率表示：

$$\text{吸附沉降率}(\%)=\left(1-\frac{\text{上清液浓度}}{\text{稀释悬浮液浓度}}\right)\times 100\%$$

用低速离心机将病毒活性炭沉降出来，经风干或冷冻真空干燥，把含水量控制在35%以下。病毒原粉中病毒的含量是标定产品病毒含量的基本数据，按下列公式计算：

$$\text{病毒原粉中病毒含量}=\frac{\text{投放病毒总量}}{\text{病毒原粉总量}}$$

不同的病毒被活性炭吸附量是不同的。如菜粉蝶病毒每克活性炭吸附32毫克。

3. 辅助剂的配制 辅助剂是病毒杀虫剂的填充料，包括粘着剂、展着剂、保护剂、增效剂、诱饵剂、填充剂等。其所含成分应对病毒无副作用，对害虫不产生抗性，有利于环境保护。近几年，我国研制的病毒杀虫剂辅助剂有：甲基纤维素、吐温-80、农乳100、中性洗衣粉、茶枯粉等粘着剂;活性炭、荧光素钠、甘油等保护剂;菜籽饼、菜籽油等诱饵剂;青、链霉素等防杂菌剂;硫酸铜等防腐增效剂;轻质碳酸钙等填充剂。将上述辅助剂按适当比例,经粉碎、过筛、灭菌、拌和等工序,分别制成可湿性粉剂、乳剂等剂型。

4. 产品检验分装 每批产品必须抽样检查,对其毒力进行室内外效果检验。产品应标明每克或每毫升病毒含量和重量(克)或容量(毫升)、加水稀释倍数、防治面积或株数等。产品宜放置冷凉阴暗处保存,长期保存应放在4℃冰箱中。

(三)田间应用情况

在苹小卷叶蛾幼虫孵化盛期,每667米^{2}喷用2.2～4.4克典型病虫粗提制品,已在湖北省武昌、咸宁、红安、蒲圻等地100余公顷茶园推广,安徽省在敬亭山茶场近60公顷茶园应用,防治效果一般在80%～98.6%。进行3年15代调查证明,施病毒后,病毒病流行传播和其他天敌增长,第二、三代即控制卷叶蛾虫口密度在防治阈限(8头/米^2)以下,第十三、十四代病虫率达61%～83%,活幼虫始终在0～4.8头/米^2。病毒毒力强,稳定性好,保护了天敌昆虫,促进茶园生态平衡,获得良好经济、生态和社会效益。

六、昆虫斯氏线虫

昆虫寄生线虫又称虫生线虫,是抑制害虫的重要天敌。它们属于动物门线虫纲,世界已知线虫27科3 000余种,其中斯氏线虫属*Steinernema*(有10余种)和异小杆线虫属*Heterorhabditis*(有4种)为重要的昆虫寄生线虫,在果树害虫防治中已成为重要天敌。

(一)形态特征

斯氏线虫体长 0.2～0.8 毫米,线形,体白色,口器着生在体躯前端圆形头上,身体逐渐向末端变细。体不分节,体外包被一层坚实的角质膜,没有附肢。

(二)生物学特性

斯氏线虫一生经过卵、幼虫(蜕 3～4 次皮)和成虫。斯氏线虫侵染昆虫,主要是通过 3 龄带鞘幼虫经孔口进入虫体。经口腔侵入消化道后,穿过肠壁进入血腔,线虫迅速发育为成熟的雄虫和雌虫,交尾后,产卵在昆虫血腔里。有的卵胎生。平均每一雌虫产生 15 条幼虫。幼虫蜕皮 3 次,当食物缺乏或环境条件不利时,在 2 龄幼虫期停止生长,消化道空虚无物,身体变细。2 龄幼虫表皮仍保留着,从而形成带鞘 3 龄幼虫。每一世代需 5～8 天。线虫在昆虫体内繁殖 1～3 世代,消耗了昆虫体内的一切,只留下头壳和体壁,体内充满稀薄的液体,聚集着数万头线虫。第一代线虫在昆虫体营寄生生活,第二代以后是在死亡昆虫体内营腐生生活的。它们进入土壤后,保持自由生活的状态,一直到侵入别的昆虫为止。在土壤里一天可扩散 20 厘米,在土壤中可存活半年至 2 年。

斯氏线虫和嗜线虫无色杆菌(*Xenorhabdus nematophilus*),异小杆线虫(*Heterorhabditis bacteriophora*)和 *X. luminesens* 细菌保持特殊的共生关系。线虫将共生细菌带入昆虫体腔内,细菌在血淋巴中快速增殖,使昆虫在 24～36 小时内因败血症而很快死亡,抑制其他细菌生长,创造有利线虫繁殖的条件。若无共生细菌,线虫发育历期要延长 4～5 倍,线虫繁殖力下降 90%,感病昆虫死亡也放慢。

斯氏线虫要求 21℃～28℃温度的生存环境,高于 32℃或低于 5℃活动性减退,在 37℃高温下 16 小时死亡,41℃时 1

小时全部死亡。要求土壤含水量10%～16%。能忍受普通高压喷雾器喷射压力。可抵抗多种常用杀虫剂和杀菌剂。

（三）繁殖方法

1. 利用大蜡螟繁殖线虫 大蜡螟是食害蜂巢的一种害虫，发生一代需60天，成虫幼虫在黑暗条件下生活，在26℃～28℃培养箱内发育快。人工饲料配方为：玉米粉500克，面粉276克，蜂蜡375克，蜂蜜250克，甘油125克，奶粉267克，酵母片20片，复合维生素6片。将饲料原料粉碎、混合，放入罐头瓶内，放料量至瓶深1/3～1/2处。每瓶放大蜡螟卵200粒。卵期7天，幼虫期50余天。成虫产卵在纸条缝隙处。

将发育完好的大蜡螟幼虫用开水烫死，放在667.5千帕压力下灭菌30分钟，然后分别放入斜面营养琼脂培养基上接入线虫，放入26℃培养箱中，7天后即培养出大量一级试管线虫，供大量生产线虫作一级线虫种。

2. 利用液体人工饲料培养 利用玉米粉20%（或面粉20%，或米糠20%），牛肉膏0.25%，蛋白胨0.5%，海绵5%（或泡沫塑料5%），水74.25%。先将牛肉膏、蛋白胨溶于水中，再加玉米粉拌成均匀糊状吸附在1厘米^{3}大小的海绵填充料上。每个容量300毫升的三角瓶放入3克海绵和5克培养液。封口后在667.5千帕压力下灭菌30分钟。用手拍打三角瓶壁，使海绵块散开，冷却后接入线虫2万～3万条，然后置于25℃培养箱中，14～21天后检查产量。每克培养基可产47万～111万条线虫。

3. 利用干粉培养基培养 韩日畴等（1995）研究出干粉培养基，每瓶含黄豆粉9.56克，面粉1.69克，鸡蛋黄粉0.75克，猪油0.5克，酵母膏1.0克，水41.5毫升，加海绵5克。每克培养基可生产40万条左右线虫。经过多组合试验分析，获得最佳线虫产量的培养基组分范围是：黄豆粉与面粉的比例为77.5∶22.5～78.9∶21.1，鸡蛋黄粉每瓶0.54～0.58克，猪油每瓶2.4～2.56克，酵母膏每瓶0.61～0.64克，水的含量每瓶以41.7～42.7毫升为佳。

朱明军等(1998)研究，气升内环流反应器最适合于线虫的培养，前期、中期和后期每分钟最佳通气量分别为其体积的0.8倍、1.0倍、1.5倍。不但线虫产量高，而且线虫侵染率亦高。每1毫升最高产量9万条。

第二节　杀虫杀螨杀菌抗生素

一、阿维菌素

又名灭虫丁、爱福丁、灭虫王、灭虫灵、齐墩螨素、7051杀虫素、百特灵、螨虫盖特、虫螨克、农哈哈、阿维虫清、维多力、强棒、海正灭虫灵等。

(一)理化特性

阿维菌素属于二糖苷衍生物，基本结构为环十六元的大环内酯类并连有3个主要基团。属弱极性物质。原药为黄白色结晶粉，难溶于水，易溶于丙酮、乙醇、甲苯、氯仿、乙酸乙酯、二氯甲烷等。熔点153℃～157℃，常温下不易分解，对弱酸、弱碱也较稳定。对皮肤无刺激作用，对眼有轻微刺激作用，使用浓度对动物无致畸、致癌、致突变作用。对水生生物、蜜蜂毒性高，对鸟类安全。为低毒性。剂型有1.8%乳油、1.0%乳油。

(二)作用特点

阿维菌素是一种链霉菌代谢产物及其复合体，对多种螨类和多种害虫具有触杀和胃毒作用，渗透性强，刺激昆虫神经肌肉系统释放r-氨基丁酸，传导作用受到抑制。每公顷用药量1.5～6.0克。对低龄幼(若)虫快速麻痹击倒，2～4天死亡。药效期对害虫7～14天，对害螨达30天。对天敌杀伤小。对卵无作用，对作物较安全，在土壤中无积累。

(三)防治对象

用1.8%阿维霉素乳油防治山楂叶螨、二斑叶螨，在初发生期，对叶片喷雾4 000～8 000倍液；防治金纹细蛾，在发生初期树冠喷雾3 000～4 000倍液；防治梨木虱若虫喷施4 000～5 000倍液；防治桃蛀果蛾幼虫，在初孵化未蛀果前，果面喷雾2000～4000倍液。

阿维菌素对蜜蜂有毒，果树授粉期不要喷药。对鱼类有毒，不要污染鱼塘、江河流水。

二、浏阳霉素

(一)理化特性

是上海农药所筛选的活性物质，属大环内酯杀螨抗生素。纯品为无色结晶，易溶于苯、乙酸乙酯、氯仿、乙醚、丙酮，可溶于甲醇、乙醇、正已烷等有机溶剂，不溶于水。商品制剂有20%复方浏阳霉素乳油、5%浏阳霉素乳油、10%浏阳霉素乳油。

(二)作用特点

浏阳霉素对多种害螨有触杀作用，无内吸作用，药液直接喷布叶螨成虫、幼虫、若螨有高效，不杀卵。高效、低毒、低残留，对人、畜和植物安全，对鱼有毒。不杀伤捕食螨，对叶螨、瘿螨都有效，不易产生抗药性。

（三）防治对象

防治苹果全爪螨、山楂叶螨、二斑叶螨，在苹果落花后、幼虫、若螨和成螨期，喷10%浏阳霉素乳油1 000倍液，防治效果好，可维持30天药效。

防治柑橘锈螨，在当年春梢叶片和幼果上零星发生时，树冠喷10%浏阳霉素1 000倍液，2天后有95%锈螨死亡。

防治柑橘全爪螨，在4～6月份、9～10月份幼螨、若螨发生期，树冠喷10%浏阳霉素1 000～1 200倍液。

三、杀蚜素

又称链霉菌S-26。

（一）理化特性

杀蚜素A为微黄色蜡状物，易溶于丙酮、甲醇、乙醇、醋酸乙酯、正己烷等，不溶于水，可溶于pH值为12的碱性水。

（二）作用特点

对黄曲霉、黑曲霉等有很强的抑菌作用，对棉蚜、菜粉蝶、柑橘锈螨、苹果全爪螨有很强触杀作用。对草蛉、七星瓢虫等天敌安全。无残留，为低毒杀虫剂。

（三）防治对象

为提高展着性在使用时宜加0.1%皂粉。对柑橘锈螨、柑橘全爪螨及蚜虫喷0.4%杀蚜素液500～600倍液，均有98%以上的防治效果。由于药效期只有几天，对卵、若虫杀伤力差，需要在虫口基数大的果园7～10天喷1～3次药。

四、华光霉素

又称日光霉素、尼柯霉素。

（一）理化特性

为我国从苏州地区采集的土壤中分离而得，产生菌属轮枝链霉菌，代谢产物为咪唑啉酮的杀螨抗生素。制剂有2.5%可湿性粉剂。

（二）作用特点

华光霉素是一种兼有杀螨和杀真菌的农用抗生素，能阻止葡萄糖胺的转化，干扰细胞壁几丁质的合成，抑制螨类和真菌的生长。华光霉素属于高效、低毒、低残留农药，对人、畜低毒，对植物无药害，对天敌安全。

（三）防治对象

在叶螨发生初期，树冠喷华光霉素2.5%可湿性粉剂400～600倍液，可防治山楂叶螨、苹果全爪螨、柑橘全爪螨。注意不要和碱性农药混用，不要中午喷药。要喷洒均匀周到。

五、井冈霉素

（一）理化特性

纯品为白色无定形粉末。无一定熔点，易溶于水，可溶于甲醇、二氧六环、二甲基甲酰胺，微溶于乙醇。吸潮性强，呈弱碱性。常温下在中性介质及弱酸、弱碱中稳定，在较强酸、碱介质中易分解。属低毒杀菌。制剂有5%井冈霉素水剂等。

（二）作用特点

内吸作用强，进入植物体内能被菌丝吸收传播，使菌丝体顶端产生异常分枝，抑制菌丝生长蔓延。

（三）防治对象

在苹果轮纹病、梨轮纹病、桃褐腐病和桃缩叶病的发病初期，用5%井冈霉素可溶性粉剂1 000～1 200倍液喷雾。

六、多抗霉素

又名多氧霉素、多效霉素、宝利安、保利霉素、科生霉素。

(一)理化特性

是金色链霉菌的代谢产物。原药为浅褐色粉末,易溶于水,不溶于有机溶剂。对紫外线稳定,在酸性和中性溶液中稳定,在碱性溶液中不稳定。剂型有3%、2%、1.5%、10%可湿性粉剂。低毒类农药,不杀伤天敌,不污染环境。

(二)作用特点

含有多抗霉素A和B两种主要成分。具有良好内吸性能,对多种真菌具有活性,使真菌芽管畸形,抑制菌丝生长,阻止病斑的扩大。抑制菌丝细胞几丁质的合成,使细胞壁的合成受阻,菌丝顶端扭曲膨大,溢出细胞内含物,不能正常发育而死亡。

(三)防治对象

苹果新梢生长期,树冠喷10%多抗霉素1 000~1 200倍液,防治斑点落叶病、灰斑病、霉心病,后期配合喷波尔多液,有很好防治效果。

在梨黑斑病、轮纹病发生初期和盛期,喷10%多抗霉素1 000~1 500倍液,间隔10天左右,喷2~3次。

从葡萄始花期开始,每隔7天喷10%多抗霉素500~700倍液,连喷2~3次,可防治葡萄灰霉病。

七、农抗120

又名120农用抗菌素,抗霉菌素120。

(一)理化特性

农抗120为刺孢水链霉菌北京变种的代谢产物,为嘧啶核苷类抗生素，水剂深褐色，粉剂浅黄色，无异味。易溶于水，难溶于有机溶剂。室温下在中性和酸性介质中稳定，在碱性介质中不稳定。制剂有2%、4%水剂。对人、畜低毒。

（二）作用特点

农抗120属广谱性抗生素，对多种真菌病具有预防和治疗作用，对植物有一定刺激生长作用。它直接阻碍病原菌蛋白质的合成，导致病原菌死亡，同时提高植物体内过氧化氢酶含量，增强植物抗病性。

（三）防治对象

在苹果白粉病、炭疽病发病初期开始喷药，以后隔15～20天再喷药1次，病害重可缩短用药间隔期。用2%水剂200倍液。

在晚秋和早春刮除苹果树腐烂病斑后，用农抗120水剂30倍液消毒杀菌，要连续涂抹2次，最短间隔15天。枝干涂抹原液防苹果轮纹病。

还可以防治梨黑斑病、葡萄白粉病，用2%水剂200倍液。

八、中生菌素

又称农抗751。

（一）理化特性

中生菌素是一种淡紫色灰链霉菌海南变种产生的N-糖苷类农用抗生素杀菌剂。水剂深褐色，粉剂浅黄色，无异味，易溶于水，显碱性。属低毒、低蓄积农药。

（二）作用特点

中生菌素抑制病原菌蛋白质的合成，使菌丝畸形，抑制孢子萌发。该菌素具有广谱、高效、低毒、无污染等特点，对多种细菌、真菌病害具有较好的防治效果。

（三）防治对象

在苹果斑点落叶病、轮纹病、炭疽病发病初期，喷1%中生菌素水剂200～300倍液，或用1%中生菌素水剂和80%喷克1 000倍液，或1%中生菌素和40%福星10 000倍液混用，防治效果更佳。

九、春雷霉素

又名春日霉素、克死霉、加收米。

（一）理化特性

春雷霉素是一种金色小放线菌产生的代谢产物。纯品为盐酸盐，呈白色针状或片状结晶，有甜味，易溶于水，不溶于乙醇、甲醇、丙酮等。在酸性、中性溶液中较稳定，在碱性溶液中易分解失效。属低毒抗生素，对鱼、家蚕、蜜蜂安全。制剂有2%、4%、6%可湿性粉剂，0.4%粉剂，47%加瑞农可湿性粉剂（春雷霉素加王铜），21.2%加收热必可湿性粉剂（春雷霉素加四氯苯酞），13%三环唑春雷霉素可湿性粉剂。

（二）作用特点

春雷霉素为强内吸性抗生素，有预防和治疗作用，高效，持效期长。在植物汁液中（pH值<6）抑制菌丝生长，阻止病斑的形成和扩大，阻止病斑上产生新孢子，其机制是抑制病原菌细胞蛋白质的合成，从而使菌丝伸长受到抑制，并引起细胞颗粒化。

（三）防治对象

防治苹果黑星病，自发病初期，用2%春雷霉素可湿性粉剂400倍液，树冠喷雾2～3次。

防治苹果银叶病，在生长期，用2%春雷霉素可湿性粉剂

500 倍液，用吊针注射或打孔高压注射树体，有较好防治效果。

防治柑橘流胶病，刮除病部，或用利刀纵刻病斑，然后涂抹 4%春雷霉素可湿性粉剂 5～8 倍液，涂药后用塑料薄膜包扎病斑，防雨水冲刷药物。

防治猕猴桃溃疡病，在 4 月中下旬出现症状时，喷 2%春雷霉素可湿性粉剂 400 倍液，有较好的防治效果。

树冠喷雾时，应加 0.1%洗衣粉，以增强药剂的展着力，提高防治效果。对苹果、葡萄、柑橘树冠喷雾有轻微药害，要控制好浓度。

十、农用链霉素

（一）理化特性

抑制病菌蛋白质的合成。商品制剂为白色粉末，易溶于水，对人、畜低毒，对鱼类等毒性小。产品有 10%、5%农用链霉素可湿性粉剂。

（二）防治对象

防治苹果、梨疫腐病，用 10%农用链霉素可湿性粉剂 500～1 000 倍液树冠喷雾或灌根。防治李细菌黑斑病、桃穿孔病，在展叶、花后树冠喷雾 10%农用链霉素可湿性粉剂 1 000～1 500倍液，连喷 2～3 次。防柑橘溃疡病，在展叶后用 10%农用链霉素可湿性粉剂 1 000～1 500 倍液。注意不能与碱性农药混用，应现配现用。

十一、武夷菌素

又名 BO-10。

（一）理化特性

对革兰阳性菌、革兰阴性菌、酵母菌有抑制作用，对真菌抑制性更强。属高效、低毒、广谱、内吸性强的杀菌农用抗生素。

（二）防治对象

对苹果炭疽病、苹果轮纹病、柑橘青霉病、柑橘绿霉病、梨黑星病等病菌有抑制作用。使用浓度每升 100 毫克。

第三节　生物化学农药

一、灭幼脲

又名灭幼脲 3 号、苏脲 1 号。

（一）理化特性

原药为白色结晶，不溶于水，易溶于二甲基甲酰胺和吡啶等溶剂，对光、热稳定，遇碱和强酸易分解。制剂为 25%悬浮剂和 25%可湿性粉剂。对人、畜安全，对鱼类和天敌昆虫无害，对虾、蟹和蜜蜂有一定毒性。

（二）作用特点

灭幼脲 3 号属于苯甲酰脲类昆虫生长调节剂，杀虫作用以胃毒和触杀为主，兼具抑制卵的正常孵化。作用较慢，药剂进入虫体后在昆虫蜕皮期，破坏几丁质的合成，导致昆虫畸形，表皮破裂，发育失调而死亡。药剂在田间分解较慢，残效期 15～20 天，耐雨水冲洗。对鳞翅目幼虫有特效。

（三）防治对象

防治刺蛾类幼虫、袋蛾类、枣尺蠖、美国白蛾、天幕毛虫、舞毒蛾等，在 3 龄前幼虫期，喷灭幼脲 3 号 25%悬浮剂

1 500～2 000 倍液。

防治金纹细蛾幼虫和柑橘木虱若虫，喷灭幼脲 3 号 25%悬浮剂 2 000 倍液。

防治桃蛀果蛾、梨小食心虫，在成虫产卵期、幼虫孵化蛀果前，喷灭幼脲 3 号 25%悬浮剂 500～1 000 倍液。

防治柑橘全爪螨，用灭幼脲 3 号 25%悬浮剂 5 000～6 000 倍液。

二、除虫脲

又名灭幼脲 1 号、敌灭灵、二氟脲。

(一)理化特性

纯品为白色结晶粉末，水溶解度很低，易溶于乙腈、二甲基亚砜中，非极性溶剂乙醚、苯中溶解度很低。对光、热较稳定，遇碱易分解。制剂有 20%悬浮剂、25%可湿性粉剂，属低毒性农药，在动物体内无蓄积性，代谢迅速，无致畸、致癌作用。对鸟、蜜蜂和鱼安全。

(二)作用特点

除虫脲属苯甲酰脲类昆虫生长调节剂。具有胃毒、触杀作用。破坏虫体激素的调节调控作用，抑制蜕皮几丁质的合成，使幼虫致畸死亡，影响成虫生殖，抑制卵内胚胎发育。对鳞翅目昆虫有特效，对鞘翅目和双翅目昆虫也有效，抑制甲虫、天牛胚胎发育的作用十分明显。对害虫药效作用较慢。对天敌昆虫无不良影响。

(三)防治对象

防治柑橘木虱，晚春和夏秋用 20%除虫脲悬浮剂 2 000 倍液喷雾，对若虫防治效果更好。

防治苹果金纹细蛾，用 20%除虫脲悬浮剂 2 000～3 000

倍液，有97%的防治效果。用其5 000倍液可防治核桃举肢蛾。

防治天幕毛虫、毒蛾类和尺蠖蛾类3龄前幼虫，用其5 000倍液有很好的防治效果。

三、定虫隆

又名抑太保。

（一）理化特性

原药为淡黄色结晶，几乎不溶于水，易溶于丙酮，在常温条件下稳定。制剂有5%乳油。属低毒杀虫剂。对人、畜没有致畸、致突变和致癌作用。对鸟和蜜蜂安全，对蚕有一定毒性。

（二）作用特点

定虫隆属苯甲酰基脲类昆虫生长调节剂，作用机制主要是抑制几丁质合成，阻碍昆虫正常蜕皮，使卵的孵化、幼虫蜕皮、化蛹和羽化受阻。对害虫主要为胃毒作用，兼有触杀作用。对害虫药效作用慢，一般药后5～7天才达到药效高峰，害虫陆续死亡。对鳞翅目、鞘翅目、双翅目幼虫有很好杀伤作用。

（三）防治对象

防治苹果食心虫类蛀果害虫，应在幼虫孵化盛期、蛀果前喷药，用5%定虫隆乳油1 000～1 500倍液。

防治柑橘潜叶蛾、尺蠖、美国白蛾、舞毒蛾等，在3龄前幼虫期喷药。用5%定虫隆乳油1 000～1 500倍液。

四、伏虫隆

又名农梦特。

（一）理化特性

原药为淡黄色结晶，几乎不溶于水，溶于二甲基亚砜等溶剂，制剂为5%乳油。属低毒杀虫剂，对鸟类、鱼类低毒，对兔眼睛和皮肤有轻度刺激作用，在试验条件下无致畸、致癌作用。

（二）作用特点

伏虫隆属苯甲酰脲类昆虫生长调节剂，能阻碍昆虫几丁质的合成，使昆虫变态蜕皮受阻而死亡。对鳞翅目害虫有很强的杀虫活性，表现为抑制卵的孵化、幼虫蜕皮和化蛹羽化。在卵期和初龄幼虫期用药，效果最好。杀虫作用缓慢，残效期较长。对天敌昆虫和捕食螨安全。

（三）防治对象

防治柑橘潜叶蛾，在放梢初期、卵大量孵化时，用5%伏虫隆乳油1 000～1 500倍液，残效期15天以上。在金纹细蛾、卷叶蛾、刺蛾、桃蛀果蛾、桃蛀螟幼虫初孵化时，喷5%伏虫隆1 000～2 000倍液，药效期20天。

五、氟 虫 脲

又名卡死克。

（一）理化特性

原药为无色结晶，几乎不溶于水，溶于丙酮，对光、热稳定。制剂为5%乳油。属低毒杀虫剂，对眼睛和皮肤无刺激作用。

（二）作用特点

氟虫脲属苯甲酰基脲类昆虫几丁质合成抑制剂。作用机制是抑制昆虫表皮几丁质的合成，使昆虫不能正常蜕皮而死亡，对害虫、螨类具有触杀和胃毒作用，成虫接触药剂后产卵率低，初孵化幼虫的孵化率低。对幼螨、若螨防治效果好，对成螨无效。

（三）防治对象

防治各种果叶螨幼螨、若螨，用5%氟虫脲乳油1 000～2 000倍液；防治柑橘潜叶蛾，用5%氟虫脲乳油1 500～2 000倍液，5～7天喷1次药，喷2～3次。兼防各类尺蠖、桃小食心虫等。

六、虫 酰 肼

又名米满。

（一）理化特性

制剂为乳白色液体，几乎不溶于水。在中性、弱碱条件下稳定，在温度0℃～50℃下性质稳定，常温下可稳定贮存2～3年。制剂有24%悬浮剂。属低毒杀虫剂，无致畸、致癌、致突变作用。

（二）作用特点

虫酰肼属酰肼类昆虫生长调节剂，对昆虫蜕皮激素受体具激动作用，能加速昆虫特别是鳞翅目幼虫的不正常蜕皮。并有抑制取食作用，导致幼虫生理失调（脱水、饥饿）而死亡。对各龄幼虫均有效。幼虫食药后6～8小时停止取食，3～4天后死亡。对植物安全。

（三）防治对象

防治苹果卷叶蛾、天幕毛虫、舞毒蛾、美国白蛾，用24%虫酰肼悬浮剂1 200～2 400倍液。对虾、蟹有毒，对蚕有高毒，在蚕区禁用。废液不要倒入池塘、水库和河流，不要污染水源。

七、噻 嗪 酮

又名优乐得、扑虱灵。

(一)理化特性

原药为无色结晶，难溶于水，易溶于丙酮、甲苯等。为低毒杀虫剂。对人的皮肤、眼睛无刺激作用，对动物未见致癌、致畸和致突变作用。制剂有10%、25%、50%可湿性粉剂等。白菜、萝卜敏感，禁用。

(二)作用特点

噻嗪酮是一种杂环类昆虫几丁质合成抑制剂，能破坏昆虫表皮几丁质的合成，干扰昆虫的正常发育，引起害虫死亡。不能杀伤成虫，但可减少成虫产卵量并阻碍卵的孵化。药效作用缓慢，一般药后3～7天害虫达到死亡高峰，对刺吸式昆虫叶蝉、粉虱、飞虱、蚧防治效果好。

(三)防治对象

对柑橘粉虱、矢尖蚧、叶蝉有良好触杀作用，也有胃毒作用。对果树各种介壳虫在1龄若虫孵化期，可用25%噻嗪酮可湿性粉剂2 000～3 000倍液，树冠喷雾1～2次，每次间隔15天左右。防治叶蝉，应在发生高峰前期喷25%噻嗪酮可湿性粉剂750～1 500倍液，10～15天喷1次。

防治柑橘全爪螨，于春末夏初和秋季，喷25%噻嗪酮可湿性粉剂1 200～1 600倍液，有效期30天。对柑橘锈螨，于7～8月份喷25%噻嗪酮可湿性粉剂5 000～6 000倍液，有效期15～20天。

防治柑橘木虱、黑刺粉虱等，在1～2龄若虫期喷25%噻嗪酮可湿性粉剂2 000～3 000倍液。

防治蛴螬，每667米^{2}用25%噻嗪酮可湿性粉剂100克，先用少量水稀释成药液，喷于4千克潮湿细土中制成毒土，均匀撒到果园，然后浅耕埋于土中，防治效果好。

片黄褐色。翅淡色，透明，翅肩鳞黑色，前缘脉基鳞淡黄色，前缘刺发达，第五经室闭合，末端具一小柄。足黑色。腹部黑色，覆灰白色粉被，毛黑色，半倒伏状。卵半椭圆形，背面隆起，表面具网纹，长 0.23 毫米，宽 0.17 毫米。幼虫黄白色，圆锥形，腹末端呈截状，具黑色气门盘一对，有 3 条弯曲气门裂，明显突出。老龄幼虫体长 13～14.5 毫米，宽 3.6～4.7 毫米。蛹为围蛹，前端略细，初红褐色，后黑褐色，蛹长 8.9～11.2 毫米。

该虫在辽宁省一年发生 1 代，以蛹在土壤中越冬，翌年 4 月中旬越冬蛹开始羽化，5 月上旬羽化完毕。成虫 5 月中旬开始产卵，一直延续到 6 月上旬。幼虫在天幕毛虫幼虫体内寄生 30 余天，6 月中旬开始从寄主幼虫体内脱出，6 月下旬脱蛆结束，入土化蛹过夏越冬。成虫羽化以早晨 5～7 时最多，多在晴天 11 时飞翔，在野外常吸食蒙古柞芽苞和嫩叶分泌物补充营养，特别是芽苞被虫蛀后溢出的黏液。雌雄成虫羽化后当天交尾，多在上午 8 时至下午 1 时进行，雌虫产卵多在下午 1～6 时。雌虫寿命 22.5 天。一个雌虫腹内卵量 456～4 301 个，实际产出卵只有 25.3%。多选择嫩叶边缘、叶背产卵，每次产 1 粒，一片叶上可产多粒卵。卵在叶片可附着 8～12 天，最长 17 天，被天幕毛虫幼虫吞食率很高。卵在产出前胚胎发育已经成熟，吞入寄主幼虫肠道后，肠液的诱导 1 小时即可孵化为幼虫，在寄主体内寄生，到天幕毛虫结茧化蛹时，将寄主蛹取食一空，蝇蛆已老熟，分泌液浸润寄主虫茧而钻出茧外，入土化蛹。一个寄主幼虫体内，可有 10 余头蝇蛆，多数情况下只能脱出 1 头蝇蛆。蝇蛆脱离寄主蛹的时间，一般是化蛹结茧第十一天前后，最迟 21 天。以早晨 5～6 时脱出的蝇蛆最为集中，蝇蛆落地后即入土中，以 3～6 厘米深处最多，经过 9～13 小时化蛹。在辽宁省新金县调查，天幕毛虫被寄生率 86.3%，复州域寄生率为 93.6%,对天幕毛虫的发生有很大的抑制作用。

保护利用措施:在天幕毛虫幼虫老熟时收集虫体膨胀幼虫、蛹体内有褐色的杯状体(呼吸漏斗)存在的被寄生蝇寄生的虫体,放在果园地面,罩上纱网,让抱寄蝇幼虫入土休眠越冬。翌年天幕毛虫发生期,寄生蝇产卵于嫩叶,被天幕毛虫吞食体内寄生。

3. 幼虫期喷洒生物杀虫剂 喷施20%除虫脲可湿性粉剂 2 000 倍液防治幼虫。喷洒天幕毛虫核型多角体病毒液,据测定,半致死浓度 LC_{50} 为 1.95×10^4 多角体/毫升。在 1.28×10^7 多角体/毫升时 7.31 天死亡,在 1.28×10^5 多角体/毫升时 8.84 天死亡。

八、梨 茎 蜂

Jamccs piri Okamoto et Muramatsa

又名梨折梢虫、剪头虫。属膜翅目,茎蛾科。

(一)形态特征

成虫 体长 9～10 毫米,翅透明,体大部黑色,后足腿节末端及胫节前端褐色,其余黄色,前足胫节端具一端距。雌虫腹部可见 9 节,第七至九节的腹面中央有一纵沟,内有一锯齿状产卵器。

卵 乳白色,透明,长椭圆形,稍弯曲,产在嫩梢皮层下,长 0.9～1.0 毫米。

幼虫 老龄幼虫体长 10 毫米,头部淡褐色,胸腹部黄白色,无足,各体节侧板突出形成扁平侧缘,体稍扁,头、胸部向下弯曲,尾部向上翘。

蛹 裸蛹,体长约 10 毫米,初期全体乳白色,近羽化前变黑色。茧棕褐色。

（二）发生规律

梨茎蜂分布在我国各梨产区，一年发生1代，以幼虫在被害梢桩内越冬，翌年春季2～3月份化蛹，梨盛花后5～7天、新梢长出7～9片新叶时，成虫羽化并开始产卵。多在中午前后气温高时交尾、产卵。雌虫用锯状产卵器锯断新梢或叶柄，在截断新梢桩上部2～4毫米处韧皮部和木质部间产卵，后变为黑条状产卵痕。产卵期前后约7天。卵期28～56天，幼虫取食期50～60天，在嫩梢茎部蛀食，边蛀食边排泄粪便，蛀过的蛀道充满虫粪，被害嫩枝易断；幼虫向老枝条蛀食，蛀一椭圆形洞开始休眠，幼虫历期240余天。春季化蛹，蛹期42～65天，雌成虫寿命6～14天，雄虫3～9天。凡抽梢期与成虫羽化期相吻合的品种受害重。

梨茎蜂幼虫有白僵菌和寄生蜂寄生。

（三）生物防治措施

1. 梨茎蜂啮小蜂（*Tetrastichus simensis* Zhang）的保护利用 梨茎蜂啮小蜂雌蜂体长2.1～2.9毫米，翅展3.6～4.2毫米。体黑色，有蓝绿色光泽，复眼黑色，单眼黑褐色。触角8节。柄节淡黄褐色，其余各节黑色，梗节细小，索节3节，棒节3节，索节及棒节均生白色细毛。翅基片黑色，翅透明，翅脉黑色。腹部圆锥形，中间肥大，第四腹节宽为长的3倍，尾端尖，产卵器外露。雄蜂体小，体长1.6～2.1毫米，翅展3.0～3.4毫米。触角9节，黑色，索节4节，各节有白色纤毛，每节并有2根黑色刺毛。该蜂一年发生1代，以幼虫在寄主老龄幼虫体内寄生，将寄主食尽，在梨茎蜂蛀食道内越冬，翌年4月中下旬化蛹，5月上中旬羽化。一头梨茎蜂幼虫可出寄生蜂3～4头，最多10头，寄生蜂羽化比梨茎蜂晚30天左右。产卵于梨茎蜂卵内，营卵、幼虫寄生。在杭州市梨茎蜂被寄生率达

11.8%，山东省胶东地区寄生率常达30%～70%。

2. 梨茎蜂姬蜂(*Collytia* sp.)**的保护利用** 梨茎蜂姬蜂雌蜂体长5.8～7.0毫米，翅展9～10毫米。复眼大，黑色，四周有一圈黄色纹，单眼琥珀色。头顶黑色，颜面、颊、唇基均为黄色。触角41～43节，比翅长，柄节黄褐色。足淡黄褐色，后足各跗节末端及爪黑褐色。爪有大基齿，胫节末有2距。腹部长椭圆形，产卵器鞘黑色，稍向下弯，产卵管暗褐色，长为腹部长的1/2，露出腹末端的只有腹长的1/5。

该蜂一年发生1代，以幼虫在梨茎蜂幼虫体内越冬，翌年在梨茎蜂成虫产卵高峰期羽化，产卵于梨茎蜂卵内，营卵、幼虫寄生。寄生率较啮小蜂为低。

在上述两种寄生蜂成虫活动产卵期，不要喷广谱杀虫剂，以保护寄生蜂。冬季或早春剪除受梨茎蜂危害虫桩，放养于粗纱笼内，寄生蜂可以飞出，梨茎蜂成虫不能飞出，每667米^{2}放15头蜂，要多点放蜂，即可控制梨茎蜂危害。年年坚持效果更好。

九、梨瘿华蛾

Sinitinea pytigalla Yang

又名梨枝瘿蛾、梨瘤蛾。属鳞翅目，华蛾科。

(一)形态特征

成虫 体长5～8毫米，翅展14～19毫米，全体银灰色。复眼黑色。前后翅细长披针形，缘毛长；在前翅有一狭三角形灰白色大斑，斑的中部和内外两侧各有黑色纵条纹，中室端部和臀脉中部有黑斑，后翅灰褐色。足灰褐色，跗节端有白环，后足胫节密生灰黄色毛。

卵 圆筒形，初产橙黄色，近孵化时棕褐色，表面有纵纹。